土壤健康丛书

丛书主编 张佳宝

土 壤 健 康
——从理念到实践

曾希柏 张丽莉 苏世鸣 王亚男 等 编著

U0249579

科学出版社

北京

内 容 简 介

  本书以作者们参加农业农村部组织的"农业资源环境领域科研杰出人才赴美国培训团"专家授课、实地参观等内容为基础，并结合各自科研工作及对土壤健康的理解编写而成。全书从土壤健康概念的提出和发展入手，对国内外特别是美国的相关研究现状进行了较为系统的介绍和分析，并阐述了土壤健康指标体系的构建，包括土壤健康影响因素分析及其对作物产量品质的影响，土壤健康评价指标、方法及应用等。同时，以美国土壤健康研究和管理为例，系统阐述了土壤健康管理措施及其实践，介绍了土壤健康的水分管理、养分管理及耕作栽培管理等农艺措施，比较了中国和美国农业土壤健康实践，就中国土壤健康管理相关问题提出了若干观点、对策和建议。

  本书可供土壤学、环境科学、生态学等相关专业的科技人员、教师和研究生参考。

图书在版编目（CIP）数据

土壤健康：从理念到实践 / 曾希柏等编著 . — 北京：科学出版社，2021.11
（土壤健康丛书）
ISBN 978-7-03-068931-3

Ⅰ . ①土… Ⅱ . ①曾… Ⅲ . ①土壤学 Ⅳ . ① S15

中国版本图书馆 CIP 数据核字（2021）第 104427 号

责任编辑：王海光 / 责任校对：王晓茜
责任印制：赵 博 / 封面设计：北京图阅盛世文化传媒有限公司

科 学 出 版 社 出版
北京东黄城根北街 16 号
邮政编码：100717
http://www.sciencep.com
北京科印技术咨询服务有限公司数码印刷分部印刷
科学出版社发行 各地新华书店经销

*

2021 年 11 月第 一 版 开本：720×1000 1/16
2023 年 1 月第二次印刷 印张：17 3/4
字数：368 000
定价：180.00 元
（如有印装质量问题，我社负责调换）

资 助 项 目

国家自然科学基金区域创新发展联合基金项目"红壤区农田的酸化贫瘠化及其阻控机制"（U19A2048）

中国农业科学院科技创新工程专项（CAAS-ASTIP-2016-IEDA）

国家自然科学基金项目"可溶性有机物对红壤复合体形成的影响及其机制"（41671308）

中央级公益性科研院所基本科研业务费专项（BSRF202008）

《土壤健康丛书》编委会

主　编　张佳宝

副主编　沈仁芳　曾希柏（常务）　徐明岗

编　委（按姓氏汉语拼音排序）

陈同斌　陈新平　丁维新　胡　锋

黄巧云　李保国　李芳柏　沈仁芳

谭文峰　田长彦　韦革宏　吴金水

武志杰　徐建明　徐明岗　曾希柏

张　颖　张佳宝　张旭东

《土壤健康——从理念到实践》
编著者名单

（按姓氏汉语拼音排序）

白　伟　辽宁省农业科学院耕作栽培研究所

高菊生　中国农业科学院农业资源与农业区划研究所

郭　瑞　中国农业科学院农业环境与可持续发展研究所

侯立刚　吉林省农业科学院水稻研究所

黄凤球　湖南省土壤肥料研究所

李朝苏　四川省农业科学院作物研究所

邱炜红　西北农林科技大学资源环境学院

苏世鸣　中国农业科学院农业环境与可持续发展研究所

田　健　中国农业科学院生物技术研究所

王　琦　中国农业科学院农业环境与可持续发展研究所

王庆锁　中国农业科学院农业环境与可持续发展研究所

王亚男　中国农业科学院农业环境与可持续发展研究所

魏　丹　北京市农林科学院植物营养与资源研究所

温云杰　中国农业科学院农业环境与可持续发展研究所

文石林　中国农业科学院农业资源与农业区划研究所

谢学军　常州工学院

许国顺　中国农业科学院生物技术研究所

杨忠兰　中国农业科学院农业环境与可持续发展研究所

曾希柏　中国农业科学院农业环境与可持续发展研究所

张　楠　中国农业科学院农业环境与可持续发展研究所

张　青　福建省农业科学院土壤肥料研究所

张　洋　中国农业科学院农业环境与可持续发展研究所

张丽莉　中国科学院沈阳应用生态研究所

张晓佳　中国农业科学院农业环境与可持续发展研究所

丛 书 序

　　土壤是农业的基础，是最基本的农业生产资料，也是农业可持续发展的必然条件。无论是过去、现在，还是将来，人类赖以生存的食物和纤维仍主要来自土壤，没有充足、肥沃的土壤资源作为支撑，人类很难养活自己。近年来，随着生物技术等高新技术不断进步，农作物新品种选育速度加快，农作物单产不断提高，但随之对土壤肥力的要求也越来越高，需要有充足的土壤养分和水分供应，能稳、匀、足、适地供应作物生长所需的水、肥、气、热。因此，要保证农作物产量不断提高，满足全球人口日益增长的对食物的需求，就必须有充足的土壤（耕地）资源和不断提高的耕地质量，这也是农业得以可持续发展的重要保障。

　　土壤是人类社会最宝贵的自然资源之一，与生态、环境、农业等很多领域息息相关，不同学科认识土壤的角度也会不同。例如，生态学家把土壤当作地球表层生物多样性最丰富、能量交换和物质循环（转化）最活跃的生命层，环境学家则把土壤当作是环境污染物的缓冲带和过滤器，工程专家则把土壤看作是承受高强度压力的基地或工程材料的来源，而农学家和土壤学家则把土壤看作是粮食、油料、纤维素、饲料等农产品及能源作物的生产基地。近年来，随着煤炭、石油等化石能源不断枯竭，利用绿色植物获取能源，将可能成为人类社会解决能源供应紧缺的重要途径，如通过玉米发酵生产乙醇、乙烷代替石油，利用秸秆发酵生产沼气代替天然气。世界各国已陆续将以生物质能源为代表的生物质经济放在了十分重要的位置，并且投入大量资金进行研究和开发，这为在不远的将来土壤作为人类能源生产基地提供了可能。

　　随着农业规模化、集约化、机械化的不断发展，我国农业逐步实现了由传统农业向现代农业的跨越，但同样也伴随着化肥农药等农业化学品的不合理施用、污染物不合理排放、废弃物资源化循环利用率低等诸多问题，导致我们赖以生存的土壤不断恶化，并由此引发气候变化和资源环境等问题。我国是耕地资源十分紧缺的国家，耕地总量仅占世界耕地面积的 7.8%，而且适宜开垦的土壤后备资源十分有限，却要养活世界 22% 的人口，耕地资源的有限性已成为制约经济、社会可持续发展的重要因素，未来有限的耕地资源供应能力与人们对耕地总需求之间的矛盾将日趋尖锐。不仅如此，耕地资源利用与管理的不合理因素也导致了耕地的肥力逐渐下降，耕地质量退化、水土流失、面源污染、重金属和有机污染物超标等问题呈不断加剧的态势。据环境保护部、国土资源部 2014 年共同发布的《全国土壤污染状况调查公报》显示，全国土壤中污染物总的点位超标率为 16.1%，其中轻微、轻度、中度和重度污染点位的比例分别为 11.2%、2.3%、1.5% 和 1.1%；污染类型以无机型为主，有机型次之，复合型污染比重较小，无机污染物超标点位占全部超标点位的 82.8%。耕地的污染物超标似乎更严重，据统计，全国耕地中污染物的点位超标率为 19.4%，其中轻微、轻度、中度和重度污染点位比例分别为 13.7%、2.8%、1.8% 和 1.1%，主要污染物为镉、镍、铜、砷、汞、铅和多环芳烃。由此，土壤健康问题逐渐被提到了十分重要的位置。

随着土壤健康问题不断受到重视，人们越来越深刻地认识到：土壤健康不仅仅关系到土壤本身，或者农产品质量安全，也直接关系到人类的健康与安全，从某种程度上说，耕地健康是国民健康与国家安全的基石。因此，我们不仅需要能稳、匀、足、适地供应作物生长所需水分养分且能够保持"地力常新"的高产稳产耕地，需要自身解毒功能强大、能有效减缓各种污染物和毒素危害且具有较强缓冲能力的耕地，同时更需要保水保肥能力强、能有效降低水土流失和农业面源污染且立地条件良好的耕地，以满足农产品优质高产、农业持续发展的需求。只有满足了这些要求的耕地，才能称得上是健康的耕地。中国政府长期以来高度重视农业发展，党的十九届五中全会提出"要保障国家粮食安全，提高农业质量效益和竞争力"。在 2020 年底召开的中央农村工作会议上，习近平总书记提出"要建设高标准农田，真正实现旱涝保收、高产稳产""以钉钉子精神推进农业面源污染防治，加强土壤污染、地下水超采、水土流失等治理和修复"。2020 年中央经济工作会议中，把"解决好种子和耕地问题"作为 2021 年的八项重点任务之一。因此，保持农田土壤健康是农业发展的重中之重，是具有中国特色现代农业发展道路的关键，也是我国土壤学研究者面临的重要任务。

基于以上背景，为了推动中国土壤健康的研究和实践，中国土壤学会组织策划了《土壤健康丛书》，并由土壤肥力与肥料专业委员会组织实施，丛书的选题、内容及学术性等方面由学会邀请业内专家共同把关，确保丛书的科学性、创新性、前瞻性和引领性。丛书编委由土壤学领域国内知名专家组成，负责丛书的审稿等工作。

希望丛书的出版，能够对土壤健康研究与健康土壤构建起到一些指导作用，并推动我国土壤学研究的进一步发展。

中国工程院院士、中国土壤学会理事长
中国科学院南京土壤研究所研究员
2021 年 7 月

序

　　土壤是人类赖以生存和发展的物质基础，其健康状况不仅决定了农产品的数量和质量，同时也通过食物直接影响到人类的健康。长期以来，围绕农产品有效供给、全面保障温饱问题的迫切需求，我国在耕地地力与产能提升、中低产田改良、高标准农田建设等方面做了大量工作，研发了一批具有较大应用前景的重要成果并在相关地区推广应用，为保证农作物产量稳定提高、农产品质量安全、有效解决 14 亿人口的吃饭问题做出了巨大贡献。但是，随着新阶段对农产品产量和品质要求的不断提高，单一高产模式已经很难满足现代农业发展的需求，必须在保证高产稳产的前提下生产更多优质、安全、放心的农产品，这对耕地质量和健康提出了更高的要求。然而，由于对土壤健康的认识和关注不足，不合理耕作施肥和管理等破坏土壤健康的人类活动较严重，导致目前我国耕地的健康状况堪忧，突出表现在耕地整体质量较低、退化严重、污染物累积明显等方面，已成为制约现代农业发展的重要瓶颈。

　　实际上，随着我国现代农业快速发展，耕地利用逐步向规模化、集约化发展，高投入高产出的发展模式所带来的耕地质量退化、土传病害增多、连作障碍、污染物累积等诸多问题也逐渐显现：我国有近 70% 的耕地为中低产田，亟待改良培肥提高地力和产能；部分地区耕地连作障碍严重，自身解毒功能几乎荡然无存；耕地中污染物点位超标率达 19.4%，导致局部区域农产品中污染物含量超标；面源污染仍然是水体质量安全的重要隐患，对农产品安全、农业生态环境安全构成了十分严峻的威胁。随着这些问题的陆续出现，耕地健康问题也愈来愈受到公众的关注，相关研究和成果累积的不足也逐渐显现出来。在这种前提下，如何评价耕地的健康水平，提高耕地的健康状况，及时改良和修复处于非健康状况下的耕地，保障农产品优质高效生产，构筑农产品安全保障体系，显得尤为重要和紧迫。

　　与环境问题类似，土壤健康问题最早也是由欧美等发达国家和地区提出来的，美国从 20 世纪 80 年代就开始关注耕地的健康问题，并委托康奈尔大学和加利福尼亚大学戴维斯分校围绕土壤健康指标筛选、评价方法建立、健康土壤构建、土壤健康管理、土壤健康相关技术推广等内容开展了十分系统的研究，并以此为基础形成了较系统的理论、技术和方法体系。同时，通过多方宣传，提高大众对土壤健康的认识，使民众特别是农场主们深刻认识到土壤健康的重要性，并在耕地耕种和管理中自觉应用土壤健康管理相关技术；政府或相关部门也形成了一整套土壤健康的管理制度、监督体系；中介机构在做好相关服务的同时承担了土壤健康管理相关技术的示范、推广工作，并将政府、市场和农户（农场主）有效联系起来，使得与土壤健康维护的技术措施能准确、及时地落实到每个农场。通过这些举措，有效杜绝了化肥农药等农业化学品滥用、耕作管理不当、用地不养地等现象，使耕地能够保持"地力常新"，并维持在较高生产力水平。

曾希柏研究员等以赴美国培训、交流的相关内容为基础，编著了《土壤健康——从理念到实践》一书。该书较系统地介绍了美国土壤健康评价、健康土壤构建技术、土壤健康管理及技术推广等内容，总结了我国土壤健康的研究进展，作者根据自己的理解还提出了对土壤健康的认识及开展相应研究的建议等。该专著的出版，将有助于国内读者更全面、系统、深入地理解土壤健康的意义和重要性，进一步推动中国土壤健康的研究与管理，针对土壤健康问题逐步形成政府高度重视、科研人员广泛关注、推广部门积极跟进、农民主动参与的良好氛围。

中国工程院院士、中国土壤学会理事长

中国科学院南京土壤研究所研究员

2021 年 6 月 7 日

前　言

　　土壤是人类赖以生存和发展的物质基础。土壤健康作为影响乃至决定农产品数量和质量安全的关键因子之一，同时也与人类健康密切相关，从某种意义上说，保障土壤健康实际上就是保障人类自身的健康。但是，从我国的现状看，对土壤健康的关注严重不足，不合理耕作施肥和管理等破坏土壤健康的各种人类活动十分严重，土壤的健康状况堪忧；同时，与土壤健康相关研究如土壤健康标准、评价方法与指标体系及健康土壤构建技术等尚处于起步阶段。在这种前提下，如何确保土壤健康，并对处于非健康状况的土壤进行维护和修复，提高土壤整体的健康状况，构建具有中国特色的土壤健康保障体系，是摆在广大土壤学研究者面前非常紧迫和重要的任务。

　　一般认为，土壤健康概念是从土壤质量演变而来的，这两个概念尽管有许多相似之处，但实际上土壤健康是在土壤质量概念难以涵盖现代农业发展的背景下，耕地退化、土传病害增多、连作障碍、污染物含量升高、对环境影响增大等诸多问题出现的前提下，才开始被研究者们关注的。因此，仅把土壤健康看作是土壤质量概念的延伸实际上是远远不够的。近年来，围绕耕地质量和地力提升、污染耕地修复和安全利用等工作，我国土壤学科研人员开展了一系列研究，为耕地地力和产能提升、农产品安全生产提供了强有力的科技支撑，部分研究成果也为国家相关政策的制定提供了科学依据。我国政府也在耕地地力提升、中低产田改良、污染耕地修复等方面出台了一系列政策和法律法规，并组织实施了一系列具体行动计划，如测土配方施肥、耕地保护补偿试点、耕地质量保护与提升行动、土壤有机质提升补贴、秸秆综合利用、东北黑土地保护利用试点、重金属污染耕地修复试点，以及 2020 年开始的东北黑土地保护性耕作行动计划等。通过一系列行动的实施，有效防止了耕地退化，促进了耕地地力和生产力不断提升，初步形成了具有中国特色的耕地质量与地力支撑保障体系，有力保障了耕地地力和质量安全，同时也为耕地健康提供了相应基础。但是，从整体看，由于相关研究和工作主要是围绕耕地地力进行，近年才开始在污染耕地修复等方面开展一些必要的研究，因此，土壤健康相关研究实际上是不平衡的，缺少真正土壤健康角度的系统研究，所以还不能称之为土壤健康研究。

实际上，发达国家从 20 世纪 80 年代就开始关注土壤健康，并围绕土壤健康指标、评价方法、健康土壤构建、土壤健康管理、土壤健康相关技术推广等方面做了大量研究，形成了比较系统的理论、技术和方法体系，且民众特别是农场主们已深刻认识到了土壤健康的重要性，并在耕地耕种和管理中自觉应用土壤健康管理相关技术，而政府或相关部门也形成了一整套土壤健康的管理制度、监督体系，中介机构承担土壤健康管理相关技术示范、推广并很好地起到了联结政府、市场和农户（农场主）的作用，使得与土壤健康有关的技术措施能准确、及时落实到每个农场。实际上，这也是发达国家很少会出现化肥农药等农业化学品滥用、耕作管理不当、用地不养地等现象的重要原因，是耕地能够保持"地力常新"并维持在较高生产力水平的关键，同时也是农产品质量安全的重要保障。

本书基于作者参加农业农村部组织的农业资源环境领域人员赴美培训的相关内容编著而成。在美国期间，培训班成员较系统地聆听了康奈尔大学、加利福尼亚大学戴维斯分校等高校专家的报告，特别是 M. B. McBride、Harold van Es、David Wolfe、Rebecca Schneider、Sanjai Parikh、William R. Horwath、Isaya Kisekka 等教授深入浅出的讲解，参观了美国农业部自然资源保护局纽约分部、纽约州水土保护区协会、纽约州农业服务局及加利福尼亚州资源保护局、加利福尼亚州牧场信托基金会、加利福尼亚州食品和农业局、美国农业部自然资源保护局加利福尼亚州办公室、西部植物健康协会等机构，对土壤健康的理念、研究与管理等均有了较系统的认识。因此，本书中除较系统地介绍了美国在土壤健康评价、健康土壤构建技术、土壤健康管理及技术推广等方面的情况，将相关专家讲授的内容编入外，还对我国土壤健康的研究进展进行了相应介绍，并增加了作者对土壤健康的看法和认识。希望通过本书的出版，读者对土壤健康研究及其重要性等有更充分的了解，同时对中国土壤健康研究和技术示范推广、土壤健康管理及相关法律法规的进一步完善等亦有所帮助，我们也期待土壤健康研究能够得到政府的高度重视、科研人员的广泛关注、推广部门的积极跟进、农民的广泛参与，使土壤健康在我国也能像在发达国家那样受到关注和重视，真正形成全社会关注土壤健康，像重视人类健康那样重视土壤健康的氛围。

本书共分为七章，其中第一章由王亚男和魏丹编写，第二章由张丽莉和张洋编写，第三章由郭瑞和苏世鸣编写，第四章由苏世鸣和邱炜红编写，第五章由田健编写，第六章由曾希柏编写，在第七章中，收集了培训班部分成员的培训小结及对土壤健康问题的认识等材料。全书最后由曾希柏、张洋、苏世鸣、王亚男等统稿和修订，常州工学院谢学军博士及本课题组（中国农业科学院农业环境与可持续发展研究所退化及污染农田修复创新团队）的张楠、张晓佳、杨忠兰、温云杰、王琦等博士生亦参与了全书的最后修订和校稿等工作。本书的出版得到了国家自然科学基金区域创新发展联合基金项目"红壤区农田的酸化贫瘠化及其阻控机制"（U19A2048）、中国农业科学院科技创新工程专项（CAAS-ASTIP-2016-IEDA）、国家自然科学基金项目"可溶性有机物对红壤复合体形成的影响及其机制"（41671308）及中央级公益性科研院所基本科研业务费专项（BSRF202008）等项目的资助，在此表示感谢！

编著者

2020 年 6 月

目　　录

第一章 关于土壤健康

第一节 土壤健康概念的提出

一、土壤

　　土壤是地球陆地表面能生长绿色植物的疏松表层、地球表层系统的重要组成部分，是岩石圈、大气圈、水圈和生物圈相互作用的产物，即由岩石、气候、生物、地形等地球表面自然环境因子通过时间共同作用下形成的（图 1-1），常被认为是地球的"皮肤"（geoderma）。土壤的形成过程非常缓慢，一般需要 100 ～ 400 年才能形成 1 cm 的土层。土壤层是一个动态界面，土壤独特的疏松多孔结构将其与其他 4 个圈层连接在一起。岩石与生物之间、空气与水之间的进入、穿过和包围，各圈层间的物质交换和能量循环等均通过土壤界面相互作用。土壤的特性和重要性决定了无论是在自然还是在人为管理条件下，它都是人类和地球上其他生命赖以生存的物质基础，是地球陆地上动物、植物、微生物乃至一切生命体与非生命体的载体。

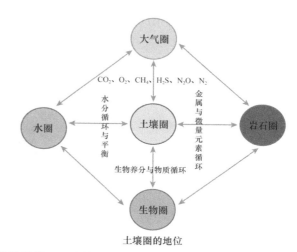

图 1-1　地球上的土壤（左，图片由曾希柏提供）及土壤圈与各圈层间的关系（右）（彩图请扫描封底二维码）

土壤由各种物质混合组成，包括不同比例的固态、液态和气态（图 1-2）。土壤的固态成分包括矿物质和有机成分（生物和非生物）。约占土壤体积 50% 的固态物质由矿物质和腐殖质组成，其中土壤矿物是由岩石经风化作用而形成的不同粒径大小的颗粒。土壤矿物质种类很多，化学组成复杂，根据颗粒大小可以分为粗砂、中粒砂、细砂、壤土和黏土等。土壤颗粒组成成分强烈地影响着土壤的功能，不同粒径大小的矿物组分对土壤功能的影响方式不同，同时不同土壤粒径颗粒的相对比例决定了土壤的质地和结构类别，如图 1-3 所示。土壤质地是量化土壤功能的基本特征之一。例如，土壤中黏土的数量和类型可以很大程度地影响土壤结构保持、养分交换和储存有机物的能力。土壤中黏土矿物一般具有层状或片状结构、较大的比表面积，大多数黏土表面带有负电荷，可以使带有正电荷的营养离子通过静电吸附的方式被"粘"在土壤表面。通常，我们把土壤颗粒表面能够"抓住"带正电的营养离子并与土壤水或溶液进行交换的能力，称为土壤的阳离子交换能力（cation exchange capacity，CEC）。含有黏粒物质适中的土壤，一般具有较高的土壤阳离子交换能力，可以更好地保持土壤养分、改善土壤的物理结构和理化特性。按照土壤颗粒大小和组成比例，土壤可以被划分为砂质土（粒径大于 2 mm 的颗粒含量不超过全重的 50%，而粒径大于 0.075 mm 的颗粒全量含量超过全重的 50% 的土）、黏质土和壤土（颗粒大小为 0.02 ～ 0.2 mm）三类。砂质土含沙量大，土壤颗粒大而粗糙，通气性好，但保水和保肥性能差，渗水速度快。黏质土含沙量少，土壤颗粒粒径较小，通气性差，但保水和保肥性能好，渗水速度慢。壤土的性质则介于砂质土与黏质土之间，水与气之间的矛盾不强烈，通气透水，供肥保肥能力适中，耐旱耐涝，抗逆性强，适种性广，适耕期长，易培育成高产稳产土壤。

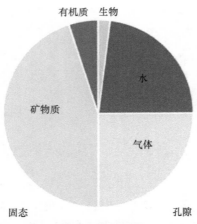

图 1-2　土壤中固态和孔隙的分布（改编自龚子同等，2015）（彩图请扫描封底二维码）

固态成分是由矿物质、有机质和生物或生物群组成。毛细孔隙中充满了水、气体和生物群落

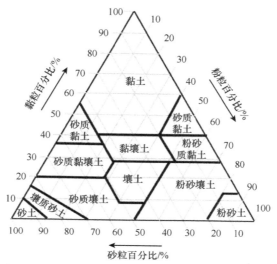

图 1-3 土壤结构三角形（改编自龚子同等，2015）

除了土壤的固态组成部分，土壤还包括气态和液态两部分。按照容积比计算，土壤的固相部分一般约占总体积的 50%，气相和液相部分体积之和一般为 50% 左右（图 1-2），且在不同类型土壤中存在一定程度的变幅。土壤中的气体主要存在于土壤孔隙中，绝大部分来自于由大气层进入土壤的氧气、氮气等，还有一小部分是由土壤内生命体的代谢活动而产生的二氧化碳和水蒸气。土壤中气相的占比在很大程度上取决于土壤中的液相状况，两者处于动态平衡状况。存在于土壤中的水分主要从地表进入，在水分从地表进入土壤过程中溶解了矿物质和养分。土壤中固态、气态和液态这三类物质构成了一个矛盾的统一体，它们相互联系、相互制约，为作物提供必需的生活条件。此外，土壤中还含有各种各样的有机生命体，包括动物、植物和微生物。

（一）土壤有机质

土壤有机质（soil organic matter，SOM；或 organic matter，OM）是来源于生物体的物质，主要由碳组成，通常与土壤矿物紧密结合在一起。广义上，土壤有机质是指以各种形态存在于土壤中的所有含碳的有机物质，包括土壤中的各种动植物残体、微生物及其分解和合成的各种有机物质；狭义上，土壤有机质是指有机残体经微生物作用形成的一类特殊、复杂、性质比较稳定的高分子有机化合物。有机质按照分解程度可以分为新鲜有机质、半分解有机质和腐殖质。其中，腐殖质是指新鲜有机质经过酶的转化所形成的灰黑土色的胶体物质，一般占土壤有机质总量的 85% 以上。

　　土壤有机质是土壤固相的重要组成成分之一，对土壤中养分离子的保持具有十分重要的作用，这种作用与矿物（黏土等）相类似，但可在更大范围影响土壤离子养分供给和交换能力。土壤有机质分子结构中含有大量的营养元素，当有机质被土壤生物群体分解时，养分就被释放出来，供作物吸收利用，既满足了微生物和其他土壤生物生长活动所需，又可作为作物养分的重要来源之一。土壤中有机质与土壤矿物的相互作用，一般主要以胶膜形式包裹在矿物质颗粒的表面。通常，有机质松软、絮状多孔，黏结力比砂粒强，但又比黏粒弱。分解良好的有机质小颗粒可包裹粒径小的土壤黏粒矿物，形成稳定的土壤团聚体。土壤团聚体可作为土壤结构的一部分，使土壤变得松软并具有良好的团粒结构，对土壤理化性质起到明显的改善作用。此外，由于土壤团聚体的形成过程中对碳的固持更稳定，也可以起到碳封存的作用，被视为减缓气候变化的一个重要过程。

　　稳定的土壤有机质及其相对较高的含量对土壤的结构性、通气性、渗透性、吸附性和缓冲性等方面均有重要贡献。在一般耕地耕层土壤中，有机质含量只占土壤干重的 0.5% ～ 2.5%，耕层以下有机质的含量则会显著降低，但土壤有机质对土壤功能的作用却是巨大的。在农业生产中，有机质含量常作为衡量土壤肥力的一个重要指标。

（二）土壤孔隙

　　一般来说，固体土壤颗粒之间的空隙被称为孔隙，土壤中布满了大大小小蜂窝状的孔隙。其中，直径 0.001 ～ 0.1 mm 的土壤孔隙被称为毛管孔隙，其中充满了空气、水和生物，而水和空气又是土壤中所有生命必需的。水是促进养分在土壤中运输和植物吸收养分的介质，也可使微生物（如线虫和细菌）在土壤中移动。毛管水可以上下左右移动，但移动的快慢取决于土壤的松紧程度。松紧适宜，移动速度最快，过松过紧，移动速度都较慢。土壤孔隙可以使空气进入，为好氧生物的生长提供所需的氧气。土壤空气还对作物种子发芽、根系发育及养分转化等具有重要的影响。土壤中空气和水的平衡不仅取决于天气条件、气压状态，也取决于土壤孔隙的大小。土壤孔隙大小主要与形成孔隙的土壤矿质组成颗粒大小有关，如黏土的孔隙往往比砂土小。此外，与土壤颗粒大小同样重要的还有土壤颗粒之间通过表面化学、真菌菌丝、微生物和植物分泌物聚集或"聚类"而形成的土壤碎屑或团聚体。

　　不同类型的土壤，由于颗粒组成等的差异，其固相土粒的大小及形状也各不相同，决定了其排列的方式并最终导致其孔隙性、结构性的差别。在固相土粒之间的孔隙中可以填充水（溶液）和气体，因此，土壤固相的差别也在很大程度上决定了液相、气相即土壤孔隙的状况。土壤液相实际上是含有无机离子、可溶性有机物等的溶液，其比例因降雨、灌溉等变化而发生相应变化；土壤气相的组成主要是氮气（N_2）和氧气（O_2），还有比大气中含量高很多的二氧化碳（CO_2）及其他微量气体。按容积比计算，土壤固相部分（含有机质部分）一般约占50%，液相和气相部分之和（孔隙）一般占50%上下（变幅为15%～35%），气相的比例在很大程度上取决于土壤水（溶液）的状况。

土壤颗粒大小不一致，土壤团聚体的大小也不同，较大的团聚体由较小的团聚体组成，这些被称为土壤结构，对应于农业生产中则被通俗地称为"耕层"。一个健康的、团聚良好的土壤应具有一系列稳定的土壤颗粒和土壤孔隙，如图1-4所示。土壤孔隙大小及其连续性决定了水在土壤中的流动方式。当土壤变湿后，在重力作用的影响下，与小孔隙相比，水更容易在大孔隙中被排出，这是因为毛细管压力作用会使较小的孔隙变得更小从而储存渗入土壤中的一部分水分。植物几乎可以从所有的毛孔中获取水分，但当土壤中的毛孔将水分锁得太紧时，水分将无法被植物吸收利用。因此，一个结构良好、孔隙大小不等的土壤，既可以使土壤中的水分和氧气在大孔隙和小孔隙中达到平衡状态，也可为植物根系和土壤生物提供有利的生存环境。

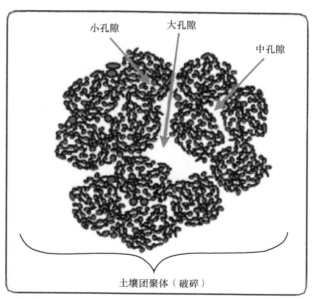

图1-4 健康土壤包含不同孔径的团聚体（改编自 Moebius-Clune et al., 2017）（彩图请扫描封底二维码）

（三）土壤剖面

土壤是母质、生物、气候、地形和时间五大自然因素及人类活动综合作用下形成的独立历史自然体，尽管在不同地域土层厚度差异很大，但均经过了漫长的时间才发育而成，一般认为需要 100 ~ 400 年才能形成 1 cm 的土层。不同时间和空间尺度上成土因素的差别，也导致了地球表面土壤的千变万化，因此，土壤不仅具有自身的发生、发展历史，同时也具有相应的形态、组成和结构。在漫长的成土过程中，受前述各因素的综合影响，土壤的颗粒及矿物组成、各种元素含量等均会随土层深度的变化而发生相应变化，从而使土壤具有了一定的剖面层次。按照苏联土壤学家道库恰耶夫（В. В. Докучаев）的成土学说，常见的土壤剖面一般具有 3 个基本的层次，分别为 A 层即地表的最上层，亦为腐殖质聚积层（或淋溶层）；B 层即淀积层，一般黏粒和土壤中其他可移动的物质在该层淀积；C 层即母质层，由不同程度的风化物构成，位于 B 层之下（图 1-5）。此外，C 层之下通常为母岩（R 层）。其后的研究者又在此基础上，对土壤层次做了更详细的划分，如淋溶层（A 层）、潜育层（G 层）、耕作层（Ap1 层）、犁底层（Ap2 层），并将淀积层进一步划分为黏粒淀积层（Bt 层）和碳酸钙淀积层（Bk 层）。

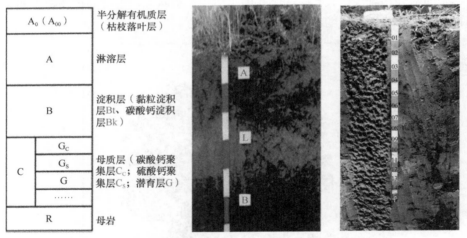

图 1-5　典型剖面构型及土壤剖面图（图片由曾希柏提供）

　　土壤剖面构型是影响土壤肥力和生产力的重要因素之一。不同剖面构型的土壤，水分和养分的运移、植物根系的生长和伸展等均不相同，因此，对植物生长和产量的影响也各异，所表现出的肥力等也不尽一致。良好的土壤剖面构型，既有利于作物根系生长，又有利于保水保肥，反之亦然。

（四）土壤生物

　　土壤不仅为植物提供必需的营养和水分，也是土壤动物和微生物赖以生存的栖息场所，因此可以说土壤是一个不折不扣的生命共同体。土壤科学家认为，当用铲子铲起一铲花园土时，其中含有的土壤生物可能比整个亚马孙雨林地面上存在的动植物物种还要多。据估算，一小勺土壤里就含有亿万个细菌，25 g 森林腐殖土中所含的霉菌如果一个一个排列起来，其长度可达到 11 km。可见，土壤是一个由生物和非生物环境组成的极其复杂的复合体。由此，我们可以理解为，土壤的概念既包括了组成土壤结构的物理组成成分，也包括生活在土壤里的大量生物。土壤生物的生命代谢活动促进了土壤的形成，土壤物质和组成微环境的复杂性也进一步使得生活在土壤中的生物种类丰富多样，大小各异。土壤中比较容易看到的动物包括蚯蚓和节肢动物，比较微小的生物包括细菌、真菌等。了解这些生物及其需求，以及它们对土壤功能的影响，可以帮助我们更好地改善土壤健康。

土壤中成千上万种土壤生物通过能量、空间、物质等交错分布于土壤中，它们之间通过竞争、共生、取食与被取食等关系，形成复杂的土壤食物网。土壤生物按照营养级分为初级生产者、初级消费者、次级生产者和高级消费者；按照能量来源来划分，可以分为自养型生物和异养型生物。驱动土壤食物网的初始食物来源于有机质，包括叶、根和被称为"根系分泌物"的黏性物质。像人类一样，生物种群的生长也需要能量。植物通过光合作用将大气中的二氧化碳合成糖类物质，从太阳光中获得了能量物质。大多数其他生物体需要直接或间接消耗来源于植物中的富含能量的物质用于生存。如果没有来源于植物的丰富的有机物质的投入，土壤食物网就不可能茁壮成长。因此，从根本上来说，健康土壤的管理者需要为生活在地下的土壤生物提供足够的食物和良好的栖息地。

土壤生物是土壤的重要组成部分，也是决定土壤健康状况的关键因素。土壤生物在许多生物、物理和化学过程中发挥关键作用。它们与农业生态系统中的植物相互作用，同时也与植物生长的土壤环境相互作用，并在这些相互作用中影响着土壤质量和土壤功能。它们是支撑健康土壤生态系统正常运转的重要组成部分，也是土壤本身健康的关键因素。

1. 土壤动物

土壤动物包括微型土壤动物、中型土壤动物和大型土壤动物。虽然土壤动物的生物量相对较少，但是其可通过直接或间接作用改变土壤结构，在促进土壤养分循环、改善土壤环境方面起着十分重要的作用。

（1）蚯蚓

蚯蚓属于大型土壤动物，它可以把有机质从土壤表面拖入土壤内部，使有机质可以暴露在其他土壤生物群的活动之中。虽然有些研究认为蚯蚓是森林生态系统中的外来入侵物种，但是对于农业土壤来说它们的存在和活动通常被认为是非常受欢迎的，是一个健康土壤的标志，如图 1-6 所示。蚯蚓在土壤中钻洞，消耗或吃掉土壤中的矿物质和有机质，经过它们的消化，一些营养物质将以"管形"蚯蚓粪形式被排泄出。有研究指出，每年通过蚯蚓体内的土壤每公顷约有 37 500 kg 干重。蚯蚓的排泄物中含有来自蚯蚓肠道的微生物，这些肠道微生物既有利于构建稳定的土壤团聚体，又能抑制植物病虫害。同时，这些蚯蚓粪中的有机质、全氮、硝态氮、交换性钙镁、有效钾和阳离子交换量等物质都会显著高于周边的土壤，是土壤中养分元素库的重要构成部分。此外，在蚯蚓消化和排泄行为等活动的影响下，可加速土壤有机质的分解、充分混合土壤中的物质，减少土壤的压成程度，形成有利的土壤孔隙，帮助有益土壤微生物定殖和构建群落结构。由于蚯蚓容易被发现而且对环境管理十分敏感，当土壤条件或管理过程对土壤环境产生负面影响时，蚯蚓的数量就会下降，因此蚯蚓被认为是土壤健康状况的良好标志。

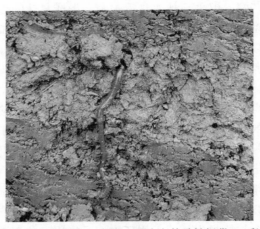

图 1-6　蚯蚓在土壤挖洞有利于气体进入土壤（照片由曾希柏提供）（彩图请扫描封底二维码）

（2）原生动物

土壤中的原生动物是地下动物区系中物种最丰富的类群，不同地区和不同类型土壤中原生动物的种类和数量差异显著，一般每克土有 $10^4 \sim 10^5$ 个，多时达到 $10^6 \sim 10^7$ 个。原生动物是单细胞真核生物，长度和体积都比细菌细胞大。大多数原生生物是异养型，主要取食可降解的有机物上的细菌、酵母菌、真菌，以及鞭毛虫、变形虫和纤毛虫等土壤生物。有些原生动物还可以以藻类细胞和蓝藻细菌（这些藻类生长在能够获得阳光的栖息地，并像植物一样进行光合作用获得能量）为食进行生长。原生动物可以有效地控制土壤中其他土壤生物的数量，维持土壤生物类群组成的稳定性，在促进物质循环和能量转换过程中发挥重要作用。

（3）节肢动物

土壤中的节肢动物包括蜘蛛、螨虫和其他昆虫，这些动物也与土壤生态系统中存在的有机物相互作用。对于人类来说，这些动物看起来很小，但与土壤中的其他土壤生物类群相比，它们又是巨大的。节肢动物可以将较大的有机质颗粒分解成较小的碎片，使更多的有机质养分释放和暴露于微生物活动的生存环境中。节肢动物在土壤中的运动和取食行为可以帮助土壤物质的混合和移动，因此它们同样参与影响土壤功能有关的重要活动。

（4）线虫

线虫动物门是动物界中最大的门之一，为假体腔动物，寄生于动植物，或自由生活于土壤、淡水和海水环境中。土壤线虫种类丰富，数量繁多，分布广泛，是土壤动物中重要的类群。虽然线虫仍需要在显微镜下才能被观察到，但它属于体积较大的多细胞动物，如图 1-7 所示。几乎所有的土壤中都有线虫存在。土壤中线虫种类繁多，一般分为 3 类：第一类以吸食腐败有机物养分为主，第二类以捕食其他线虫、细菌、藻类和原生动物为主，第三类以食用植物根细胞内含物和汁液为主。其中，第三类寄生线虫以植物为食，即使在低温条件下，也会侵入植物根组织，给蔬菜等生长带来严重的影响。另外一些研究则表明，有些种类线虫可以通过消耗植物病原体来抑制植物病害。在农业生产和科研工作中，线虫多样性可以作为表征土壤生物多样性和功能多样性的指标，从而对土壤健康进行评价和分析。

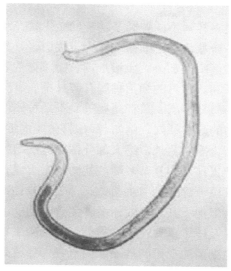

图 1-7　显微镜下的线虫（Moebius-Clune et al.，2017）（彩图请扫描封底二维码）

（5）螨类

土壤中存在的水、空气和养分，为很多螨类提供了良好的生存条件。土壤中的螨类通常以分解植物残体和真菌为食，也可吞食其他微小的土壤动物，在土壤动物中占有十分重要的地位。螨虫在有机质分解中只能将大量的植物凋落物加以软化，并以粪便的形式将这些残落物散布开，但其所能消耗利用的食物仅是其中的一小部分。因此，在农田土壤中，螨类也是通过加速有机质的分解来达到改善土壤肥力的作用。

2. 土壤微生物

土壤微生物是地球表面数量最为巨大的生命形式。从形态学上来分，土壤微生物包括原核微生物（古菌、细菌、放线菌、蓝细菌、黏细菌）和真核微生物（真菌、藻类和原生动物）。有机质进入土壤后，可以在土壤微生物（如细菌、真菌、放线菌和古菌等）的作用下进行彻底的分解，最终被环节动物和节肢动物直接吸收利用。土壤微生物种类繁多，数量巨大，1 g 耕层土壤中微生物的重量有几百千克到上千千克。土壤微生物在健康土壤的形成过程中发挥重要作用。土壤中的细菌和真菌等微生物可以产生消化酶并释放在周围的环境中，同时吸收分解有机物质并释放营养离子供植物吸收利用，这一过程对碳和养分的循环非常重要。此外，土壤微生物的分解作用可以降低植物残体和根系持续在土壤环境中积累，对植物残体管理具有重要作用。

（1）细菌

土壤微生物的种类多样，不同种类及功能的微生物在土壤的地球化学循环过程中发挥着重要作用。一般来说，细菌个体小、代谢强、繁殖速率快、与土壤接触面积大，是土壤中最活跃的部分。土壤细菌占土壤微生物总量的 70% ～ 90%，数量巨大，但生物量不高。常见的细菌种属有节杆菌属、芽孢杆菌属、假单胞杆菌属、土壤杆菌属、产碱杆菌属、黄杆菌属等。不同种属细菌在土壤不同物质转化及植物的生长过程中的影响不同。例如，芽孢杆菌类的细菌在土壤中分布广泛，数量较多。除个别种类为病原菌外，绝大部分都是对动植物无害的有机菌。这类菌一般具有很强的分解蛋白质和复杂多糖的能力，对土壤有机质的分解起重要作用。而假单胞杆菌属细菌一部分为腐生菌，一部分为兼性寄生菌，是土传植物病害的主要病原菌种类。但由于其具有代谢多种化合物的能力，在降解土壤中农药和除草剂残留等方面又发挥了重要作用。另外，有些微生物在土壤中也会产生有害作用。例如，反硝化细菌能把硝酸盐还原为氮气，释放到大气中，造成土壤中的氮素损失，既降低氮素利用率又造成了土壤温室气体排放。

土壤中放线菌的数量和种类也非常丰富。放线菌是一群革兰氏阳性、高 G+C 含量（> 55%）的细菌。放线菌因其菌落呈放线状而得名。与一般细菌类似，它们多为腐生，少数为寄生。一般在肥沃的土壤中，放线菌的数量也比较多，如农田土壤中的放线菌数量就高于森林土中。放线菌在土壤中多以孢子或菌丝体的形式存在,每克土壤中细胞数可以达到 $10^4 \sim 10^6$ 个。放线菌适宜生存在中性或偏碱性且通气良好的农田土壤中,它们具有转化有机质的作用,并且可以产生抗生素类物质,迄今发现的上万种抗生素,其中一半以上都是由放线菌产生的,因此它们一般对土壤中的致病菌具有很强的拮抗作用。

（2）真菌

除了功能各异的细菌以外,真菌也是常见的土壤微生物之一。真菌的数量虽然比细菌和放线菌少,但它们一般体积较大,所以在整个土壤微生物生物量中所占的比例比较大。真菌特别是霉菌类可以产生孢子、菌核等形态的生命体,对不利环境具有更好的耐受性。土壤中的真菌常与土壤物质转化密切相关,如青霉菌属和曲霉菌属真菌常会参与纤维素和木质素降解等营养物质循环过程中。除了推动土壤营养物质的转化过程,很多真菌可以分解结构复杂的有机物,成为土壤复杂有机物降解的重要群体。此外,真菌也是土壤植物病害的主要病原菌,有些甚至可以引起人类疾病。

（3）古菌

古菌则是一群具有独特基因结构或系统发育特征的单细胞生物。它们可能是最古老的生命体,这些微生物属于原核生物,它们与细菌有很多相似之处,即它们没有细胞核与任何其他膜结合细胞器,同时也具有类似于真核生物的一些特征。它们常被发现生活于超高温、高酸碱度、严格厌氧、高盐浓度等各种极端自然环境下,大洋底部高压热溢口、盐碱湖等。古菌可营自养或异养生长,具有独特的细胞或亚细胞结构,有些古菌没有细胞壁,仅有细胞膜,从而使细胞具有多态性。即使有细胞壁的古菌其细胞壁也不含二氨基庚二酸（D- 氨基酸）和胞壁酸,不受溶菌酶和内酰胺抗生素如青霉素的作用。古菌的细胞膜所含脂质与细菌非常不同,细菌的脂类为甘油脂肪酸酯,而古菌的脂质为非皂化性甘油二醚和糖脂的衍生物,且古菌的细胞膜可以分为单层膜和双层膜。近年来,人们利用分子生物学技术发现农田、森林、湖泊等一些普通生境中,古菌也占据了很大的比例,某些旱地土壤中古菌甚至可以占到土壤微生物总含量的10%左右。古菌在物质转化中扮演着重要的角色,如产甲烷菌可以在严格厌氧的土壤环境中利用二氧化碳和乙酸进行生存并产生甲烷,参与地球上的碳素循环。极端嗜盐菌可以生活在盐湖、盐田等盐分含量非常高的生境中,一些盐碱地中常发现这类古菌的存在,且在土壤物质转化过程中发挥作用。

3. 共生生物体

前面所讨论的生物体都是能够自由生活在土壤中,利用有机物,可以分解和消耗植物释放出的活性物质、渗出液或分泌物。另外还有两类关键的土壤生物群体，它们并不直接参与分解植物分泌物，但在土壤功能中同样具有非常重要的作用。它们主要通过与植物共生的方式，在土壤环境中生存并发挥重要作用。

土壤中有一类重要的微生物即固氮菌，它们可以侵入豆科植物的根部，刺激根部细胞增生并形成瘤状物，这些瘤状物能利用大气中不能被植物利用的氮素作为食物，将存在于空气中的氮素固定到植物体内并释放到土壤环境中。根瘤是微生物与植物根结合的一种形式，与豆科植物结瘤的共生固氮细菌被称为根瘤菌。豆科植物根部长出的根瘤菌，利用植物组织提供的糖类进行生长，并将大气中的氮素转化为氨，氨在土壤溶液中很快转化为铵，并被植物吸收转化为氨基酸和其他含氮分子，当豆科植物一部分死亡和分解或通过根系周转时，它们可以作为残渣被土壤生物群落或植物吸收利用，从而达到将大气中氮素固定到土壤中的作用。此外，一些非豆科植物也可与微生物形成根瘤，但根瘤内的内生菌主要为放线菌，亦有少数是细菌和藻类。

除人们熟知的根瘤菌与豆科植物共生形成根瘤外，自然界中还广泛存在高等植物与微生物共生的现象，菌根就是植物根系与一类特殊的土壤真菌以共生体的形式存在于土壤中的状态。具有侵染植物根系建立共生关系的真菌被称为菌根真菌，能够被菌根真菌侵染的植物被称为菌根植物或宿主植物，如图 1-8 所示。在菌根与植物根系的共生关系中，植物和菌根相互利用，真菌需要从植物获得碳水化合物和一些营养物质用于自身生长，而真菌的根外菌丝体可以从土壤中吸收矿物营养元素和水分，并通过菌丝内部的原生质环流快速地运送到根系部分供植物生长利用。真菌在土壤中广泛生存，比单独的植物根能够到达更大的空间和吸收更多的养分（特别是难溶性的磷）。除了为植物宿主提供养分外，菌根中的真菌还以多种方式促进植物生长并维护土壤健康，如可以帮助植物抗病、耐旱和耐盐等，其中一大类被称为丛枝菌根真菌，它们对土壤有机质的积累、团聚体的形成和稳定也有重要作用，并在农业生产实际中得到较大范围的应用。

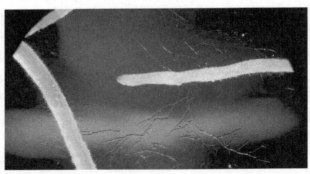

图 1-8　菌根真菌与植物根系的共生关系（Moebius-Clune et al., 2017）（彩图请扫描封底二维码）

（五）人类对土壤的认识

人类自诞生以来就生活在土地上，依靠土壤进行各种各样农业生产和维持生活，并在此基础上逐渐建立了人类的文明。可以说，如果没有我们脚下这一方土地的滋养和哺育，就不可能有人类社会的现代繁荣，甚至也不会有人类的出现。在人类农耕文明时期，土壤作为农业生产的基本要素之一，对农业生产的重要性是不言而喻的，植物及农作物生长所需的营养元素和水分均来自于土壤。在陆地生态系统中，土壤是不可再生的自然资源、生态系统的重要组成及人类赖以生存和发展的重要环境。土壤处于大气圈、水圈、岩石圈及生物圈的交界面，不仅包括其物理组成部分，还包括物理、生物和化学成分之间活跃的相互作用，是地球表面物质交换和能量转化与迁移过程最频繁和最复杂的地带。

人类对土壤的认识和了解与人类在开发利用土壤中深化对土壤功能的认识密不可分。土壤具有自然植被的栖息功能、农作物的生产功能、环境缓冲和净化功能、水资源平衡的调节功能及自然历史的记录功能等。成土过程中自然和人为因素亦会对土壤功能的转变具有特殊影响。土壤的功能不仅局限于农业生产，在维护区域和全球的环境质量方面也起着重要的作用，是生物系统进行全球性能量和物质循环的重要场所，并与人类生活密切相连，其变化也深刻影响着各个国家和整个世界的社会经济持续发展。

随着人类大规模地开发和利用自然资源，土壤质量环境日益严重地受到多种化学和物理因素的影响。频繁耕作疏于休整，加速了土壤中有机质的分解，造成土壤养分大量释放；土壤物理结构遭到破坏，土壤侵蚀发生加剧；气候变化的增温作用也使得低肥力的森林土壤退化速度更快，这些人为影响因素使得土壤质量逐渐变差。此外，在农业生产过程中出现了农田土壤的资源利用效率和生物量产出显著低于自然土壤的状况。大部分的养分资源随着收获被带走，只有部分残余的秸秆和有机肥参加了再循环，从而导致土壤中的养分和能量（尤其是碳）的净损失。因此，人们越来越关注土壤质量和土壤健康状况。土壤质量和土壤健康与农牧业的可持续发展和环境质量的变化息息相关。土壤是维持陆地生态系统功能和持续性的至关重要的有限资源，只有土壤环境健康了，才可以维持植物、动物和人类赖以生存的生态系统，使土壤具有持续耕作的能力。因此，诊断和评价土壤健康对人类的自身健康、农业的可持续发展、环境保护有着重要的意义。

二、土壤健康

20 世纪 70 年代以来，随着全球人口数量增加对粮食等食物需求量不断增多，以及人类生活质量提升对食物需求的结构等的变化，需要从土壤中获取的农产品数量也越来越多，土壤承受的压力也逐渐增大，人类对土壤资源的过度开发利用导致了土壤资源的退化加剧，并对农业可持续发展及生态环境、全球变化造成了严重威胁，迫切需要对土壤质量这一概念进行更加准确的界定。

20 世纪 80 年代末，美国土壤学会首先提出了土壤质量的概念，认为土壤质量是土壤在生态界面内维持植物生产力、保障环境质量、促进动物与人类健康行为的能力；是在自然或人工生态系统中，土壤具有动植物持续性生产，保持和提高水质、空气质量及支撑人类健康生活的能力。我国土壤科学工作者从 20 世纪 90 年代起，在国家重点基础研究发展计划（973 计划）项目"土壤质量演变规律与持续利用"资助下开展了较系统的研究，出版了《中国土壤质量》、《土壤质量指标与评价》及《健康土壤学》等专著。其中《中国土壤质量》一书将土壤质量定义为土壤提供食物、纤维、能源等生物物质的土壤肥力质量，土壤保持周边水体和空气洁净的土壤环境质量，土壤容纳消解无机和有机有毒物质、提供生物必需的养分元素、维护人畜健康和确保生态安全的土壤健康质量的综合量度（曹志洪和周健民，2008）。土壤质量主要是依据土壤功能进行定义的，即现在和将来土壤功能正常运行的能力。土壤质量或功能受到农业生产过程的支撑，农业生产过程受到土壤质量各变量状态的影响，土壤质量各指标又可以反映出相关变量的状态。当然，土壤质量不仅包括作物生产力、土壤环境保护，还应包括食物安全及人类和动物健康。土壤质量概念类似于环境评价中的环境质量综合指标，需要从整个生态系统中考察土壤的综合质量，不应关注土壤肥力的变化，还应关注整个生态系统的稳定性。

土壤质量与土壤健康紧密联系在一起，且土壤健康强调土壤的生产性。土壤健康不仅对作物生长活动的效率有影响，也会对水质量和大气质量产生影响。近年来，土壤健康和土壤质量这两个名词在世界范围内越来越被人们所熟悉。一般来说，土壤健康和土壤质量在科技文献中被认为是同义词，两者之间可以互换使用。在实际的生产和生活中，农民更偏重接受土壤健康这个概念，而科学家们则普遍偏爱土壤质量这个概念。不同学者对土壤健康的定义并不一致，这与他们对土壤健康研究的侧重点不同有关。Doran 和 Zeiss（2000）认为，狭义上的"土壤健康"是指土壤最大限度减少植物、土壤中生物发生病害，最大限度地减少、控制土传昆虫或者其他害虫的数量和活动范围。Wolfe（2005）则认为，土壤健康是将生物、物理和化学方法相互结合，实施土壤管理的综合措施，在最大限度防止生产对环境产生负面效应的前提下，使作物生长达到长期的可持续发展。Trutmann等（1992）认为，土壤健康是指使土壤作为重要的生物系统行使各种功能的能力，以及在生态系统水平和土地利用的边界范围内，维持生产植物性和动物性产品的能力，维持或改善水和大气质量的能力，以及促进植物和动物健康的能力。美国农业部（United States Department of Agriculture，USDA）自然资源保护局（Natural

Resource Conservation Service，NRCS）将土壤健康定义为土壤作为一个动态生命系统具有的维持植物、动物和人类生命及其功能的重要生命系统功能的持续能力。

国内学者在吸收国外相关概念的基础上，也对土壤健康的概念提出了自己的见解。周启星（2005）认为，健康的土壤首先应该是能够生产出对人类有效益的动植物产品，而且具有一定的抗污染能力，且具有不断改善大气、水质量的能力。其中最为重要的一点是土壤健康能直接或间接地促进植物、动物、微生物及人体的健康。章家恩（2004）则指出，土壤健康是指土壤处于一种良好的或正常的结构和功能状态及其动态过程，能够提供持续而稳定的生物生产力，维护生态平衡，保持环境质量，促进植物、动物和人类的健康，不会出现退化，且不对环境造成危害的一个动态过程。

综上可知，土壤健康是一个关于土壤的化学、物理和生物过程的综合和优化的概念，对维持土壤生产力和环境质量非常重要，是指维持生态系统生产力和动植物健康而不发生土壤退化及其他生态环境问题的能力。它强调土壤的生产性，即健康的土壤能持续生产出既丰富又优质的农产品。但是，进入 21 世纪以来，随着现代农业快速发展和农产品贸易的国家化，人们对农业的理解发生了很大的变化，现代农业已不再仅是一个封闭的操作系统，而已成为复杂生态系统的一个组成部分。土壤健康不仅对作物产量及农产品质量具有重要影响，而且对水质量和大气质量亦有重要作用，农业生态系统的各要素相互作用、相互影响，而不是孤立的。所以，不应该把土壤健康的定义仅局限于土壤生产系统与环境的联系、土壤保护与农业持续发展的联系，而是应该与人类健康和生存、经济社会持续发展、国家安全等紧密联系起来看待。

第二节　土壤健康的内涵

人类对土壤健康和功能的关注可以追溯到人类文明的起点。由于土壤是地球生物圈关键和主要的组成部分，是至关重要的自然资源，也是农业和自然生态系统的基础构成要素，因此土壤健康与人类的生存和繁衍密不可分，是人类生存与发展的重要基石。尽管全球关于土壤健康的研究及概念似乎主要集中在欧美等发达国家，且不像土壤肥力、土壤质量那么有广泛的研究基础，当然其定义及内涵似乎也未取得广泛的共识，但近年来随着全球人口增长和人类文明不断发展，人们对自身健康的重视程度不断提高，农产品质量安全问题越来越受到重视，直接决定农产品质量与安全的土壤健康问题的重视程度不断提高、相关研究不断发展，对土壤健康内涵的理解也有了快速的发展。

有研究者认为：土壤健康和土壤质量是同义的，是指土壤生态系统内维持生物生产力、改善环境质量及促进动植物健康的持续运行机能（Doran et al.，1994），亦可以简单地理解为"土壤具有可持续运行的能力"。但土壤质量通常与土壤适宜于某一特定功能相联系，而土壤健康在更广的范围内指出土壤作为生物系统维持生物生产力、促进环境质量及维持作物和动物健康的能力。一般认为，同时具有生物活力和功能的土壤才可以算作健康土壤。自20世纪70年代以来，土壤质量和功能越来越受到关注，土壤质量和土壤健康也被逐渐分化为两个独立且相互关联的术语。关于土壤质量和土壤健康的概念已经在第一节论述过，在此就不再赘述。通常，科研人员比较偏好土壤质量，而农民、政府和企业等公众人员则似乎对土壤健康更感兴趣。近年来，虽然不同学者对土壤质量和土壤健康持有不同的观点和看法，但普遍倾向于接受两者具有统一性的观点。

土壤质量是指土壤维护和保障绿色植物生长、容纳和净化污染物质及满足人类其他合理需求的综合能力量度，一般包括肥力质量、环境质量与健康质量三个方面的内涵。土壤健康是指土壤处于一种良好的团粒结构和功能状况，能够提供持续且稳定的生产力、维护生态平衡、保护环境质量、不发生土壤退化现象且不对环境造成危害的一个动态过程。同时，科学家们根据过去几十年的研究也指出了土壤质量和土壤健康两者之间的一个关键区别：土壤质量包括土壤内在质量和动态质量。土壤内在质量是指土壤的自然组成和性质（与土壤类型有关），主要受成土过程中长期的自然因素和土壤形成过程的影响。这些土壤性质通常不会受人类的管理措施影响。动态的土壤质量，相当于土壤健康，是指人类生存时间尺度上，土壤的使用和管理引起土壤性质发生的改变，强调土壤的自然资源属性、环境属性和生态属性，其与植物健康、动物健康和人类健康密切相关。很多学者认为可以用土壤健康描述土壤短时期内的动态状况。Anderson（2003）指出，对土壤健康的评价和研究主要集中在生物成分上。一些低质量的土壤也可以认为是健康的，如一类处于演替初期的土壤或不利环境下的沙地、荒漠和极地等地区的土壤，由于它们处于自然的发展极端，虽然只有很低的生物多样性和生物生产潜力，但也可以认为是健康的；另一类处于生态系统演替顶极的土壤，如热带雨林的高生物多样性土壤，其土壤肥力虽然不高，但土壤生态功能发挥正常，也属于健康土壤。相反，受到生态破坏或环境污染的土壤，如荒漠化土壤或重金属、有机污染物污染的土壤，其生物多样性和功能都发生显著改变，有些生态功能甚至遭到严重破坏，就不属于健康状况的土壤。由此可知，"健康"一词是指机体或其部分可正常执行其生命机能的状态，土壤健康应主要考虑土壤的生物学组分及土壤生态系统功能性，特别是在系统中维持能量流动、物质循环和信息交换的功能。综合以上分析，土壤健康可概括为"土壤作为一个动态生命系统具有的维持植物、动物和人类生命活动功能的持续能力"。健康的土壤是农作物健康生长和农产品质量安全的关键，是生态环境变化的缓冲器，也是污染环境的修复器。

围绕土壤健康引出了这样一个观点，即认为土壤是一个充满生命的生态系统，需要小心地加以管理，以恢复和维持土壤发挥最佳功能的能力。土壤健康的适应性管理意味着在优化植物多样性的同时，应尽量减少土壤扰动，允许更多连续性的植物生长和残留物覆盖来为土壤创建重要的、有生命的生态系统。在这样的情况下，健康的土壤需要孕育一个复杂的微生物网络，保存大量的生物多样性、富含各式各样的生命体，这样才可以更有效地储存和固定碳、水和氮、磷等营养物质。

一般而言，保持土壤健康需要维持物种多样性和土壤的生态功能。与作物生产和环境质量有关的重要土壤功能包括：与植物根系形成有益的共生关系；保持和循环利用植物必需的营养元素；土壤碳固持；改善土壤团聚体的结构和稳定性；允许水分下渗，并促进水的储存和过滤；抑制植物病虫害和杂草害虫；缓解有毒有害化学物质的毒害；保障食品、饲料、纤维和燃料作物高产高效。当土壤不能充分发挥其功能时，则会导致土壤的可持续生产力、环境质量和农民净收益受到影响，并使土壤健康受损。

土壤功能受损的原因很多，但很大程度上可能是土壤本身具有的特定限制条件、不当的生产方式、某些不利的土壤过程频繁发生而造成的。在农业生产实际中，如果农田土壤不具备了健康土壤应具有的特征后，则必须通过一些农田管理措施（如深耕、施肥、合理灌溉、喷洒农药等）来恢复和提高土壤的耕作性能和生产能力，改善土壤的健康状况，而这必然增加农业生产资料和劳动力等的投入，也可能由此带来农田生态系统和环境的破坏乃至污染。为了有效管理和利用土壤减少农业生产投入，保护和改善农田生态环境、保障土壤健康，必须进行土壤健康评价，以此作为调整和改善农田管理方式的依据，从而达到促进植物更好地生长、品质提高和产量增加，降低大雨、干旱、虫害或疾病等环境胁迫期间的产量损失风险，减少耕作和燃料成本，减少损失降低投入成本，提高肥料、农药、除草剂和灌溉利用效率等目的。

第三节　土壤健康的初步认识

土壤健康是农业可持续发展的必要条件，只有健康的土壤才可以培养出健康、安全的农产品，从而保证动植物和人类的健康。为了维持土壤健康，人类需要不断克服土壤及其生态环境的不利因素，因地制宜，合理利用土壤资源，最大限度发挥土壤的自然优势，消除土壤的障碍因素，如改善干旱土壤的灌溉条件、开凿沟渠促进低洼积水农田排水、合理增施肥料提高贫瘠土壤肥力、施用调理剂消减土壤障碍因子、减少有毒有害污染物质进入土壤以防治污染，以及有效控制杂草、减少外来物种入侵、保障土壤生态系统健康等。同时，为了实现土壤具有可持续发展的生产力，还需要保持土壤生态系统功能的多样性。

一、土壤健康的常见限制因素

随着人们对土壤生态系统服务的关注，土壤健康成为全球土壤学和生态学研究的热点。然而，近年来由于人类活动和气候变化等因素的影响，土壤功能急剧衰减，主要表现在土壤养分失衡、生态多样性降低、生产力下降、生态系统功能失调等，土壤所具有的供给服务、调节服务、支持服务和文化服务等能力受到严重影响，给人类的生存和发展带来了巨大的不确定性，因此，充分认识限制作物生产力、影响土壤可持续性生产和降低土壤环境质量的因素是十分必要的。人类必须首先认识限制土壤健康的因素，及时采取有效的实践管理措施对其进行合理的调控和改良，才能达到缓解和改善土壤健康问题的状况。以下是我国农田中常见的影响土壤健康的约束性条件，以及一些影响因素和产生的土壤条件。

（一）板结

农田土壤的板结作用可发生在表层和下层土壤中。正常情况下，耕作前要确保土壤适宜才可选用设备进行耕作，而在实际的农业生产中，为了提高土壤的复种指数、减少农田的空闲时间，经常会不注重农用机械设备和农用工具的使用条件。例如，土壤潮湿时的运输或耕作、重型设备过度使用和负载、不受控制的运移模式等，均可导致土壤板结。当土壤被压实时表层和亚表层土壤中的根系生产力降低，水膨胀受限，土壤径流、侵蚀、积水和通风不良。此外，由于水分储存减少和生根能力减弱也会造成作物的干旱敏感性增强，随着根系生长不良和水分供应受限进一步影响养分供应减少。伴随着排水不良和植物根胁迫，作物的病原体压力增加，进而导致农民耕作成本增加，作物产量降低。

（二）不良的土壤团聚体状态

板结的土壤更容易发生侵蚀和径流，增加了土壤生产力丧失的风险。当矿物和有机颗粒聚集在一起时，就会形成土壤团聚体，使土壤保持良好的结构、更好的保水保肥性能等。集约化耕作、单一有限的作物种类、地膜等土壤覆盖物、低活性根密度、有限的根系生存空间、有限的有机物添加、低生物活性的稳定团聚体结构等，均可导致团聚体的状况不良。不良的团聚体状况会导致土壤结痂和破裂、土壤通气排水等性能下降且硬度加大，使作物幼苗出苗和生长不良、土壤水分入渗和储存不良，侵蚀和径流发生率增加，土壤对水的保存能力降低，土壤热传导能力减弱、温度提升减慢等，微生物群落活性较弱，根系生长减少，植物的抗旱性能降低。

（三）杂草压力

当植物不健康和"虚弱"时，它们很难与杂草竞争水分和养分，也很难抵御害虫。作物轮作不当或耕地长期撂荒而缺少作物覆盖地表、产生除草剂抗性、杂草管理不良和农业耕作管理措施时间安排不当等，均会导致杂草压力。受到杂草压力影响后，作物因营养不良或受杂草荫蔽等原因生长较差，直接影响其产量和品质。同时，由于杂草压力，也增加了农田的病害和虫害，干扰了正常栽培技术的使用，增加了收获的难度和人力成本。在采取有效措施对杂草进行控制时，也会增加杂草控制成本。

（四）高病原体压力

病原体对植物生长和根系发育均具有负面影响，同时也会对土壤生物种群的功能发挥起到不同程度的抑制作用。不良的轮作计划、轮作品种的单一化、无效的农业投入品残留管理、不良卫生规范（操作之间未清洁设备、工具、车辆）等，均可能导致土壤微生物多样性降低，土壤物理结构、功能性变差，同时，渍水或其他植物胁迫等诱导条件均会导致土壤的高病原体状况。当土壤处于高病体状况时，病虫害的入侵会导致植物器官受损和病变，作物生长不平衡或变缓，由此引发作物产量显著下降达到减产水平，且产品的质量也将因此受到相应影响，最终严重影响农民的收成和利润。

（五）低水分和营养保持能力

土壤有机质是土壤固相的重要组成成分，尽管它的含量仅占土壤总量的很小一部分，但它对土壤形成、土壤肥力、环境保护及农业可持续发展等起着极其重要的作用。不同类型和地区土壤中有机质含量差异较大，含量高的土壤中有机质可达 20% ~ 30%，而含量低的土壤中则不足 1%。但随着化肥施用量越来越多、土壤复种指数的提高、秸秆焚烧降低土壤碳回归指数和有机肥投入量减少，以及表土流失等，表层土壤的有机质含量下降显著。依据第二次全国土壤普查数据的估算，我国农田土壤有机碳库含量在 20 世纪 80 年代初为 26.6 ~ 32.5 tC/hm^2，远低于美国农田土壤的平均值 43.7 tC/hm^2 和欧洲农田土壤的平均值 40.2 tC/hm^2。当土壤有机质含量降低后，土壤的阳离子交换量下降、结构变差且易板结，影响作物根系下扎的深度，蓄水和渗透能力亦同时下降，大幅度增加了土壤流失和侵蚀的风险。同时，有机质的减少降低了土壤缓冲性能，土壤对环境中酸、碱变化的缓冲能力降低，不利于植物根系的定植和生长。低水分和低养分保持能力的土壤，可能加大地下水和地表水污染的风险，同时也可能导致土壤微生物种类和群落多样性降低，土壤营养缺乏和植物生长不良、土壤干旱胁迫加重等现象。

（六）盐度和碱度

当向土壤中持续大量投入肥料，特别是化学肥料时，将导致土壤的全盐含量升高，当土壤剖面中可溶性盐分浓度升高到一定程度时，土壤即变成了盐土。碱土是指利用钠吸附比方法测定得出土壤中钠离子浓度（相当于镁和钙）过高的土壤。盐度和碱度是完全不同的两个概念，土壤中这两种情况可能同时或分别发生。半干旱和干旱气候区，特别是灌溉系统下，被认为是人工"灌溉沙漠"常存在土壤盐度和碱度过高的现象。土壤盐化或碱化会导致阳离子养分大量流失而使作物产量和产品质量严重受损，如果是由于钠离子的原因，则会导致土壤团聚体含量大幅度降低且结构破坏，从而引起土壤渗透和排水功能失调，并严重影响作物生长和产量。无疑，盐化或碱化的土壤肯定是不健康的，也是不利于作物生长和产量的。

（七）土壤污染

土壤污染与人中毒相类似，人体内有毒物质含量越高，则人的健康状况就越差。土壤健康与土壤污染程度亦息息相关，即土壤污染程度越高，土壤就越不健康，反之亦然。土壤中的重金属、持久性有机物等污染物主要来源于过去的人类活动，包括高强度的运输、商业活动、工厂泄露或者农药杀虫剂等的使用，这些均会对土壤和植物生长造成不利影响。城市地区和过去使用铅油漆、肥料、杀虫剂等污染源的其他场所（如果园土地上使用的砷酸铅），如工业或商业活动、木材处理、石油泄漏、汽车或机器维修、垃圾运输泄露、家具翻新、火灾、废物填埋场或垃圾不合理堆放等行为均会造成土壤中的重金属等污染物含量偏高。土壤中重金属等污染物含量过高时，儿童或成人吞食或吸入土壤颗粒、食用在受污染土壤中或土壤上生长的食物时，会增加人体污染物的暴露风险。而在重金属等污染的土壤中生长的植物，由于受到重金属等污染物毒性的作用，作物的品质和产量均显著降低，且其中污染物含量可能因此大幅度超标。此外，大多数的重金属等污染物对土壤生物具有毒害作用，过量的污染物会抑制土壤中生物的活性、降低土壤生物的多样性，并由此影响土壤生态系统的功能。

二、土壤健康的具体表现

土壤健康是土壤维持其生产力、改善环境质量并促进动植物健康生长的一种机能和状态。土壤健康是一个综合量度的指标，包括受成土过程影响的静态指标和对管理措施较为敏感的动态指标。土壤健康程度的判定在于土壤是否充分发挥了其功能。如果发挥了其正常的生态系统服务功能就认为是高质量或健康的，反之则认为是质量低、存在障碍因子或者是不健康的土壤。健康的土壤通常应具有良好的结构、功能和缓冲性能，并能始终保持这种良好结构和功能状态，以及维持土壤生态系统的动态平衡。主要表现在土壤理化性状优越、土壤养分丰富、土壤生物丰富且代谢活跃、土壤水分和空气含量适宜、土壤环境与生态系统健康稳定、植物病虫害种群可控、低杂草压力、抗土壤退化性能强和出现不利条件时可快速恢复等方面。

（一）土壤理化性状优越

土壤理化性状通常是指土壤物理状况和土壤化学性质。土壤物理状况主要包括土壤质地和土壤结构等。土壤质地是按土壤中不同粒径颗粒相对含量的组成而区分的粗细度；土壤结构是指土壤颗粒（包括团聚体）的排列与组合形式。土壤化学性质主要包括土壤吸附性能、表面活性、酸碱性、氧化还原电位和缓冲作用等，亦包括土壤中养分及相关元素的含量。健康的土壤具有一定厚度和结构的土体，土壤固、液、气三相比例适宜，土壤质地疏松，具有较高的水稳性团聚体含量、良好的土壤孔隙分布，透气性好，保水保肥性强，土壤温度适宜，酸碱度适中，缓冲环境变化的能力强，土壤耕性良好，有机质丰富且土壤呈暗色，无大而坚硬的土块，表层土壤厚度较大，根系能够生长并吸收到充足的水分和养分，为作物根系的生长提供相对稳定的环境。

（二）土壤养分丰富

土壤肥力是土壤为植物生长提供和协调养分供应和环境条件的能力，是土壤各种基本性质的综合表现，是土壤区别于成土母质和其他自然体的最本质特征，同时也是土壤作为自然资源和农业生产资料的物质基础。健康土壤主要体现在土壤养分丰富、土壤肥力高。稳定、均匀、充足、适量的养分供应对于植物的生长和维持养分在系统内的平衡是必不可少的。

矿物质是构成土壤肥力的重要因素，一般占土壤固相部分重量的95%～98%。土壤矿物质是岩石经风化作用形成的大小不同的矿物颗粒（砂粒、土粒和胶粒）。土壤矿物质是作物养分的重要来源之一。营养健康的土壤一般矿物质种类齐全、比例适宜、含量丰富。土壤有机质是指土壤中由生物残体形成的含碳有机化合物，是土壤肥力的核心组分。按有机残体的分解程度，有机质分为新鲜有机质、半分解有机质和腐殖质，其中腐殖质是新鲜有机物经过微生物分解转化形成的非晶质高分子有机化合物，呈黑色或暗棕色液体状，是土壤有机质的主体成分，具有吸收性能、缓冲性能及络合重金属性能等，对土壤的结构、性质和质量都具有重大影响。有机质和土壤矿物质紧密地结合在一起，既可以为植物提供大量的营养物质，又可以吸附大量微量元素，而且也有利于土壤生物的存活。富含有机质（尤其是腐殖质）的土壤生物多样性高，缓冲能力强，抗污染、抗外来物质的能力强，健康指数高。过多的养分会导致富余养分的淋溶，并可能由此引发地表和地下水污染，增加温室气体的排放量，加大对植物和微生物群落的毒性。

（三）土壤生物丰富且代谢活跃

土壤中生活着十分丰富的生物类群，是一个重要的地下生物资源库。土壤生物除参与岩石的风化和原始土壤的形成外，对土壤的形成和发育、土壤肥力的形成和演变及高等植物的营养供应状况均有重要作用。土壤生物尤其是微生物对陆地动植物残体的分解、土壤结构的形成、有机物的转化、有毒物质的降解等至关重要，同时还对土壤本身起着天然的过滤和净化作用。土壤微生物活性主要体现在土壤生物的活性和多样性，土壤生物对于土壤中有机物和元素的周转与循环十分重要。它们有助于循环养分，分解有机物，保持土壤结构，以及抑制植物害虫等。健康的土壤中一般有大量的有益微生物存在，以及执行相关功能的微生物类群，从而有助于保持一个健康的土壤状态。健康土壤中生物种类丰富，动植物和微生物多样，土壤生物代谢活跃、功能强劲，土壤酶活性高，土壤微生物生物量丰富，食物链结构合理，能够有效维持土壤生态系统的功能流动、物质循环和信息交换。

（四）土壤水分和空气含量适宜

土壤是一个疏松的多孔体，其中布满着大大小小蜂窝状的孔隙。一般把直径 0.001 ~ 0.1 mm 的土壤孔隙称为毛管孔隙，存在于土壤毛管孔隙中的水分可以被作物直接吸收利用，同时还能溶解和输送土壤养分。当土壤水分充足时，健康的土壤会吸收和储存更多的水在中、小孔隙中，但也会更快地从大孔隙排出水分。因此，健康的土壤会在干旱时保留更多的水分供植物吸收利用，同时也会让土壤空气在降雨后迅速排出，从而使生物能够茁壮成长。土壤空气对作物种子发芽、根系发育、微生物活性及植物养分吸收利用等均有显著影响。农业生产中应该采用深耕松土、破除土壤板结层、排水、晒田等措施，以改善土壤的通气情况，促使土壤水分和空气含量保持在适宜水平。

（五）土壤环境与生态系统健康稳定

健康的土壤来自一个健康的发育环境，不会存在严重的环境胁迫，如水分胁迫、温度胁迫、酸碱度胁迫、盐度胁迫等，没有水土流失、人类开采破坏、地质灾害等现象。同时，健康土壤不存在污染或者含有污染物极少，而且其自净能力、抗污染能力强。当土壤被污染，有害物质含量超过土壤自净能力时，就会引起土壤组成、结构和功能发生变化。土壤污染程度与土壤健康状况息息相关，土壤污染程度越大，土壤的健康状况越差。健康的土壤要么没有过量的有害化学物质和毒素，要么能够解毒或与这些化学物质结合使其毒性大幅度下降。这些过程使得有害的化合物无法被植物吸收，这是土壤中稳定的有机质和微生物群落的多样性所致。

（六）植物病虫害种群可控

在农田生态系统中，植物病害病原物是指能侵染寄生于植物体并导致侵染性病害的生物，植物病原物和害虫会对作物造成病害和危害。在健康的土壤中，这些微生物的数量较少或活性较低，这可能是由其他土壤生物对养分或栖息地、过度寄生等的直接竞争造成的。此外，健康的植物能够更好地抵御各种害虫（有点类似于人类的免疫系统）。

（七）低杂草压力

杂草是指人类栽培的植物以外的植物，一般是非人工栽培的野生植物或对人类无用的植物。广义的杂草定义则是指对人类活动不利或有害于生产场地的一切植物。主要为草本植物，也包括部分小灌木、蕨类及藻类。从生态学观点来看，杂草既不是人类种植的农作物又不是野生植物，它是对农业生产和人类活动均可能产生多种影响的植物。杂草压力是作物生产中的一个主要制约因素，农田杂草会直接或间接影响农作物生长，影响农作物的产量、质量和品质。杂草与作物争夺水分和养分，而这些都是植物生长所必需的；生长的较高杂草可遮挡阳光，妨碍田间通风透光，改变农田局部的气候条件，有些杂草则是病虫害的中间寄主，促进并可滋生病虫害；有些寄生性杂草直接从作物体内吸收养分，降低作物的产量和品质。健康土壤要在人类有规划的管理下，定期施用环境友好型的除草剂、杀菌剂等化学物质，抑制农田杂草的生长和繁殖，减少和有效控制杂草与农作物之间的竞争。

（八）抗土壤退化性能强

土壤退化一般是指在自然和人为因素的影响下，土壤所发生的不同程度的养分流失、土壤侵蚀、病虫害增加、土壤重金属和有机物污染及土壤酸化或盐碱化、沙漠化等土壤质量全面下降的现象。土壤退化已成为全球严重的环境问题之一，直接危及人类的生存基础和生存环境。采用水土保持和生物防治措施,如植树造林、种草护坡、地表覆盖、免耕、少耕、间作套作等措施和耕作技术,可以减少雨滴对地面的直接击打作用,提高地表的渗水能力,从而达到减少地表径流、避免水土流失、重构土壤结构的作用。一个健康、团聚体结构良好的土壤充满了不同的生物体群落,对包括风雨侵蚀、过多降雨、极端干旱、车辆压实、疾病暴发和其他潜在的退化性在内的不良事件具有更强的抵抗力。

(九)出现不利条件时可快速恢复

健康的土壤会在不利条件下通过自身的调节等功能使土壤快速恢复原状,即使不利条件快速消除。正常的农业生产中经常会发生一些不利于农业生产的事件,如突然的大暴雨可能导致农田土壤被淹没,植物因长期处于淹水条件下大量死亡,在这种状况下土壤养分流失也会非常严重,最终导致作物减产甚至失收。但如果是条件良好的健康土壤,排灌通畅、抗水土流失的能力强,则会在受灾的较短时间内迅速恢复到土壤原有的正常状况,或者能较好保障土壤的通气性并保持养分,最大限度减少不利条件对作物生产的影响。

第四节　美国土壤健康理念的发展

健康的土壤是农业生产的基础。土壤健康是一个关于土壤的化学、物理和生物过程的综合和优化概念,对维持土壤的生产力和环境质量很重要。多年来,对土壤化学和物理特性重要性的定义和理解,已被整个农业界广泛接受。直到20世纪后期以来,认识和管理土壤生物特性的重要性才逐渐超越了少数领先的创新生产者和科学家已有的观点,并在更广泛的研究领域成为焦点。随后,研究者及更多的农业生产者在评估和管理各种各样的农业生产系统中的土壤生物功能方面取得了重大进展。

土壤退化不仅导致了其健康状况衰退、作物生产力降低,而且使得农场的盈利能力日益降低。土壤退化的原因是多种多样的,包括土壤板结、表面结皮、低有机质及土传病害、杂草、昆虫和其他害虫的破坏和危害增强,以及较低的丰度、活性和有益生物的多样性。20世纪后期以来,为了解决这些问题,对其感兴趣的一些种植者、推广教育者、研究人员和私人顾问及资助者,于2000年年初在康奈尔大学合作建立了一个项目工作小组。同时,美国康奈尔大学也成立了康奈尔土壤健康团队,深入开展土壤健康综合评价、健康土壤构建等相关研究。研究组的主要成就之一是开发了一个纽约和美国东北地区土壤健康综合评价体系(comprehensive assessment of soil health,CASH),通过对康奈尔大学试验农场与纽约州农民合作建立的长期观测站相关结果分析,同时采集大量土壤样品,利用检测结果及作物生长和产量等信息，建立了康奈尔土壤健康评价系统。该评价系统通过分析测定土壤健康指标来评价农田土壤的健康状况，结合已有的研究结果及管理经验等，给农民未来的农田管理方式提供指导和建议；通过改进农田管理方式（耕作方式和种植结构等），恢复和提高农田土壤的功能和性状，以达到农业生产过程中的低投入高产出。

近年来，康奈尔土壤健康团队对研发的综合评价方案进行了多次修订，并根据与关键土壤过程的相关性、对管理的响应、测量的复杂性和成本等要素，评价了许多潜在指标在土壤健康标准化、快速、定量评估中的应用。康奈尔大学研发的土壤健康综合评价体系主要包括：物理、化学、生物三类指标，其中，物理指标 4 个，分别为土壤有效含水量、土壤表层紧实度、土壤亚表层紧实度、团聚体稳定性；生物指标 4 个，分别为土壤有机质、土壤蛋白质指数、土壤呼吸、活性碳含量；化学指标 4 个，分别为土壤酸碱度、可提取磷、可提取钾、微量元素。由于质地对土壤所有的功能和性状都有显著影响，并且同一指标值在不同质地土壤中所指示的健康状况也不尽相同，因此，所有的土壤样品都必须测定土壤质地。康奈尔土壤健康团队和美国能源部的高级能源研究计划署也都保持对土壤健康的关注，努力开发更好的土壤健康测量方法并提供相应的管理信息。

除了土壤的生物、物理和化学方面的研究外，越来越多的社会科学者正围绕着为什么土壤健康实践未被更广泛采用的行为和认知方面开展研究。例如，大自然保护协会目前正与康奈尔大学合作开展一个项目，调查为什么一些种植水果和蔬菜的农民愿意采用关注土壤健康的方法，而一些不愿意采用关注土壤健康做法的农民究竟存在哪些障碍因素？以及这些做法能带来哪些生态、经济和社会效益。此外，还需要对改善土壤健康实践在管理其他环境问题方面可以发挥的作用有更全面的科学理解。

科学、技术、农业、社会、环境保护和公共政策方面的因素及其发展前所未有地融合，促进了土壤健康活动的开展，提升了民众的兴趣。在美国的许多大学，包括艾奥瓦州立大学、明尼苏达大学、普渡大学及加利福尼亚大学（简称加州大学）戴维斯分校，教师和学生正在通过土壤健康教育、土壤健康的基础和应用科学研究，以及土壤健康能为保护自身和其他环境目标做出贡献等方面来推广有关土壤健康的知识。许多学校或机构建立了专注于土壤健康的农业管理系统和实践、环境问题及社会需求等有关的中心或研究所，如加州大学伯克利分校的食品研究所、艾奥瓦州立大学利奥波德可持续农业发展中心。此外，包括植物遗传学和信息技术在内的其他领域的科学进步也广泛应用在改善土壤健康方面；政策压力也凸显了改善土壤健康的必要性。增加对土壤健康和农业可持续发展资金的投入和支持，也为改善土壤健康提供了保障。除了国家微生物组织计划投入的数亿美元外，联邦政府还通过其他举措投资于土壤健康；对土壤健康的兴趣也产生了公共 -

私人伙伴关系，这种伙伴关系往往存在于需要科学、经济、环境和政治投入的政策领域。

　　为了在美国实现改善土壤健康管理实践的好处，需要解决一系列巨大的障碍。这些障碍通常围绕三个主题：缺乏科学共识、土壤所有权结构问题及农业的公共政策并未将政府提供的福利和服务与土壤健康目标和时间联系起来。改善美国的土壤健康状况将涉及一个充满活力、持续适应的过程和各种不同地区的实践，甚至在一个地区内也因农场不同而异，但是农民和科学家正在使用和研究更为广泛的土壤健康实践。美国农业部自然资源保护局（USDA-NRCS）也发起了"揭开土壤的秘密"等类型的意识觉醒和教育活动，通过在线视频等功能，帮助农民、牧场主和感兴趣的利益相关者改善土壤健康。转变美国耕地的管理模式，是使土壤健康成为农场运营决策的领先指标，从而促使到 2025 年在 50% 以上的美国农田采用土壤健康做法的重要途径，实现这一愿景是一次千载难逢的机遇，也是一项非常艰巨的挑战。

主要参考文献

曹志洪, 周健民. 2008. 中国土壤质量. 北京: 科学出版社.

曹志平. 2007. 土壤生态学. 北京: 化学工业出版社.

陈怀满. 2004. 土壤环境学. 北京: 科学出版社.

龚子同, 陈鸿昭, 张甘霖. 2015. 寂静的土壤——理念·文化·梦想. 北京: 科学出版社.

黄昌勇. 2010. 土壤学. 北京: 中国农业出版社.

徐国良, 文雅, 蔡少燕, 罗小凤. 2019. 城市表层土壤对生态健康影响研究述评. 地理研究, 38(12): 2941-2956.

杨洪强. 2014. 有机农业生产原理与技术. 北京: 中国农业出版社.

杨顺华, 杨飞. 2019. 土壤与生态系统健康: 从性质研究到分区管理. 科学, 71: 6-10.

张小丹, 吴克宁, 赵瑞, 杨淇钧. 2020. 县域耕地健康产能评价. 水土保持研究, 27: 294-300.

赵方杰, 谢婉滢, 汪鹏. 2020. 土壤与人体健康. 土壤学报, 57: 1-11.

章家恩. 2004. 土壤生态健康与食物安全. 云南地理环境研究, 6(4): 1-4.

周启星. 2005. 健康土壤学: 土壤健康质量与农产品安全. 北京: 科学出版社.

Adesina I, Bhowmik A, Sharma H, Shahbazi A. 2020. A review on the current state of knowledge of growing conditions, agronomic soil health practices and utilities of hemp in the United States. Agriculture, 10: 11-24.

Adrover M, Edelwe F, Gabriel M. 2012. Chemical properties and biological activity in soils of Mallorca following twenty years of treated wastewater irrigation. Journal of Environmental Management, 95: 10-21.

Ana L, Muccillo B, Mirlean N. 2012. Health effects of ingestion of mercury-polluted urban soil: an animal experimen. Environmental Geochemistry and Health, 34: 43-53.

Anderson T H. 2003. Microbial eco-physiological indicators to assess soil quality. Agricultur, Ecosystems and Environmen, 98: 285-293.

Alkorta I, Aizpurua A, Riga P, et al. 2003. Soil enzyme activities as biological indicators of soil health. Reviews on Environmental Health, 18: 65-73.

Delgado M, Rodriguez C, Martin J V. 2012. Environmental assay on the effect of poultry manure application on soil organisms in agroecosystems. Fence of The Total Environment, 416: 532-535.

Doran J, Zeiss M R. 2000. Soil health and sustainability: managing the bioticcomponent of soil quality. Applied Soil Ecology, 15: 3-11.

Doran J, Coleman D C, Bezdicek D F. 1994. Defining soil quality for a sustainable environment. SSSA special publication no. 35 Madiso, WI.

Haimi J. 2000. Decomposer animals and bioremediation of soils. Environmental Pollution, 107: 233-238.

Laffely A, Erich M S, Mallory E B. 2020. Evaluation of the CO_2 flush as a soil health indicator. Applied Soil Ecology, 154: 74-79.

Lipczynska-Kochany E. 2018. Humic substance, their microbial interactions and effects on biological transformations of organic pollutants in water and soil: a review. Chemosphere, 202: 420-437.

Miller H, Dias K, Hare H. 2020. Reusing oil and gas produced water for agricultural irrigation: Effects on soil health and the soil microbiome. Science of the Total Environment, 722: 52-63.

Moebius-Clune B N, Moebius-Clune D J, Gugino B K. 2017. Comprehensive assessment of soil health——The Cornell Framework. Ithac, NY: Cornel University.

Orts A, Tejada M, Parrado J. 2019. Production of biostimulants from okara through enzymatic hydrolysis and fermentation with Bacillus licheniformis: comparative effect on soil biological properties. Environmental Technology, 40: 2073-2084.

Tobin C, Singh S, Kumar S. 2020. Demonstrating short-term impacts of grazing and cover crops on soil health and economic benefits in an integrated crop-livestock system in south Dakota. Open Journal of Soil Science, 10: 7-15.

Trutmann P, Paul K B, Cishabayo D. 1992. Seed treatments increase yield of farmer varietal field bean mixtures in the central African highland through multipled is ease and bean fly control. Crop Protection, 11: 458-464.

Wolfe D. 2005. The soil health frontier: New techniques for measurement and improvement. Proceedings: New England Vegetable and Fruit Conference. University of Maine Cooperative Extension Publishment, Portland, ME: 158-163.

第二章　土壤健康评价指标体系及方法构建

第一节　土壤健康的影响因素

万物土中生，有土斯有粮。作为人类最早开发和利用的生产资料，土壤是维持陆地生态系统功能至关重要的有限资源，它既是维持农业生产不可或缺且不可替代的自然资源，又是保持地球系统生命活性的关键因素，是整个人类社会和生物圈共同繁荣的基础。健康有活力的土壤不仅可以给植物生长提供必需的营养元素，而且具有从极端环境条件恢复的能力，健康的土壤还有利于土壤动物、植物及微生物群的生长，帮助动植物和人类共同抵御疾病（Luber and McGeehin，2008）。土壤健康的核心是土壤物理、化学、生物过程与功能的综合，健康的土壤体现在这几个方面均衡发展，所以，健康土壤是一个稳定的、有恢复能力的、生物多样性丰富的，并可维持内部养分循环的整体。在人类历史上，土壤质量衰退曾经给人类文明和社会发展留下了惨痛的教训。然而，长期以来，科学家对人类活动引起的空气和水质量退化给予了较多的关注，但除少数专业科学家外，人们并不在意土壤在维持地球上多种生命的生息繁衍并保持生物多样性的重要性，也很少有人关注人为活动对土壤质量的负面影响。20 世纪中叶以来，随着全球人口增长和资源逐渐耗竭，人类对自然系统的负面影响迅速扩大，人们对土壤的认识不断加深。尽管土壤质量这个名词实际上在 20 世纪初就出现在了土壤学的文献中，但直到 20 世纪末 21 世纪初才被频繁引用，并逐渐成为国际土壤学研究的热点。20 世纪 70 年代，由于全球土壤质量退化加剧，以及由土壤质量退化引发的生态环境破坏和全球气候变化等问题，人们才开始重视土壤质量在可持续生产中的作用及其与植物、动物和人类健康之间的相互关联。1990 年后，我国连续几次召开的有关"土壤质量"的国际学术会议、出版和发行了一些关于"土壤质量"的专著和论文，提出了土壤质量的定义，并对土壤质量的评价指标与定量化方法等进行了选择，探讨了土壤质量评价结果与土壤特性、土地利用适宜度之间的关系，提出了一些新的观点和方法。

土壤健康与农牧业可持续发展及环境质量改善息息相关。土壤健康（soil health）和土壤质量（soil quality）在科技文献中属于同义词，这 2 个关键词在科技出版物中一般交替出现，农业生产者和农场主偏好用"土壤健康"，因为土壤健康强调了土壤的生产性能，即一个健康的土壤能够保证丰富优质作物的持续产出；

而科学工作者则更喜欢用"土壤质量"，这是因为他们更注重土壤质量的可分析性和数量化特征、不同土壤之间这些特征的量化关系，并想以此提醒人类要像关注水质量和大气质量那样去关注土壤质量。但是，也有学者认为"土壤质量"与"土壤健康"二者并不是完全等同的。处于气候演替初期的土壤，如沙地、荒漠和极地的土壤，其处在自然的发展阶段，生物多样性和生产潜力都较低，虽然这样的土壤质量较低，但有可能是健康的。强调土壤健康是因为将土壤看成是一个活跃的、可以行使整体功能的动态有机体，强调土壤质量主要是便于描述其内在可计量的物理、化学和生物学特征。土壤质量一般可理解为土壤在生态系统界面内维持生产、保障环境质量、促进动物与人类健康行为的能力（Doran and Parkin，1994）。1995 年，美国土壤学会把土壤质量定义为"在自然或管理的生态系统边界内，土壤具有动植物生产持续性，保持和改善水、气质量以及支撑人类健康与生活的能力"。土壤健康则通常被定义为特定类型土壤在自然或农业生态系统边界内保持动植物生产力，保持或改善大气和水的质量，以及支撑人类健康和生活的能力。很多学者认为土壤健康可以用来描述土壤短时期内的动态状况。

从上面对"土壤健康"概念的叙述，我们至少可以认识到以下几个方面。

1）土壤健康主要是依据土壤功能进行定义的，即目前和未来土壤功能正常运行的能力。土壤的功能（质量）一是生产力，即土壤植物和动物的持续生产能力；二是环境质量，即土壤缓解环境污染和病虫危害，调节大气和水质量的能力；三是动物和人类健康，即土壤影响动植物和人类健康的能力。

2）土壤健康概念的内涵不仅包括作物生产力、土壤环境保护，还包含食品安全及人类和动物健康。土壤健康的概念类似于环境评价中的环境质量综合指标，即从整个生态系统中考察土壤的综合质量，这一定义超越了土壤肥力的概念，也超越了通常的土壤环境质量概念，它不只是将食物安全作为土壤质量的最高标准，还关系到生态系统稳定性、地球表层生态系统的可持续性，是与土壤形成因素及其动态变化有关的一种固有的土壤属性。

3）目前，科学界对土壤健康尚存在一些模糊的认识，即土壤健康内涵与土壤肥沃度的混淆，这与人们对土地利用方式、生态系统和土壤类型及土壤相互作用过程复杂性的认识不足等有关。土壤的功能在于它作为食物的主要生产者，是清洁空气和水的环境过滤器，是地球表层生态系统养分循环的推进器，同时也是生物多样性的庇护地。一个管理良好的土壤，能够维持良好的土壤质量，不仅表现在土壤生产力的提高、土壤环境质量的改善，同时也表现在维持着土壤中的生物多样性。也有科学家将土壤抵抗环境污染置于土壤质量的首要位置，认为一个质量优良的土壤不仅具有清除水土污染的能力，而且其向水和空气释放污染物的能力也最低，因此，土壤质量改善的管理方式还应包括能够降低潜在污染的技术和方法。尽管土壤健康或土壤质量的原理是全球通用的，但不同田块或区域水平的管理措施存在广泛多样性。

正是因为土壤质量在粮食和农产品安全、农业可持续发展等国家战略中发挥着十分重要的作用，才使得有关土壤退化与质量演变的研究成为当前国内外土壤学、农学及环境科学界共同关注的热点课题之一。土壤质量的好坏取决于土地利用方式、生态系统类型、立地条件、土壤类型及土壤内部各组分的相互作用等。作为一个复杂的功能实体，土壤质量无法直接测定，但可以通过与土壤质量有关的一些指标进行推测。毫无疑问，土壤质量评价应根据土壤质量的相关指标来进行。

一般而言，健康土壤能够维持物种的多样性，它具有如下特征：抑制植物病虫害和杂草；与植物根系形成有益的共生关系；供应和循环利用植物必需的营养元素；改善土壤团聚体结构，使土壤具备良好的水分渗透、固存及排出能力；增加农产品产量及农业收入；改善生态环境。近来，随着人类大规模地开发和利用自然资源，人类生活和生产所处的土壤环境日益受到多种化学和物理因素的影响，这些化学和物理因素也可划分为自然因素和人为因素，其中尤为重要的是风蚀与水蚀、农药和化肥的过量施用、工业排放导致的化学污染等。同时，人们对土地不合理的利用和管理方式，也大大增加了对土壤健康的威胁，降低了土壤生产力及其维护健康环境的能力。因此，诊断和评价土壤健康状况就显得尤为必要，它对人类的自身健康、农业可持续发展与环境保护等，均具有十分重要的意义。

第二节　土壤健康对作物产量和品质的影响

一、土壤健康对作物产量的影响

土壤作为最基本的农业生产资料已经成为当代最宝贵的自然资源之一。土壤健康是国家稳定的基石，是经济发展的核心基础。作为重要的经济资源，土壤生产能力是土壤健康的重要指标之一，而农田管理措施作为对土壤质量影响最大的人为因素，对土壤健康和土壤生产力有重大影响：一方面，不合理的管理措施可能使土壤性质发生恶化，增加土壤侵蚀的速度，降低生物的多样性，主要包括施用肥料和有机制剂、森林砍伐和人为火烧、秸秆还田等，以及农用化学品包括化肥、杀虫剂、除草剂、植物生长调节剂、保水保肥剂及土壤改良剂等的施用量较大，造成土壤污染并破坏土壤环境，给土壤健康带来了极大的影响，导致生产出的食物失去安全性或者直接减产，影响人与动物的健康，威胁农产品安全。另一方面，在合理的利用和管理下，通过小环境的改善和合理的耕作尽可能降低或消除土壤的障碍因素，如施用有机或无机肥料，秸秆、枯枝落叶还田，可使养分处在良性环境中，导致土壤中有机物质累积、土壤结构和微生物功能改善。

也有研究表明，采取免耕及作物残体覆盖可以增加土壤有机质含量、提高土壤渗透性，提升土壤整体质量（Staley et al.，1988），同时，免耕等保护性耕作措施还有利于增加表层土壤中的有效养分含量（Zibilske et al.，2002；Liebig et al.，2004）等。

作物整个生长周期所需的矿质营养，几乎全部从土壤中获得。土壤中的养分连年随收获物而被带走，如果返还土壤的养分不足以弥补随作物带走的矿质营养，将可能导致土壤逐渐贫瘠化，以及连续施肥造成土壤酸化，这些因素都可使土壤生产力降低，引发作物减产。例如，韩志慧（2013）在河南开封市一处贫瘠土壤的试验显示（表 2-1），2007 ～ 2009 年的 3 年间，不施肥（CK）、施用 NPK 化肥（NPK）、施用 PK 化肥 + 石灰（PK+L）、施用 NPK 化肥 + 石灰（NPK+L）4 种不同处理，对棉花、玉米、大豆和小麦 4 种作物的产量均具有显著影响。CK 即无任何资源输入的条件下，土壤贫瘠，种植的棉花、玉米、大豆和小麦只有营养生长，子实体的产量均为 0 kg/hm²。施用 NPK 化肥处理下棉花、玉米、大豆和小麦的产量比不施肥处理均有增加。而两种石灰处理均显著增加了 4 种作物的产量。

表 2-1　2007 ～ 2009 年不同处理对作物平均产量的影响

处理	棉花产量 / (kg/hm²)	玉米产量 / (kg/hm²)	大豆产量 / (kg/hm²)	小麦产量 / (kg/hm²)
CK	0b	0b	0b	0d
NPK	271b	1548b	522b	919c
PK+L	1021a	3067ab	2730a	1684b
NPK+L	980a	4770a	2820a	3342a

注：表中小写字母表示不同处理间的差异显著性

连年耕作和自然环境因素造成土壤侵蚀，也是土壤生产力降低的重要因素。例如，东北黑土区的典型地貌以漫川漫岗为主，坡缓且长，受这种地形影响，土壤的侵蚀强度沿坡面差异明显，发生在坡耕地中上部的土壤侵蚀主要以剥离为主，导致黑土层变薄。黑土坡面中上部富含养分的表土被剥离，在坡脚沉积使表层土壤重新分配，这势必改变耕层土壤养分和有机质的含量，降低农田生产力，严重阻碍该地区农业可持续发展。例如，鄂丽丽等（2018）的研究结果（图 2-1）表明，表土剥离与变薄均会降低作物玉米的产量，黑土层变薄是导致其生产力下降的重要原因。

二、土壤健康对作物品质的影响

土壤只有具备健康的"体质"，才能生产出健康的作物，进而保证农产品的质量和品质。与土壤健康相关的农产品质量标准包括农产品中有毒有害化合物或元

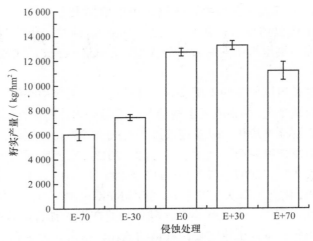

图 2-1　不同侵蚀处理下籽实产量变化

E-70、E-30、E0、E+30、E+70 分别为表土剥离 70 cm、30 cm、无侵蚀、表土沉积 30 cm、表土沉积 70 cm

素的含量，各种农药和重金属的残留、抗生素和毒蛋白的含量等。

随着人们温饱问题的解决，农业生产正由以传统的提高粮食产量为中心转变为以提高农产品的品质尤其是营养价值为重点。据联合国粮食及农业组织的资料显示，全球有近 20 亿人处于不同的营养缺乏状态，其中被称为"隐形杀手"的微量元素缺乏症是全世界人们共同面临的问题。人类的主要食物都直接或间接地来自于土壤，因此，可以认为是土壤中某些微量元素的缺乏导致了食物中相应微量营养元素不足或缺乏。例如，我国东北黑土区是典型的缺硒区，太湖水稻土地区也属于缺硒地区的边缘；此外，我国仍有大面积农田缺氮、磷等元素，土壤养分供应不足，致使农作物产量低、农产品质量差，而一些菜园土壤中则氮、磷等大量元素过分积累，增加了水环境污染的危险性并降低了农产品的品质；外来的重金属等污染物通过不同途径进入土壤，导致土壤污染物超标、作物品质下降，并使人体健康受威胁等。俄亥俄州立大学 Rafiq Islam 教授在 2019 年 3 月 5 日所做的"健康土壤、健康食品、健康人类"报告中指出，依托于长期定位试验的研究结果表明，健康土壤所生产的食物具有均衡而丰富的多种氨基酸和蛋白质，而且谷物中大量营养元素和微量营养元素的含量均衡，包括钙、硫、铁、锌等中微量元素及其他类别的营养元素。健康土壤提高了食品的质量，进而支撑了人类健康。

（一）微量元素与农产品品质的关系

近年来，随着生活水平的逐步提高，人们对农产品品质的关注度越来越高，而许多微量元素肥料的施用也越来越受到研究者和生产者的重视。微量元素是植物生长所必需的，对植物各种生理代谢过程的关键步骤起调控作用，因而也在很大程度上决定了作物的产量和营养品质。大量研究表明，微量元素对于改善农作物品质起到了至关重要的作用。自20世纪六七十年代以来，针对微量元素营养的研究已经开始受到广大科学工作者的重视，在植物正常生长过程中，对微量元素的需要量尽管很少，一般作物体内的微量元素含量仅为元素总量的百万分之几到十万分之几，但它们的作用不可忽视，微量元素可以影响作物生长发育、产量及农产品的品质等方面，甚至关系到人类的健康问题。同时，在大量元素肥料广泛应用的今天，如何维持作物体内元素的平衡？这对微量元素营养的研究也提出了相应的需求，因此，对微量元素营养的研究同时也是时代发展的必然需求，是人类自身对高质量生活追求的必然结果。

微量元素作为植物生长的必需营养元素，参与作物体内许多酶系统的活动，在氮、磷、碳的代谢过程中及在生物氧化过程中均有微量元素参与。呼吸作用、光合作用、碳水化合物的运转等过程均离不开微量元素。因此，微量元素尽管在植物体内含量低，但占有举足轻重的地位，起着不可忽视的重要作用。

铁是植物体内一些重要酶的辅基，如细胞色素、细胞色素氧化酶、过氧化氢酶等，在植物体内的运转主要是以柠檬酸络合物形态存在的。由于铁常位于一些重要氧化还原酶结构上的活性部位，起着电子传递的作用，因而对糖类、脂肪和蛋白质等物质代谢过程中还原反应的催化有着重要的影响，并与叶绿素形成及碳、氮代谢有着十分密切的联系。其主要作用有：①有助于叶绿素的形成；②促进氮素代谢；③增强植物的抗病能力。

锌是碳酸酐酶、胸腺嘧啶核苷激酶、DNA和RNA聚合酶、碱性磷酸酶、胰腺羟基肽酶及乳酸脱氢酶的主要成分，这些酶与植物体内生长素的合成、光合作用及干物质的积累有关。锌的主要作用是：①增强光合作用；②促进氮素代谢；③有利于生长素的合成；④增强抗逆性；⑤可以抑制植物对有毒元素镉的吸收。

铜在植物体内的功能是多方面的，它既是多种酶的组成成分，又参与植物碳素同化、氮素代谢、呼吸作用及氧化还原过程等。它的主要作用是：①增强光合作用；②有利于生长发育；③提高抗病能力；④增强抗寒、抗旱、抗热能力。

硼是作物生长的必需微量元素之一，当硼供应充足时：①能促进植物体内糖的运输，改善植物各器官有机物质的供应；②可以促进细胞分裂和伸长，促进木质素的生物合成；③促进花粉的萌发和花粉管的生长，促进根的生长。但植物缺硼会导致其生殖生长受到影响，并出现油菜"花而不实"等症状，最终可能导致作物因此绝收。

锰也是作物生长的必需元素之一，它的主要作用是：①它是许多呼吸酶的活化剂，能提高植株的呼吸强度，促进碳水化合物的水解；②调节体内氧化还原过程，保持对铁元素吸收和比例平衡；③它在叶绿体内具有结构作用，同时对氮素代谢有重要影响，参与硝酸还原过程，促进氨的形成。

钼是植物体内硝酸还原酶和固氮酶的组成成分。植物体内钼的主要作用是与电子传递系统相联系，尤其对于豆科作物来说具有十分重要的作用。

（1）对小麦品质的影响

小麦品质通常包括营养品质和加工品质两个方面。小麦营养品质是指小麦籽粒中含有的为人体所需要的各种营养成分，如蛋白质、氨基酸、糖类、脂肪、矿物质等，不仅包括其营养成分含量多少，而且包括各种营养成分是否全面和平衡，主要是指小麦籽粒蛋白质含量及其氨基酸组成的平衡程度。

小麦加工品质是指磨粉工业、食品工业对小麦及其面粉的质量要求，主要包括磨粉品质、面粉品质、面团品质、食品烘烤和蒸煮品质等。有研究表明，锰能提高小麦籽粒中蛋白质的含量，缺锰时，可溶性氮、天门冬氨酸、精氨酸积累，而其他氨基酸含量则下降。而缺锌时小麦籽粒中因积累了大量酸性氨基酸，从而抑制了蛋白质的形成，施锌则能提高蛋白质的含量。石孝均和毛知耘（1997）以锰、锌、氮配合施用，研究了三者配施对冬小麦籽粒营养品质的影响，结果表明：氮、锌、锰平衡施用既能增加小麦籽粒蛋白质和氨基酸总含量，又提高了蛋白质中必需氨基酸的比例，改善了小麦籽粒的营养品质。

（2）对豆科作物品质的影响

大豆对钼反应很敏感，施钼可提高夏大豆籽粒的粗蛋白含量，随着施钼量的增加，籽粒中蛋白质含量也增加。同时，由于钼有助于豆科作物根系形成根瘤，因此，施用钼肥有利于豆科作物固氮作用的增强，从而提高大豆产量。范彦英等（2003）对不同处理的大豆品质化验分析表明：施用硼、钼等微肥可改善大豆的品质，单施硼、钼微肥处理的大豆蛋白质较对照高 3.6%，脂肪高 1.2%；施钼也能提高花生的含油率和蛋白质含量，施钼花生含油率比对照提高 0.6%、蛋白质含量提高 1.1%；黄豆施钼时蛋白质含量比对照提高 1.0%。大量试验表明，硼、钼配合施用可以提高油菜籽的含油率和油酸含量，降低芥酸和亚麻酸的含量，从而提高菜籽油的品质。

（3）对蔬菜和水果品质的影响

在蔬菜和水果方面，蔬菜属于易富集硝酸盐的作物，虽然对作物本身并没有毒害作用，但当人摄食后，硝酸盐极易引发癌症，对人体健康构成了很大的危害。李丽霞（2005）的研究表明，施用微量元素可减少蔬菜体内硝酸盐的积累，即使是根外追施钼、锰或稀土微肥，因其对蔬菜叶片的硝酸还原酶有激活作用，也可降低蔬菜中硝酸盐的含量。不仅如此，施用微肥还可增加蔬菜中维生素 C 的含量。

微量元素与水果品质关系同样十分密切，对提高水果品质有明显促进作用，可提高果实中维生素 C 含量、减少裂果率、延长保鲜时间、提高耐储性等。此外，施用微肥对桃、草莓的维生素 C、糖、酸等含量有很大影响。微量元素肥料可以使柑橘果实饱满、果肉增多、果皮薄、酸味物质减少，且糖分、香味物质和维生素 C 含量均有所提高，食味得以改善。无籽西瓜施用锌、硼等微肥，可使果皮变薄，可溶性固形物增加，中心部位与边缘的可溶性固形物含量变化梯度减小，施用锌＋硼的西瓜边缘部位含糖量就相当于对照区西瓜中心部位的含糖量，西瓜的甜度和品质大大提高和改善。

（4）对牧草品质的影响

牧草是草食畜禽的主要食物，其品质也决定了草食畜禽的生长速度和品质。近年来，随着我国养殖业快速发展，对草业发展的关注度也大幅度增强，有关牧草微量元素的研究越来越多，研究范围也越来越广，特别是针对铜、锌、硒等元素做了大量的研究工作，证实了微量元素在牧草生产中的重要作用。大量的试验结果表明，在氮、磷、钾等大量元素供应充足的前提下，在牧草上施用适当的锌、铜、硒等微量元素后，能使牧草生长明显改善，有效提高了牧草的产量和品质。

（二）重金属与农产品品质的关系

随着我国工业化进程不断加快、现代工业不断发展及城市化不断深入等，重金属等污染物大幅度增多，向土壤的排放量也随之增加，导致了土壤中重金属等污染物的累积。在农业生产活动中，污水灌溉、农药及化肥等不合理使用，以及工矿区污染物的排放所带来的污染等，是导致农田土壤中重金属等污染物累积的重要原因。农田土壤重金属污染不仅会导致农作物的生长过程受到影响，更会给人类健康带来一系列不利的影响。根据农业农村部和生态环境部的相关结果，我国农田土壤污水灌溉面积约 140 万 hm^2，受到重金属污染影响的面积占污灌区总面积的 64.8%，每年因重金属污染粮食减少达 1000 多万 t，耕地重金属超标而导致的不合格粮食每年达到 1200 万 t，总损失金额至少 200 亿元。进入土壤中的重金属不易降解，其毒性会严重影响作物的生长和质量，其中镉（Cd）、砷（As）等重金属容易被农作物吸收转运，进入食物链后对人类健康造成危害。

重金属元素是指密度大于 5 g/cm^3 的一类金属元素，包括 Cd、Cr、Hg、Pb、Cu、Zn、Ag、Sn 等 40 多种，一般也将 As、Se、Al 包括在内。重金属污染是指重金属或其化合物超过土壤质量标准所造成的污染。土壤重金属污染，是指人类活动致使重金属元素被带入土壤中，并导致土壤中重金属元素含量超标，由此造成的土壤质量退化、生态环境恶化。社会进步伴随着城市化过程、工业的迅速发展，人类社会生产活动频繁，导致重金属元素极易进入生物圈，并逐渐成为重金属环境地球化学循环的重要过程之一。

重金属等污染物可以通过各种途径直接或间接进入土壤。根据重金属进入土壤的方式，可将其分为以下类型。

（1）大气污染型

大气污染型的重金属污染主要是由工业生产烟尘、冶炼厂飘尘、汽车尾气等产生的大量含重金属有害气体和飘尘产生的，其污染在工厂、矿山和冶炼厂周边及道路、铁路两侧分布量较大，废气及飘尘通过自由降落或随雨水沉降等途径进入土壤并被土壤胶体吸附，其中有部分可能会被植物的根、叶片等器官吸附、转运等，在伴随其更新演替的过程中，对土壤和植物都产生较大影响。据报道，中国每年飘尘量约有 2000 万 t，在废气和飘尘中 Pb 主要来源于汽车尾气，Zn 则来自汽车轮胎的磨损，Hg 主要为垃圾燃烧或冶炼厂飘尘，而且工业生产中的造纸、电气工业等的含汞废水更是污染周围环境的主要因素，以致造成出现"癌症村"等现象。对哈尔滨地区百户居民消费品拥有量调查中发现，2002 ～ 2010 年该地区家用汽车量从每百户 2.2 辆增加至每百户 8.4 辆，到 2017 年更是增加到 25.8 辆，由此可见，城市居民消费水平的提高、小汽车拥有量大幅度增加，也间接造成了环境污染的加重。韩力慧等（2016）的调查结果显示，北京五道口区域公路两侧土壤中的重金属主要是汽车尾气及轮胎磨损后产生的重金属污染所造成的。有报道表明，西班牙西南部 Huelva 地区土壤中的 Cu、Pb、Cr、Fe、Mn 等重金属的污染主要是由当地的化学和石化工业排放引起的。

（2）水污染型

水污染型主要是指污水处理后的废渣污染及使用污水灌溉后造成的污染。例如，电镀、涂料、化工及冶炼等工厂产生的工业废水及废渣的排放，城市污水及有机肥料的不合理施用等，均可能引发土壤的重金属污染，并造成土壤及植物中重金属的富集。在我国上海、南京、辽宁、河北等地的局部地区，灌溉区土壤中都存在一定程度的重金属污染，瑞典等国的科学家通过多年的研究也发现，用城市污水灌溉的柳树林土壤中，Cu、Pb、Hg 等重金属含量提高了 1 倍，Zn、Ni、Mn 等的含量也提高了 3 ～ 5 倍。

（3）固体废弃物污染型

固体废弃物污染主要是指垃圾、各种废渣等固体废弃物排放所造成的土壤污染。由于含有重金属的废弃物种类繁多，不同重金属污染程度及危害也各不相同。我国城市年均垃圾产生量约 1.5 亿 t，而大量的废弃物被堆放在城郊或远郊填埋场，且多数未进行无害处理，导致大量的重金属进入土壤而造成土质恶化。对武汉地区垃圾场附近土壤中重金属含量的调查结果表明，随着垃圾场废弃物种类的差异，土壤的污染程度差异较大，如铬渣堆存区的 Cd、Hg、Pb 为重度污染，Zn 为中度污染，Cr、Cu 为轻度污染。

随着我国现代工业和农业的快速发展，土壤受重金属污染的风险也越来越大。由于土壤重金属污染具有隐蔽性、长期性和不可逆性的特点，因此，当土壤中重金属积累到一定程度，不仅会导致土壤退化，农作物产量和品质下降，而且还可以通过径流、淋失作用污染地表水和地下水，恶化水文环境，并可能直接毒害作物或通过食物链途径危害人体健康。土壤重金属对人类健康产生的危害如表 2-2 所示。

表 2-2　重金属污染的危害

重金属元素	人畜危害	植物危害	土壤微生物危害
铅	毒性强，泌尿系统出现炎症、血压变化、死亡、胎儿死亡	低浓度对作物有促进作用，高浓度会导致作物幼苗萎缩、生长缓慢，影响作物的产量和质量	降低土壤微生物生物量和酶活性
镉	毒性极强，中毒后 20 min 即可引发恶心、呕吐、腹痛和腹泻等症状，严重时会导致急性呼吸衰竭	不仅会在植物体内残留，还会对植物的生长发育产生明显的危害，叶片发黄褪绿，作物组织坏死、枯萎	抑制土壤微生物代谢功能，降低微生物活性
铬	人畜的微量营养元素之一，过量会引起呼吸道疾病、肠胃道疾病和皮肤损伤	作物必需的微量元素之一，过量的铬会引起植株矮小，叶片内卷，根系变褐、变短、发育不良	—
汞	引起腐蚀性气管炎、支气管炎、神经功能紊乱等	汞会使叶绿素含量下降，造成叶、茎、梗等变为棕色或黑色；抑制酶的活性，造成植物代谢紊乱甚至死亡	—
砷	在细胞中与其酶系统反应，使其生物活性被抑制，最终引起代谢异常；少量促进作物生产	过量阻碍植物的生长发育，主要表现在叶片上，叶片卷起或者枯萎；阻碍根部生长	过量会抑制微生物的生长及活性；不同的砷化物影响不同
铜	铜是人畜必需微量元素之一，急性铜中毒表现为急性肠胃炎；过量导致溶血、Wilson 氏症	铜是植物生长必需的微量元素，过量会抑制营养的吸收，特别是铁，抑制作物生长，降低产量	—
锌	锌是人畜必需的元素之一，过量中毒症状主要局限于胃肠道，还会抑制吞噬细胞的活性	植物必需的微量营养元素之一，过量会伤害植物的根系，使根的生长受到抑制，造成植物矮化	—

目前，对重金属污染土壤修复的措施主要有工程措施（主要包括客土、换土和深耕翻土等，通过客土、换土和深耕翻土与污土混合，可以降低土壤中重金属的含量，减少重金属对土壤 - 植物系统产生的毒害，从而使农产品达到食品卫生标准）、物理化学修复（主要包括电动修复、电热修复、土壤淋洗）、化学修复（向土壤投入改良剂，通过对重金属的吸附、氧化还原、拮抗或沉淀作用，以降低重金属的生物有效性）、生态修复（主要利用生物削减、净化土壤中的重金属或降低

重金属毒性）、植物修复技术（主要利用自然生长或遗传培育植物修复重金属污染土壤的技术）、微生物修复技术（主要基于以下三种机制：微生物可以降低土壤中重金属的毒性；微生物可以吸附积累重金属；微生物可以改变根际微环境，从而提高植物对重金属的吸收、挥发或固定效率）、农艺修复（主要包括两个方面：一是农艺修复措施，包括改变耕作制度，调整作物品种，种植不进入食物链的植物，选择能降低土壤重金属污染的化肥，或增施能够固定重金属的有机肥等措施，来降低土壤重金属污染；二是生态修复，通过调节诸如土壤水分、土壤养分、土壤pH和土壤氧化还原状况及气温、湿度等生态因子，实现对污染物所处环境介质的调控）。

作物生产力的管理旨在将所需植物的产量最大化、品质最优化。对于一个农民，需要的植物产品可能是适销作物；对于一个牧场主，可能是美味的饲料；而对于野生动物管理者，可能是栖息地的植被。废弃物回收利用的管理目标是利用土壤更安全有效地处理粪便、污水污泥或其他"废物"。环境保护的目标在于固化、隔离或解毒潜在的污染物，以此来保护食物网，并且增强土壤、水、空气的质量。这些广泛的管理目标和更多具体土壤功能之间的关系，对土壤健康提出了更高的要求。例如，作为一个森林管理者，想要达到木材产量最大化，将会注重评估土壤以下几个方面的功能：①在恰当的时间提供植物所必需的适量营养；②调节水分吸收、储藏、向植物根系释放水分；③提供物理支撑并保持植物稳定；④抗性和弹性功能，减小主要干扰因素如火、土壤压实的影响程度和持续时间。

第三节　判断土壤健康的主要指标

一、国内土壤健康的指标分类

传统意义上，人们用"好"、"坏"、"贫瘠"、"肥沃"、"不肥沃"等形容词来评价耕地土壤。土壤质量是土壤中退化性过程和保持性过程的最终平衡结果，土壤质量要考虑土壤的多重功能。为了建立一个合适的土壤质量评价指标体系，需要了解土壤质量的广泛内涵，以便揭示不同自然和管理生态系统边界内土壤质量的变化或演化，应该从土壤系统组分、结构及功能过程，土壤物理、化学及生物学性质及时间、空间及状态等的变化多方面考察土壤质量。因此，土壤质量指标体系应包含这些方面的指标与参数。

基于土壤质量的复杂性，控制土壤生物地球化学过程各种物理、化学和生物学因子及其在时空强度上的变化等，影响土壤质量评价参数指标选择的因素很多，为了便于在实践中应用，土壤质量参数指标的选择应符合如下条件。

1) 代表性（representative）：一个指标能代表或反映土壤质量的全部或至少一

个方面的功能，或者一个指标能与多个指标相关联。

2）灵敏性（sensitive）：能灵敏地指示土壤与生态系统功能与行为变化，如黏土矿物类型对土壤生态系统功能与行为的变化不敏感，不宜作为土壤质量指标。

3）通用性（universal）：一方面能适用于不同的生态系统；另一方面能适用于时间和空间的变化。

4）经济性（economic）：测定或分析花费较少，测定过程简便快速。例如，^{15}N丰度需要质谱仪进行复杂的分析，因而不宜作为土壤质量指标。

通常，土壤质量评价参数指标包括物理、化学和生物学方面。物理指标包括：土壤质地、土层和根系深度、土壤容重和渗透率、田间持水量、土壤持水特征、土壤含水量和土壤温度等；化学指标包括：土壤有机碳和全氮、pH、电导率、矿化氮、速效磷和速效钾等；生物学指标包括：微生物生物量碳和氮、潜在可矿化氮、土壤呼吸量、生物量碳/有机总碳、呼吸量/生物量等。

我国在20世纪80年代初期就开始了土壤质量评价，并选择了许多的指标进行评价，所选取的土壤指标范围很广，涵盖了土壤质量的各个方面（表2-3），其中，土壤物理性质的因子达到21个，环境指标和肥力因子分别是17个和9个，而生物指标仅有2个。其中在因子指标中，土壤的肥力因子相对比较确定，其指标数有9个，使用的频率为43.2%，说明了肥力因子指标使用频率最高，其次为物理性质因子，但其指标过于分散。另外，研究发现有机质的含量是我国土壤质量评价中几乎必须考虑的因子，其次是速效钾、速效磷、pH、全氮、土壤质地、土层厚度、全钾、全磷、CEC、水解氮、水分等，而土壤温度、成土母质、土壤侵蚀等因素很少被考虑到。

表2-3 我国20世纪80年代土壤质量评价指标体系指标因子分类汇总及其使用的频率

因子分类	因子分类	数目	频率
物理性质	容重、孔隙度、土体构型、地下水水位、质地、土层厚度、水分（田间持水量、凋萎系数）、黏粒、潜在机械化、松紧度、土壤温度、砂层位置、砾石、颜色、土壤类型、侵蚀、成土母质（熟化层深度、障碍层深度、耕层结构、土壤景观）	21	34.7%
环境指标	Cu、Pb、Zn、Hg、Mn、As、B、Cd、Cr、F、Fe、Co、Mg、Mo、Sb、Se、V	17	11.9%
肥力因子	有机质（碳、微生物炭、碳氮比）、速效氮、速效磷、速效钾、全氮、全磷、全钾	9	43.2%
化学性质	pH、CEC、全盐量、碱化度、石灰含量、碳酸盐、地下水矿化度	7	6.3%
生态指标	地貌（坡度、高程、坡向）、土地利用类型	4	3.3%
生物指标	微生物、根密度	2	0.7%

而后，我国科学家根据土壤质量参数选择条件原则，对土壤质量评价的参数指标进行了如下几个方面的总结。

（1）土壤质量评价的农艺与经济学指标

对土壤做出适宜性评价，直接与农业的可持续性相关联需选择与土壤生产力和农艺性状直接有关的参数指标。阚文杰和吴启堂（1994）选用了 10 个参数：质地、耕层厚度、pH、有机质、全氮、速效氮、速效磷、速效钾、容重、CEC。对这些参数项目进行分级赋值，可以得到定量评价值即土宜系数。这种以农艺基础性状为主的土壤质量评价，对于农业特别是种植业有应用意义。

（2）土壤质量的微生物学指标

土壤微生物是维持土壤质量的重要组成部分，它们对施入土壤的植物残体和土壤有机质及其他有害化合物的分解、生物化学循环和土壤结构的形成过程起调节作用。土壤生物学性质能敏感地反映土壤质量的变化，是评价土壤质量不可缺少的指标。但由于土壤生物学方面的指标繁多，加上测定方面的难度，下面的指标可供选择。

1）土壤微生物的群落组成和多样性：土壤微生物十分复杂，地球上存在的微生物有 18 万种之多，其中包含藻类、细菌、病毒、真菌等，1 g 土壤就含有 10 000 多个不同的生物种。土壤微生物的多样性，能敏感地反映出自然景观及其土壤生态系统受人为干扰（破坏）或生态重建过程中微细的变化及程度，因而是一个评价土壤质量的良好指标。

2）土壤微生物生物量：微生物生物量（microbial biomass，MB）能代表参与调控土壤能量和养分循环及有机物质转化相对应微生物的数量。它与土壤有机质含量密切相关，而且微生物生物量碳（MBC）或微生物生物量氮（MBN）转化迅速。因此，MBC、MBN 对不同耕作方式、长期和短期施肥管理都很敏感。

3）土壤微生物活性：土壤微生物活性表示土壤中整个微生物群落或其中一些特殊种群状态。可以反映自然或农田生态系统的微小变化。

4）土壤酶活性：土壤酶绝大多数来自土壤微生物，在土壤中已发现 50 ～ 60 种酶，它们参与并催化土壤中发生的一系列复杂的生物化学反应。例如，水解酶和转化酶对土壤有机质的形成和养分循环具有重要的作用。已有研究表明，土壤酶活性和土壤结构参数有很好的相关性。它可作为反映人为管理措施和环境因子引起的土壤生物学和生物化学变化的指标。

（3）土壤质量的碳氮指标

通常把土壤有机质和全氮量作为土壤质量评价的重要指标。其实，更合适的指标是生物活性碳和生物活性氮。它们是土壤有机碳和有机氮的一小部分，能敏感反映土壤质量的变化，以及不同土地利用和管理如耕作、轮作、施肥、残留物管理等对土壤质量的影响。

　　所谓生物活性有机碳是通过实验法和数学抽象法来定义的。前者分离有机碳的活性组分，后者根据土壤有机碳各组分在转化过程中的流程位置及其稳定性，用计算机模拟建立多个动态碳库，活性有机碳库的转化快，转化速率常数较大。

　　土壤活性有机氮反映了土壤氮素供应能力，它可以被视为一个单独的氮库，或根据土壤有机质分解动力学分成几个组分。活性有机氮，目前常用 3 种表示方法：微生物生物量氮（MBN）、潜在可矿化氮（PMN）和同位素稀释法测定活性有机氮（ASN）。MBN 主要是微生物生物量氮和少量土壤微动物氮。PMN 是指实验室培养测定的土壤矿化氮，包括全部活性非生物量氮及部分微生物生物量氮。ASN 是指参与土壤生物循环过程中的氮，即用同位素稀释法测定的活性非生物量氮及固定过程中的微生物生物量氮。

　　（4）土壤质量的生态学指标

　　物种和基因保持是土壤在地球表层生态系统中的重要功能之一，一个健康的土壤可以滋养和保持相当大的生物种群区系和个体数目，物种多样性应直接与土壤质量关联。关于土壤与生态系统稳定性与多样性的关系，国内已有较多的研究，土壤质量考虑的生态学指标有以下 4 个。

　　1）种群丰富度：种群个数，个体密度，大动物，节肢动物，细菌，放线菌，真菌等。

　　2）多样性指数：生物或生态复合体的种类，结构与功能方面的丰富度及相互间的差异性。

　　3）均匀度指数：生物个体或群体在土壤中分布的空间特征。

　　4）优势性指数：优势种群的存在及其特征。

　　20 世纪 90 年代，我国科学家将上述土壤质量指标加以总结，作为土壤质量的指标体系至少涉及如下几个方面的内容：①土壤肥力与农作性状；②土壤环境质量；③土壤生物活性；④土壤生态质量，尝试提出土壤质量指标体系框架如表 2-4 所示。

表 2-4　土壤质量指标体系

土壤肥力与农作性状	土壤环境质量	土壤生物活性	土壤生态质量
有机质	背景值	微生物生物量	节肢动物
土壤结构	污染指数	C/N 值	蚯蚓
pH	植物或作物中的污染物	土壤呼吸	种群丰富度
紧实度	环境容量	微生物区系	多样性指数
渗滤性	地表水污染物	磷酸酶活性	优势性指数
持水率	地下水污染物	脲酶活性	均匀度指数

续表

土壤肥力与农作性状	土壤环境质量	土壤生物活性	土壤生态质量
耕层厚度			杂草
土壤质地			
土壤通气			
土壤侵蚀状况			
速效氮			
速效磷			
速效钾			
土壤排水性			

二、国外土壤健康的指标分类

不同国家或地区、不同评价目的采用的指标体系差异较大。一般认为,土壤质量指标是表示从土壤生产潜力和环境管理的角度监测和评价土壤健康状况的性状、功能或条件。也有人认为土壤质量指标是指能够反映土壤实现其功能的程度、可测量的土壤或植物属性,对土壤性质变化方向、变化幅度和持续时间的测定可用于监测农业土地管理的指标。近年来,很多土壤质量指标被提出,一些已经被检验和验证。目前,被选择作为土壤质量评价的指标有 20 多个,这些指标可以按照传统的土壤性质分成三类:化学指标、物理指标和生物学指标。现已证明,土壤的物理性状、化学性状和生物学性状 3 个方面是相互影响相互制约的,其中某一因素的变化也许会对另一因素产生显著影响。

美国农业部土壤质量研究所在多年的研究基础上,提出了不同的指标和评价方法,可以分别供生产者个人、土壤学工作者等不同对象应用。Doran 和 Parkin (1994) 提出了研究土壤质量的基本指标应考虑的土壤物理、化学和生物特性,并以此指标体系研究了耕作和作物残茬管理对土壤质量的影响;Doran 等 (1996) 对土壤质量的评价方法进行了比较,推荐出一个可供参考的土壤质量评价体系。在澳大利亚,1994 年科学与工业研究组织根据相关原则对土壤理化性状进行了筛选,提出 13 个最基本的表征土壤质量的理化诊断指标;此外,欧洲的荷兰、瑞典、德国及亚洲的泰国等国家,也对土壤质量的评价指标和评价方法开展了研究。但从总体看,实际上每个国家或研究者都存在对土壤质量的不同见解,并未完全统一。

(一) 物理指标

在评价土壤质量的基本定量体系中,物理指标包括:土壤质地、土壤结构、土层和根系深度、土壤容重和渗透率、田间持水量、土壤持水特征、土壤含水量。

Schoenholtz 等（2000）综述了土壤研究者建议使用和已经使用的土壤评价物理指标，包括静态指标和动态指标两类。其中，静态指标有土壤质地、土层和表土层厚度、土壤容重、土壤韧性、饱和导水率、土壤流失量、土壤孔隙度、土壤强度、团聚体稳定性和土壤耕性等；动态指标有最小持水量、耕作践踏状况、淋失潜力和侵蚀潜力等。Larson 和 Pierce（1991）提出了用于控制土壤侵蚀或防止地表水和地下水污染的物理指标为土壤质地、结构和强度，植物有效水和最大扎根深度。Fitzpatrick（1996）则指出土层的厚度、土壤的结构性在景观中的分布，可用来评价土壤与流域过程及土壤生产力，是最通常、简便的指标，同时还指出土壤质地与植物生长和水分运移等密切相关，是十分重要的物理指标。而 Longo 等（2012）认为，土壤退化的程度与土壤结构稳定性有关，选取土壤分散性、土壤强度、水分吸收速率作为关键的物理指标。

（二）化学指标

Schoenholtz 等（2000）综述了农业、林业和草原土壤中用来评价土壤质量的土壤化学指标，包括土壤有机碳指标和营养指标两类，其中土壤有机碳指标有土壤有机碳和有机质；营养指标有全氮、可交换性 NH_4-N、NO_3-N、矿化氮，全磷、矿化磷、可交换性磷，全钾、可交换性钾，可交换性 Ca、Mg、S 及 CEC、pH、EC 等。

由于土壤有机质可以对土壤质量和作物产生有益的影响，近来的研究认为 SOM 是土壤质量的中心指标（John and Michael，2000），甚至把它看作是土壤质量衡量指标中的唯一重要的指标。Singer 和 Ewing（1999）还强调了污染物对土壤质量的影响，并提出了将污染物的有效性、浓度、活动性和存在状态作为重要的化学指标。

（三）生物指标

由于有简单可行的测定方法，土壤质量评价初期主要集中在土壤的物理和化学性质。但是，土壤物理化学性质作为土壤质量指标有时很难对土壤管理和土地利用的影响做出正确的评价，因此，近年来土壤质量评价的生物学指标越来越受到重视。土壤的生物指标包括植物、土壤动物、土壤微生物，其中应用最多的是土壤微生物指标。多数研究认为，土壤微生物生物量、土壤呼吸等，是反映土壤质量变化最敏感的指标。由于土壤酶在响应作物轮作、残留物管理和土壤压实、耕翻等不同土壤管理措施的效果时比较敏感，故也可以表征不同的土地利用方式对土壤质量的影响，尤其是土壤葡糖苷酶在碳元素循环中的重要作用，更能反映土壤管理对土壤质量的影响。

　　一般而言，土壤生物指标包括微生物生物量碳和氮、潜在可矿化氮、土壤呼吸量、生物量碳、有机总碳、呼吸量、生物量、土壤微生物群落组成和多样性、土壤酶活性、土壤动物等。也有研究认为，土壤生物参数如丰度、多样性、食物链结构和群落稳定性是评价土壤质量的有效指标，一些可见的土壤生物如蚯蚓、昆虫和霉菌非常适合作为土壤质量评价的指标。Anderson（2003）综述了土壤质量评价的微生物生态 - 生理指标，认为微生物的生物多样性指标还不足以作为土壤质量的评价指标，而土壤呼吸量、生物量碳、有机碳指标可以用来评价土壤质量，但这些参数需要进行在自然界的偏差分析研究。Parisi 等（2005）提出了一种以土壤微节肢动物为基础获得 QBS（土壤生物质量）的土壤质量评价方法，该方法对出现在土壤中的各种微节肢动物类型进行打分（0 ~ 20 分），反映它们对土壤环境的适应性，然后对其得分进行累加获得 QBS，QBS 可以作为有效地评价土壤生物质量的工具。

（四）实践中常用的指标

　　虽然复杂的土壤质量评价指标体系适用于科学研究，但不具有可操作性，因此，近年的研究趋于将简单、经济、可快速测定的土壤性质作为土壤质量评价指标。Brejda 等（2000）在美国中部和南部的高原、Mississippi 黄土山地及 Palouse 大草原的研究，通过因子分析和判别分析，从 20 个土壤性状中筛选出了 5 个或 6 个作为土壤质量评价的指标，包括总有机碳（TOC）、全氮（TN）、水稳性团聚体含量（WSA）、潜在可矿化氮（PMN）、土壤微生物生物量（MBC）和土壤盐渍度等，该研究认为，不同区域能反映土壤质量的评价指标会有所不同，且在美国还没有区域尺度上统一评价土壤质量的指标体系，但各指标体系中均包含有 TOC 指标，体现了 TOC 在土壤质量监测中的重要性。Andrews 等（2004）在美国建立的土壤管理评价框架中，第一步选择评价指标，该框架可以针对产量最大化、废物循环或环境保护来选择指标，组成最小数据集，其中供选的指标有呼吸商（QCO$_2$）、容重（DB）、有效磷（BOP）、总有机碳（TOC）、土壤微生物生物量（MBC）、潜在可矿化态氮（PMN）、土壤微团聚体（AGG）、有效水容量（AWC）、电导率（EC）和钠吸附比（SAR）共 10 项指标。Andrews 和 Carroll（2001）认为，几个经过认真选择的土壤指标可以为土壤质量评价提供足够的信息。在新西兰，针对土地利用和土壤组合的 500 个评价单元，经过筛选，可以用 4 类功能、7 个土壤性状指标来评价土壤质量，即有机物资源［TOC、TN、有机氮（MN）］、物理状况［孔隙度（DB），土壤微孔性］、肥力（Olsen-P）和酸度（pH），这些土壤性状足以反映评价单元的土壤质量，可以为当地和全国尺度内的环境报告提供依据。但总体看，实际上土壤质量的评价指标迄今仍没有完全统一，这也在一定程度上说明土壤质量评价的复杂性，以及研究者、生产者等对土壤质量的认识并未真正意义上的统一。

近年来，为了能更好地理解和评价那些提高或者降低土壤质量的过程，包括可选的管理措施对土壤健康的影响，科学家和土地管理者也在寻求新的评价工具。同时人们也意识到，必须寻找简单而综合的方式，把这些影响传达给农民、土地所有者和其他土地使用者，让这些人明白土壤健康的重要性并采取相应的措施来确保土壤健康。

土壤的健康反映在土壤的物理、化学和生物学三个方面。康奈尔大学为了更好地对土壤健康进行综合评估，在土壤管理评估框架的基础上，提出了土壤健康综合评价体系（CASH），包括土壤物理、化学和生物学 3 个方面共 12 项指标，并提出了相应的测定方法，以用于指导管理决策。指标的筛选原则是：与重要土壤过程相关；具有一致性和重现性；取样方便简易；测定成本低。化学指标包括标准的土壤测试指标及可选指标，主要为可提取态的磷、钾和微量元素，以及土壤酸碱度；物理指标包括团聚体的稳定性、土壤中水分的可利用能力和 2 个深度的土壤穿透阻抗性，用于反映土壤的紧实度；生物学指标包括土壤有机质含量、活性碳、土壤蛋白质、土壤呼吸。通过对这些指标进行测定，利用广义积分函数计算，并与已有的土壤库中数据进行比对，进而可对土壤健康打分，最后出具一份土壤健康综合评价报告。在土壤健康评价报告中，有不同测定指标的得分，并被标注成不同的颜色。针对不同的指标提出短期管理和长期管理的建议，为恢复土壤健康及土壤可持续利用提供指导。

2014 ～ 2019 年，美国很多州都进行了土壤健康综合评价指标的测定。研究者将这些指标与土壤健康得分、土壤健康状况进行分析，发现土壤的生物学指标是最能够反映土壤健康状况的指标，其中以土壤活性碳与土壤健康状况的相关性最高。换句话说，如果农民的测试资金比较紧张而且又急需知道土壤的健康状况，只测定活性碳指标就可以大概了解土壤的健康状况。下面将对土壤健康的评价指标进行简要介绍。

三、土壤健康评价指标

（一）土壤质地

土壤质地是指土壤中直径不同的矿物颗粒的组合状况。土壤质地的分类取决于土壤中的砂粒（0.05 ～ 2 mm）、粉粒（0.002 ～ 0.05 mm）和黏粒（< 0.002 mm）的相对数量。大于 2 mm 的角砾（砾石、卵石、岩石）有助于定义土壤类型，但在土壤质地的分类中不考虑其数量。有机质在土壤结构中起着重要作用，但是在

确定土壤质地分类的时候也不在考虑范围内，土壤质地分类如黏土、黏壤土、壤土、沙壤土、砂土是其最基本的固有特性。土壤质地影响土壤中许多重要的物理、化学和生物学过程，不易因管理方式改变而改变，而且土壤质地随时间推移的变化很微小，具有较强的稳定性。

（二）表层和亚表层硬度

表层和亚表层土壤的硬度指示着土壤紧实状况和压实状态，采用电场穿透阻力的每平方英寸①磅②数计算。在田间使用硬度计或土壤压实仪穿过2个土壤剖面深度来测定硬度指标，由于含水量影响测定结果，所以测定时需要保持土壤疏松。土壤表层硬度影响耕作层根系生长，土壤亚表层硬度则影响深层作物根系的生长及土壤排水和透气性，对植物生长均有直接的影响，因此，一般将土壤表层硬度和土壤亚表层硬度作为土壤健康评价的重要指标。

（三）土壤水稳性

土壤水稳性是衡量土壤颗粒抵抗雨水打击浸湿分散的指标。其测定方法采用康奈尔大学降雨模拟器对土壤团聚体进行持续降雨。分散的土粒通过特定的筛孔，留在筛子上的小部分土壤用于计算聚合稳定性的百分比。

（四）土壤有机质

土壤总有机质（OM）是指存在于土壤中的一切含碳有机化合物的总称，主要来源于动植物残体、土壤微生物及其分泌物和排泄物等。有机质含量通常是在土壤分析实验室进行测定，大量元素和微量元素含量则可通过不同的测定方法获得。土壤有机质尽管不能直接作为植物的养料，但含有植物所需要的各种营养元素，而且有很强的代换吸收能力（腐殖质的代换量高达 $300 \sim 500$ mg 当量 /100g），能保留大量植物所必需的营养元素。可见土壤有机质，特别是土壤腐殖质是植物所需营养元素的储藏库。它们在土壤中累积和分解的过程中，经常不断地供应和调节植物所需的养分。此外，土壤有机质中含有一些芳香核物质及有机酸，能刺激植物生长，如稀胡敏酸溶液（百万分之几到十万分之几）有增强植物呼吸和养分吸收的能力，并可加速细胞分裂，增强根系发育，提高细胞渗透能力。

在改善土壤物理性质方面，土壤腐殖质也起着十分重要的作用。腐殖质的黏结力只有黏粒的 1/10，黏着力只有黏粒的一半，因而它可以降低土壤黏性，使土

---

① 1 平方英寸 $= 6.4516 \times 10^{-4} m^2$

② 1 磅 $= 0.453\ 592kg$

壤疏松，易于耕作。按照苏联土壤学家威廉斯的见解，土壤中新形成的腐殖质，具有把分散的土粒胶结成为水稳性团粒结构的能力，而团粒结构具有良好的水分、空气和温度状况，即腐殖质间接起着调节土壤水分、空气和热状况的作用。

有机质可减少土壤中农药的残留量和缓解重金属污染。土壤有机质对农药等有机污染物具有较强的亲和力，对有机污染物在土壤中的残留、迁移及生物活性和生物降解等方面均有重要影响。土壤有机质转化形成的腐殖质，对农药的固定作用较强，可以降低其对植物的有效性。土壤腐殖质含有多种官能团，对重金属离子有较强的络合和富集能力，可在一定程度上减少植物，特别是农作物对重金属的吸收。

（五）土壤蛋白质指数

采用柠檬酸提取方法得出的蛋白质指数（ACE）是指土壤有机质中的蛋白质含量。ACE 代表了土壤有机质中大量的有机氮库，这种有机氮经过微生物的矿化而释放，可被植物吸收利用。因为蛋白质含量是土壤生物和化学健康状况的指示物，所以与土壤总体的健康状况相关，特别是与土壤有机质的质量密切相关。

（六）土壤呼吸

土壤呼吸是指土壤中的植物根系、食碎屑动物、真菌和细菌等进行新陈代谢活动，消耗有机物并产生二氧化碳的过程。土壤呼吸的严格意义是指未扰动土壤中产生二氧化碳的所有代谢作用，包括三个生物学过程，即土壤微生物呼吸、根系呼吸和土壤动物呼吸，以及一个非生物学过程，即含碳矿物质的化学氧化作用。土壤呼吸用于衡量土壤微生物群落的代谢活动，其测定方法为连续 4 天将风干土壤放入密闭瓶中，收集并测定二氧化碳含量，二氧化碳的释放量越大意味着土壤微生物群落数量越大、活性越高。

（七）土壤活性碳

土壤活性碳是土壤有机质的一部分，可以作为微生物群落获得性食物和能量的来源，因此有助于保持健康的土壤食物网。土壤有机碳的数量和形态，显著影响其在土壤中的转化，与全球碳循环特别是全球气候变化密切相关，因而成为现代土壤学、环境科学等学科的研究热点。土壤有机碳（土壤有机质）也是土壤肥力的核心指标，对土壤物理特性、化学属性、生物学特征及其生产力等起关键作用，一直是农学家关注的重点。但土壤有机碳变化是一个缓慢的生物地球化学过程，为了能够清晰地揭示其变化特点及过程、机制，许多学者从土壤有机碳的周转特性和功能出发，对有机碳的组成进行了广泛研究，并在此基础上提出了活性有机碳的概念。活性有机碳是土壤有机碳的活性部分，它是指土壤中活性较高、易被土壤微生物分解和利用、直接参与植物养分转化与供应的这部分有机碳，主要包括溶解性（水溶性或盐溶性）有机碳、易氧化有机碳、微生物生物量碳及各级物理保护团聚体中的有机碳组分。土壤水溶性有机碳，顾名思义是土壤中溶解在水溶液中的有机碳，是土壤有机碳中极为活跃且重要的组分，尽管其含量很少，但易被微生物分解转化，并可直接参与土壤的物理、化学、生物转化过程。土壤活性有机碳不仅受气候和土壤属性的影响，也受施肥、耕作、栽培等农业管理措施等因素的强烈影响，如施肥可以直接增加农田有机物料和养分输入，通过提高作物产量、增加残茬或根系分泌物等途径来影响土壤活性有机碳的含量和组成。

（八）标准营养元素分析

土壤健康的综合评估需要测定土壤 pH 及相应的大量和微量元素，从而用一种传统的土壤肥力分析程序估测植物营养的可利用程度，这种适用于美国东北地区的评估程序，在康奈尔大学的总体框架工作中解释得非常全面和到位，并非针对某一种特定的作物。测定的土壤 pH、有效磷、有效钾记录并整合在土壤健康综合评价报告中，对于所选择中微量元素（镁、铁、锰、锌）的分析，可以组合成为土壤健康综合评估的一个等级。

pH 对土壤的化学性质、各种营养元素的形态及植物对营养元素的吸收等均具有显著影响。而土壤中各种营养元素的丰缺状况，包括大量元素和中微量元素，则直接影响农产品的产量和品质。

四、康奈尔土壤健康团队评价土壤健康的指标

土壤健康主要是指土壤质量中的动态质量。一般而言，健康的农田土壤应该具有如下特征：易于农业耕作、表土层具有足够的厚度以支撑植物生长、充足但不过量的养分、病原菌和害虫较少、排水优良、土壤中有益生物数量较多、杂草较少、无有害和有毒物质、可有效降低或防止土壤退化、对不利环境具有一定的抵抗性等。如果农田土壤不具备健康土壤的以上特征，则必须通过一些农田管理措施（如深耕、施肥、喷洒农药等）来恢复和提高土壤的耕作性能和生产能力，而这必然增加农业生产的投入，也可能会污染和破坏农田生态系统和环境。为了有效管理和利用土壤、减少农业生产投入、保护和改善农田生态环境，必须进行土壤健康评价，以此作为调整和改善农田管理方式的依据。

多年来，康奈尔土壤健康团队一直致力于解决导致土壤健康水平下降、作物产量下降和农场盈利能力下降的土壤退化问题。土壤退化的原因包括土壤压实、土表结皮、有机质含量低下及病害、杂草、害虫破坏的增加，并可能伴随有益生

物的丰度、活性和多样性的降低。为了解决这些问题，一批对此感兴趣的种植者、推广教育工作者、研究人员、私人顾问和资助者，于 2000 年年初在康奈尔大学的支持下成立了一个项目工作组。该工作组其中一项主要成就是制定了一项初步的具有成本效益的协议，该协议用来评估纽约及东北地区的土壤健康状况。该协议经过多年的修订，对许多潜在指标进行综合评估，这些指标是基于关键土壤过程的相关性、对管理的应对、测量的复杂性和评估成本等几个方面，标准地、快速地、定量地开展土壤健康评估（表 2-5），现有的标准操作程序的电子版副本可在 bit.iy/SoilHeakthSOPs 上获得。康奈尔土壤健康评价系统通过分析测定土壤健康指标来评价农田土壤的健康状况；在此基础上，给农民未来的农田管理方式提供指导和建议；通过改进农田管理方式（耕作方式和种植结构等），恢复和提高农田土壤的功能和性状，以达到农业生产过程中的低投入、高产出。

表 2-5　初步用于土壤健康评估方案的潜在指标

物理指标	化学指标	生物指标
土壤质地	磷	根病原菌数评估
土壤容重	硝态氮	有益线虫种群
土壤孔隙度	钾	有害线虫种群
土壤有效水容量	pH	潜在的可矿化氮
土壤穿透阻力	镁	纤维素分解速率
土壤饱和含水率	钙	颗粒性有机质
团聚体含量（< 0.25 mm）	铁	活性碳
团聚体含量（0.25 ~ 2 mm）	铝	杂草种子库
团聚体含量（2 ~ 8 mm）	锰	微生物呼吸速率
团聚体稳定性（0.25 ~ 2 mm）	锌	土壤蛋白质
团聚体稳定性（2 ~ 8 mm）	铜	土壤有机质含量
土壤表层硬度	可交换性酸	
土壤亚表层硬度	盐分	
土壤田间渗透能力	碱度	
	重金属元素	

第四节　土壤健康评价指标体系

土壤健康最为普遍的评价指标包括多个方面，如土壤能够迅速吸收水分，较好地保持土壤湿度，能够抵抗风蚀和水蚀等侵蚀，排水性能良好，土层疏松、表层不结壳，各种动植物残体能够被迅速分解，以及能够生产健康的农产品。

对土壤健康进行简易评价的时机，最好选在晚春或中秋时节的雨后或灌溉后2 d进行，一是观测土壤吸收水分的性能，在距土表2 cm处向土壤灌水，要求在5 s内完成，既要不破坏土壤表层结构，又要使水快速进入土壤中，如果湿斑小说明土壤结构良好，水分能迅速渗透到土壤中。二是快速观测土壤生物是否存在及存在的数量，可以通过去除地表的有机残体，查找蚂蚁、甲虫、蜗牛等土壤动物。如果60 cm^{2}范围内存在两个以上生物，可以认为土壤基本处于健康。三是在地表查找是否存在小的蚯蚓洞，然后铲开土壤，统计蚯蚓数量，一铲土壤中如果有2条或多条蚯蚓，则表明该土壤健康。四是捧一把土壤闻闻气味，如果土壤散发着浓郁的气息，表明该土壤具有高的生物学活性，无味无臭表明土壤中等健康，如果味道异常、有腐味或有化学品的气味（如油味）则表明土壤不太健康。

一、康奈尔大学的土壤健康评价体系

康奈尔大学成立的土壤健康团队，深入开展土壤健康综合评价方面的研究。康奈尔大学的试验农场与纽约州农民合作建立了长期观测站，同时采集大量土壤样品，通过检测和研究建立了康奈尔土壤健康评价系统。

康奈尔土壤健康评价系统主要包括:物理、化学、生物三个指标，其中，4个物理指标，分别为土壤有效含水量、土壤表层紧实度、土壤亚表层紧实度、团聚体稳定性;4个生物指标，分别为土壤有机质、土壤蛋白质指数、土壤呼吸、活性碳含量;4个化学指标，分别为土壤酸碱度、可提取磷、可提取钾、微量元素。由于土壤质地对土壤所有的功能和性状都有显著的影响，并且同一指标值在不同质地土壤中指示的健康状况不同，因此，所有的土壤样品都必须测定土壤质地。土壤健康指标包括土壤健康分类、土壤健康指标的名称、土壤健康指标分值、土壤受限功能。康奈尔土壤健康评价系统中的指标体系及各指标所描述的土壤功能和性状如表2-6所示。

表2-6　康奈尔土壤健康综合评价系统指标体系

分组	指标	数值	分数	受限功能
物理	土壤有效含水量	0.14	37	
物理	土壤表层紧实度	260	12	生根，水分运输
物理	土壤亚表层紧实度	340	35	
物理	团聚体稳定性	15.7	19	通气、透水、生根、结皮、密封、侵蚀、流失
生物	土壤有机质	2.5	28	
生物	土壤蛋白质指数	5.1	23	
生物	土壤呼吸	0.5	40	

续表

分组	指标	数值	分数	受限功能
生物	活性碳含量	268	12	土壤生物的数量
化学	土壤酸碱度	6.5	100	
化学	可提取磷	20.0	100	
化学	可提取钾	150.6	100	
化学	微量元素		100	

注：土壤类型为粉砂壤土；砂粒：2%，粉粒：83%，黏粒：15%

二、土壤健康指标评分函数

对于每一个测得的土壤健康指标值，需通过相应的转换函数将其转化为对应指标的分值（score），这个转换函数即土壤健康指标评分函数（scoring function）。评分函数的最小值设定为 1，表示健康状况最差；评分函数的最大值设定为 10，表示健康状况最优。参考 Andrews 等（2004）的研究，康奈尔土壤健康评价系统中使用了三种形式的评分函数：递增型、递减型和最优型［图 2-2（a）、（b）和（c）］。

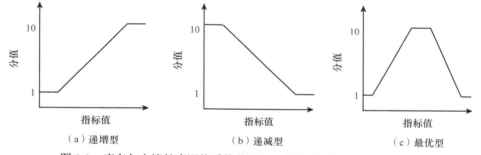

（a）递增型　　　　　（b）递减型　　　　　（c）最优型

图 2-2　康奈尔土壤健康评价系统使用的三种评分函数（盛丰，2014）

递增型评分函数［图 2-2（a）］表示土壤健康指标分值随着指标值的增加而增大，此类土壤健康指标包括团聚体（粒径 0.25 ~ 2.00 mm）稳定性、有效含水量、有机质、活性碳、潜在可矿化氮和可提取钾 6 个指标。递减型评分函数［图 2-2（b）］表示土壤健康指标分值随着指标值的增加而减小，此类土壤健康指标包括土壤表层硬度、土壤亚表层硬度和根系健康等级 3 个指标；最优型评分函数［图 2-2（c）］表示土壤健康指标分值随着指标值的增大先增大到平台值（分值为 10 分）然后减小，此类土壤健康指标包括 pH 和可提取磷 2 个指标。由于同一健康指标值所指示的土壤健康状况可能会因土壤质地的不同而不同，所以，对每一个土壤健康指标，康奈尔土壤健康评价系统均按照砂土、粉土和黏土三种质地分别给出了相应条件下的评分函数（如图 2-3 所示，以土壤团聚体为例）。评分函数按图 2-3 及相关方法确定。

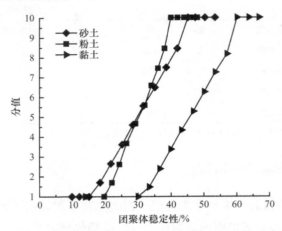

图 2-3　不同土壤质地条件下土壤团聚体评分函数（盛丰，2014）

确定评分函数的主要步骤如下。

1）收集和分析土样，建立背景数据库（如康奈尔土壤健康研究团队从 2001 年开始相关研究，到 2007 年初步提出不同类型土壤健康指标的评分函数，一共收集和检测了 2632 个样品）；

2）按土壤质地类型将土壤分为砂土、粉土和黏土 3 组；

3）对每一质地类型条件下的某一土壤健康指标（如粉土质地条件下的活性碳），将所有测得的指标值（活性碳浓度）按从小到大的顺序排列，计算累积频率曲线（图 2-4）；

4）累积频率曲线中，累积频率≤25% 的指标值（活性碳浓度≤500 mg/kg，如图 2-4 所示）对应的评分函数值（分值）为 1，累积频率≥75% 的指标值（活性碳浓度≥800 mg/kg，如图 2-4 所示）对应的评分函数值（分值）为 10；

5）在累积频率为 25% 的指标值（活性碳浓度为 500 mg/kg，对应分值为 1）和累积频率为 75% 的指标值（活性碳浓度为 800 mg/kg，对应分值为 10）之间进行线性插值，即可得到得分值为 2～9 所对应的指标值。

土壤镁、铁、锰、锌等微量元素分值的确定方法较为特殊：如果所有微量元素含量的指标值都处于最优值范围内（各微量元素指标值的最优值范围如表 2-7 所示），则土壤微量元素指标的分值为 10 分（健康最优）；但如果其中一个微量元素的指标值超出了最优值的范围，则相应的分值为 6 分；如果有两个或两个以上微量元素的指标值超出了最优值范围，则相应的分值为 1 分（健康最差）。

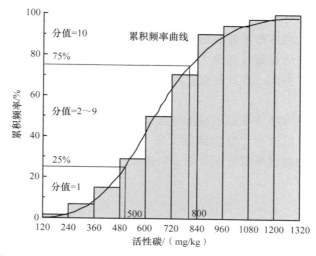

图 2-4 粉土质地条件下活性碳浓度累积频率曲线（盛丰，2014）

表 2-7 土壤微量元素指标值的最优值范围

指标值	镁	铁	锰	锌
最优值范围 /（mg/kg）	> 33	< 25	< 50	< 0.25

土壤有机质是衡量土壤是否健康的关键：土壤有机质是食物链中许多有益微生物的"食物"；真菌菌丝和土壤微生物释放的黏性物质对土壤团聚体的稳定性至关重要；土壤团聚体的稳定性可缓解短期干旱、洪涝对植物的影响；有机质既是植物营养元素的来源又是土壤碳源的供应者；高度稳定的腐殖质组分增加了土壤阳离子交换量和对养分的保持能力。

构建健康土壤的 4 种方法：秋 - 冬季秸秆覆盖，作物轮作，减少土壤扰动（免耕），直接向土壤中添加有机质和其他土壤改良剂（有机肥、生物炭）。

测定结果已经通过指标评分、约束识别和管理建议被整合成为一个对种植者友好的土壤健康综合评估报告，该报告最初可被农业服务提供者、咨询者和种植者用作基线评估和指导，以确定管理重点的优先次序。对同一地块后续的采样和分析，可以帮助确定已实施的土壤管理措施对土壤健康的影响。

三、土壤健康管理规划框架

康奈尔土壤健康综合评价体系（CASH）除了采用标准营养测试评定土壤健康外，还可以综合生物和物理限制因素来评定土壤健康。土壤健康的评定除了考虑营养元素不足和过分限制农业生态系统的可持续性外，对干旱和极端降雨的恢复力及水土保持方面的进展也均有要求。因为，在选择处理土壤健康的管理办法时，每个种植者通常都可能会遇到特殊情况，所以每个系统都有一套机制或者限制应用于管理土壤健康。更全面地了解土壤健康状况，可以更好地指导农民制定土壤管理决策。然而，直到最近，还没有一个正式的决策过程来运行土壤健康管理系统。

康奈尔大学的方法旨在通过标准测量来减缓特定区域的约束因素，然后维护和监测测量单元，以改善土壤的健康状况。为此，研究者们创建了一个构架，用于农场运营制订土壤健康的管理计划（SHMP，图 2-5）。

图 2-5　用于确定土壤健康状况的土壤健康综合评估，是康奈尔土壤健康管理规划和实施框架的组成部分（改编自 Moebius-Clune et al.，2016）

该框架主要包括规划和实施过程的 6 个步骤。

1）土壤健康管理计划过程：明确农田土壤的背景和管理历史，编写背景信息，如历史管理单位、农场经营类型、配套设备、访问资源、情景或限制因素等。

2）为土壤健康设定目标和样本：根据作业背景和目标，确定目标，明确土壤分析样本的数量和分布。

3）对每一个管理单元确定和解释限制、优先等级：土壤健康评估报告确定了制约因素并指导了优先次序，根据背景的可行性解释结果，调整优先次序。

4）确定可行的管理方案：确定步骤3）中哪些建议可用于指导操作，使用土壤健康评估报告中提供的管理建议表，或与 NRCS 网站链接。

5）制订短期和长期土壤健康管理计划：将步骤3）和步骤4）的农艺科学与步骤1）和步骤2）的种植者实际情况和目标结合起来，为每个管理单元制定具体的短期管理实践时间表及整体长期战略。

6）实施、监控和调整：应用文件管理实践；监控进展，重复测试，并评估结果。根据经验和数据调整计划。

四、纽约地区土壤健康评价

纽约农民开展了 182 个点的土壤健康调查，结果显示与传统耕作相比，秸秆覆盖和少耕显著改善土壤排水状况，提高土壤抗旱能力，减少水土流失。同时，免耕和秸秆还田能显著提高经济作物的产量,特别是 10 年以上的免耕和秸秆还田效果更好。这主要是因为，秸秆还田增加了农田有机质，尤其是新鲜有机质（未经深度分解的有机质）的含量；新鲜有机质易于被分解供给作物吸收利用，是土壤活性碳的主要来源，其含量与活性碳含量呈正相关关系。由于有机质含量增加，农田土壤动物和微生物的数量也相应增加、活性增大，其分泌物和排泄物与被深度降解的有机质所形成的腐殖质等，都是活性很强的胶黏物质，有利于土壤团聚体的形成；而免耕又可有效避免有机质和土壤团聚体被机械破碎，有利于有机质（尤其是新鲜有机质）和土壤团聚体的长时间保存，在实行保护性耕作的农田土壤中，其土壤团聚体稳定性、有机质含量和活性碳三个指标相对于传统耕作条件下农田土壤的对应指标都有非常明显的提高，农田土壤综合健康状况也较好。

第五节　土壤健康评价方法

土壤健康评价是设计和评价持续性土壤及土地管理系统的前提和基础，评价土壤健康首先要确定有效、可靠、敏感、可重复及可接受的指标，建立全面评价的框架体系。目前土壤健康评价并没有统一的方法和手段，需要各评价主体结合评价的目的、对象、尺度等方面综合考虑，可分为定性和定量评价两种。

一、定性评价方法

土壤健康定性评价方法是一种以土壤健康描述性指标为基础，以分析性指标为辅助，通过综合土壤各种性质的判断给予土壤健康一个相对好坏的评价技术手段。在我国历史时期，人们就对土壤质量与健康已经有了比较深刻的认识。在《尚书·禹贡》将天下的九州土壤分为了 3 等 9 级，根据土壤质量的等级来制定赋税，这是全球关于土壤健康评价最早的记载。联合国粮食及农业组织（FAO）根据 Liebig 的最小因子律，提出了一整套土地评价大纲，其基本原理同样可以应用于定性的土壤健康评价。Harris 等（1996）提供了以解释框图和访谈指南为基础，包括通用调查表、特定地点调查表、相关报告卡组成的一套较为完整的土壤健康评价信息收集工具。Roming 等（1995）基于农民的土地评价方法给出的威斯康星州土壤健康评分卡中，包括了 24 项土壤指标、14 项植物指标、3 项动物指标和 2 项环境指标，根据使用者对这些指标的评分，可以得到土壤的健康状况归类。

美国农业部自然资源保护局（USDA-NRCS）设计的马里兰州土壤质量卡评价指南，将土壤动物、有机质颜色、根系和残留物、表土紧实性、土壤耕性、侵蚀状况、持水性、渗透性、作物长势、pH 状况和保肥性等分为差、中、好 3 个等级，并对这些指标各个等级的特征进行详细的描述，在对这些项目等级评定的基础上，得到了土壤健康的定性状况（Ditzler and Tugel，2012）。

新西兰的"直观土壤评价"方法总共有 11 项土壤指标和 14 项作物指标，对于不同的土地利用，如粮食作物和放牧地选择不同的指标组合进行评价，其田间使用指南中包括了各种状况的照片，用户可以对比这些照片给出评比结果。所有的卡片都有一个得分体系，每个指标被表示为由"好"到"坏"的系列，或者是 1～10 的数值序列，对每个等级有具体详细的描述，使用者根据被调查土壤对各项描述的符合状况给土壤评分，最后对土壤提出综合的评价结果和评价意见。

定性评价方法对于评价土壤健康，优点是直观、快速、简便，不必借助特定的实验分析仪器，只需几分钟就能完成一个评价。简单评价形成的打分卡简洁明了，可以促进农民对土壤健康的认识，帮助农民了解土壤质量、化学和生物性质方面的知识，并且通过这些指标的评价分析，粗略了解土壤的健康状况，进而选择合适的土壤健康管理措施。这种方法的缺点是仅适用于小规模的农田评价，且受研究者主观经验影响较大，在生产实践中虽然应用较为广泛，但很少应用于科研实践。

二、定量评价方法

土壤健康定量评价方法是以土壤健康分析性指标为依托的评价技术手段。实践中，研究者根据土壤利用目标建立评价指标体系，应用先进的科学仪器对土壤进行分析测定，经过科学的统计分析最终得到土壤健康的等级结果。其中，指标体系建立的科学性是整个评价过程的核心与关键。目前常用的土壤健康定量评价方法主要分为单项评价和综合评价两种类型。其中单项评价方法主要有物理指示法、化学指示法和生物指示法。物理指示法采用土壤容重、机械组成及团聚体等土壤结构单一指标进行评价；化学指示法则以土壤有机质及氮磷钾等养分指标作为评价土壤健康程度的指标；生物指示法是根据土壤中特有动物、微生物及关键生物等的物种数量、生物量、功能指标及一些生理生态指标，来阐述土壤的健康状况。综合评价法是选用多个指标用相同的统计方法构建一个综合性指标进行评价，该方法产生于 20 世纪 60 年代，是运用统计方法对原始数据进行标准化处理，将诸多因素整合成一个综合性指标体系，以便于比较分析。采用综合指标评价法，首先要保证选取的指标能够反映研究对象的主要特征；其次要对这些特征进行归类分析，明确各指标对于土壤健康评价的意义；再次，要对评价指标进行度量；最后，需要建立完整的评价指标体系。该方法的优点是可以综合多项指标，较为客观全面地反映土壤健康的程度。综合指标评价法主要包括以下几种方法。

（一）多变量指标克里格法

美国农业部和华盛顿州的研究者提出了多变量指标克里格法（MVIK），其工作原理如图 2-6 所示。简要地说就是先通过一套土壤质量与健康评价的多变量指标克里格法，将实验测定的多个土壤健康指标，通过多变量指标转换成一个土壤健康综合指数，该过程被称为变量指标转换，即根据特定的标准将特定值转换为土壤健康指数。各个指标的标准代表在地区基础上建立和评价土壤健康最优的范围或阈值。然后，运用非参数型地统计学方法——指标克里格法，将采样点的数据推演进行转换来估计未采样点数据，并进行不同地区土壤健康达到优良概率的测定。最后，用 GIS 技术绘制出建立在景观尺度上的土壤健康达标概率图。该方法优点是分析过程中引入了管理措施、经济和环境限制因子，评价范围可从农场到地区水平，评价的空间尺度弹性大，可通过评价单项指标来确定影响土壤健康的关键因子。

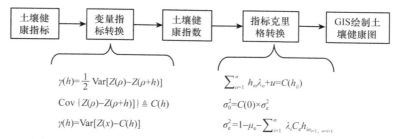

图 2-6　多变量指标克里格法评价土壤健康原理图（改编自 Doran and Zeiss，2000）

图中，$\gamma(h)$、$Z(\rho)$、$Z(\rho+h)$ 分别为样地空间结构性、ρ 和 $\rho+h$ 点的随机化过程；σ^2、$C(0)$、μ_e、h_{io}、λ_i 分别为区域空间分布、样本值、估值方差、置换率、随机化系数；$C(h)$ 为样地空间样本值、$Z(x)$ 为样地空间的随机化过程、λ_o 为样地空间随机化系数；u 为估值方差系数；$C(h_{ij})$ 为第 i 块样本空间样本值；σ_0^2 为样地空间分布；σ_e^2 为区域空间随机化过程；C_e 为样地样本值

美国学者利用多变量指标克里格法，从景观角度入手，得到了景观尺度上的土壤健康图（Doran and Zeiss，2000）。刘梦云等（2005）采用多变量指标克里格法对宁南山区不同土地利用方式土壤质量的变化进行绘图评价，阐明了宁南山区不同土地利用方式土壤质量演变规律。此外，杨晓晖等（2007）以鄂尔多斯高原梁地退化草场为研究对象，采用多变量指标克里格法对本氏针茅群落和牛心朴子群落中小尺度土壤养分的空间变异规律进行了分析，发现尽管在退化过程中没有灌木的侵入，但在两种典型群落中均存在着肥力岛的分布，其形成及发展的机制并非灌木侵入，而是植被覆盖的破坏导致土壤侵蚀加剧的结果，因此灌木的侵入

并不能作为鄂尔多斯高原梁地草场退化的评价指标。并且还进一步指出多变量指标克里格法在土地养分状况的综合评价中应用的可行性。Verma 等（2018）选取常用且具有代表性的反距离加权法、样条函数法、普通克里格法 3 种空间插值方法，对土壤元素进行空间插值，并对其结果进行验证分析和评价，发现普通克里格法对刻画区域土壤养分元素的空间分布趋势效果最佳，但其半变异函数模型及参数的优化较为复杂，而反距离加权法和样条函数法对土壤元素分布的空间插值精度一般，但其简单易用、插值最优参数易于选择。

（二）土壤质量动力学法

土壤质量是一个动态变化的过程，其土壤属性都是随着时间和空间的变化而变化，易受人类行为、管理措施及农业实践的影响。考虑这一原理，提出了利用系统动力学的方法来描述土壤质量动态变化的方法。该方法是从数量和动力学特征上，对土壤质量进行定量分析，其描述的是某一土壤质量的相对最优状态，评价过程如图 2-7 所示。该方法优点是可描述土壤系统的动态性，尤其适宜于土壤的可持续管理。广泛应用在农业用地土壤质量的评价与管理中。Niemeyer 等（2012）通过建立土壤质量变化评价模式，计算主要耕作土壤表层土（耕作层）的土壤质量矩阵及土壤质量指数的变化，构建土壤质量动力学法来定量地分析保护地土壤健康状况，研究结果表明，大面积保护后主要耕作土壤的表层土的土壤质量指数呈上升趋势，退化土壤质量和健康状况得到显著提升。刘占军等（2015）基于农业部统计数据，采用土壤质量动力学法对低产水稻土改良与管理策略进行分析，发现低产水稻土改良与管理的技术主要涉及冷潜型、黏结型、沉板型、毒质型四大类低产水稻土的改良技术，并提出在低产水稻土质量评价方面，要结合不同低产类型的障碍因子开展个性化的土壤质量评价，着重研究秸秆还田技术、推荐施肥技术、抗逆品种技术、群体控制技术等来改良低产水稻土。涂小松等（2009）运用系统动力学方法，结合土壤质量调查评价，研究了江苏省无锡市区土地资源优化配置与土壤质量调控问题，研究结果发现区域生态环境条件和土壤质量影响农田生产力。

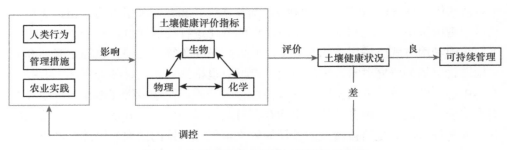

图 2-7 土壤质量动力学法评价过程示意图

（三）相对土壤质量指数（RSQI）法

相对土壤质量指数是用土壤质量指数来评价土壤健康状况的方法，是由研究区土壤质量指数与理想状态下土壤质量指数相比得到的，通过在试验区选择合适的土壤质量指标、利用线性得分和非线性得分函数，并根据直接转换、逐步回归和因子分析法分别将指标转化成分值，并综合分值生成土壤质量指数，利用该指数与理想状态下土壤质量指数对比得到土壤健康基本情况，其计算方法如式（2-1）和式（2-2）所示（王效举和龚子同，1998）：

$$SQI = \sum W_i I_i \tag{2-1}$$

$$RSQI = SQI / SQI_m \times 100 \tag{2-2}$$

式中，SQI 和 $RSQI$ 分别为土壤质量指数及相对土壤质量指数；W_i 和 I_i 分别为评价指标权重和评价指标等级分类；SQI_m 为理想状态下的土壤质量指数，理想状态是指其各项评价指标均能完全满足植物生长需要。该方法的优点在于可操作性强、实践意义大，可定量地计算出所评价土壤的质量与理想土壤质量之间的差距，还可以根据研究区域的土壤不同来选定不同的理想土壤，其针对性较强。并且，相对于土壤质量指数法具有易懂、易学、易算和易操作等特殊优点，被广大科技工作者广泛采用。王效举和龚子同（1998）用该方法研究了千烟洲试验站开垦利用多年后不同土地利用方式下土壤质量的变化特征得出：在自然条件下，疏林灌草地若不受人为破坏，几年之内即可恢复为稠密的乔灌林草植被，土壤质量便不断提高；若遭受人为破坏，则向着草丛地—疏草地—裸地演变，土壤质量便逐渐恶化。同时，卢铁光等（2003）通过建立土壤质量变化评价模式，计算相对土壤质量指数，形成表层耕作层的土壤质量矩阵，利用耕作层土壤质量指数的变化来定量分析土壤质量的变化趋势，其研究结果表明随着农业开发的进行土壤质量指数均呈下降趋势，即土壤发生了退化，并进一步指出 RSQI 法可以科学有效地评价土壤健康状况。此外，Oshri 等（2019）通过计算维持农田最优生产力的土壤指标，筛选出 52 种理想状态下的土壤质量指标，并通过计算机建模计算出理想状态下土壤质量指数，并通过比较发现北美农田 47% 的土壤处于"亚健康"状态。

（四）主成分分析法

主成分分析法是把众多具有一定相关性指标重新组合成一组新的、互相无关的综合指标的统计方法。通过对原始数据标准化、降维，找出能反映原来变量信息量的几个少数综合因子，达到简化的目的，运用综合指数法，综合判断评价其土壤健康状况，并根据这些因子判断出土壤的活力与健康状况（Chandel，2017）。

该方法的评价流程如图 2-8 所示。土壤健康是各土壤属性综合作用的结果。因而在对土壤单因素评价之后，需要将单因素评价结果转换为由各评价因子构成的土壤健康综合评价（Oshri et al.，2019）。该研究方法可以在很大程度上反映原有信息，可以有效地起到消除信息重复、简化指标的作用。

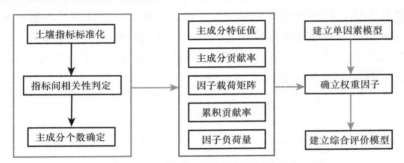

图 2-8　主成分分析法评价土壤健康流程图

主成分分析法已在土壤健康评价方面获得了大量的应用和研究。刘江等（2020）利用主成分分析方法以空间代替时间，对甘草地土壤进行质量评价，发现相较于流动沙地，3 年和 4 年生甘草地土壤质量得到明显改善。同时，刘鑫等（2020）通过主成分分析法对青藏高原西大滩至安多地区土壤质量进行评价，确定影响青藏高原多年冻土区高寒草地植被退化背景下土壤质量的最小数据集为碱解氮、盐分、全磷和有机质，并指出基于最小数据集的非线性加权 SQIN-WA 能够对青藏高原多年冻土区高寒草地植被退化影响下的土壤做出更准确的评价。此外，金慧芳等（2019）以红壤小流域坡耕地耕层为研究对象，采用主成分分析法明确耕层退化的主导因素及关键驱动因子，并采用障碍因子诊断模型界定了坡耕地耕层质量主要障碍因素及障碍程度。大量研究表明，在所有数理统计方法中，主成分分析法是土壤健康定量评价方法中应用最为广泛、最能够客观准确地筛选土壤属性变异性的方法之一。

（五）灰色关联分析法

灰色系统理论提出了对各子系统进行灰色关联分析的概念，意图通过一定的方法，去寻求系统中各子系统（或因素）之间的数值关系。因此，灰色关联分析为一个系统发展变化态势提供了量化的度量，非常适合动态历程分析。灰色关联分析法是将研究对象及影响因素的因子值视为一条线上的点，与待识别对象及影响因素的因子值所绘制的曲线进行比较，比较它们之间的贴近度，并分别量化，计算出研究对象与待识别对象各影响因素之间的贴近程度的关联度，通过比较各关联度的大小来判断待识别对象对研究对象的影响程度。土壤健康灰色关联分析法是依据土壤指标系列曲线几何形状的相似程度，来判断灰色过程发展态势的关联程度。该评价方法首先确定反映系统行为特征的参考数列和影响系统行为的比较数列；其次，对参考数列和比较数列进行无量纲化处理；然后，求参考数列与比较数列的灰色关联系数［计算过程见式（2-6）］；最后，求出关联度（计算过程见式（2-7）］，并对关联度排序（Verma et al.，2008）。

$$\Delta \min = \min_i \min_j \left| A(0,j) - A(i,j) \right| \qquad (2\text{-}3)$$

$$\Delta \max = \max_i \max_j \left| A(0,j) - A(i,j) \right| \qquad (2\text{-}4)$$

$$\Delta_{0,i}(\kappa) = \left| A(0,j) - A(i,j) \right| \qquad (2\text{-}5)$$

$$\xi_{i,j} = \frac{\Delta \min + \rho \Delta \max}{\Delta_{0,i}(\kappa) + \rho \Delta \max} \qquad (2\text{-}6)$$

$$r(i,j) = \sum_{i=1}^{n} \xi_{i,j} W_{i,j} \qquad (2\text{-}7)$$

式中，$A(0,j)$ 与 $A(i,j)$ 分别为 0 级和 i 级；$W_{i,j}$ 为权重系数；$\Delta \min$ 和 $\Delta \max$ 为因子两级最小差和两级最大差；$\Delta_{0,i}$ 为比较土壤指标曲线上的点与标准数列曲线上的点的绝对差值；ρ 为分辨系数（一般在 $0 \sim 1$，通常取 0.5）；$\xi_{i,j}$ 和 $r(i,j)$ 分别为灰色关联系数和关联度。灰色关联分析法可避免主观因素的强烈影响，突出土壤属性因子中最差因子对土壤健康的影响，反映了最小因子定律，提高了评价结果的可信度，参与评价的因子越多，可信度越高。不足之处是，需要大量的测量数据，测量过程工作量大。

在评价实证研究方面，王维等（2018）根据 2014 年三江源河南县高寒草地土壤野外调查和数据采集，采用灰色关联分析法评价土壤适宜性，研究结果表明土壤肥力随土层加深逐渐降低，土壤速效磷是研究区土壤适宜性评价主要限制性因素，放牧时间管理对高寒草地土壤利用影响显著。并指出灰色关联分析法 - 综合指数法组合评价模型的评价结果较为客观科学地体现土壤适宜性等级，可作为灰色关联分析法在高寒草地土壤适宜性评价中的重要补充。同时，韩贵杰等（2018）以大兴安岭林区新林林业局低质落叶松林为研究对象，对其进行不同密度的补植改造，采用灰色关联分析法对各补植改造样地的土壤肥力进行研究，研究结果发现补植改造对试验样地的土壤肥力均有改善作用，且合理密植有利于土壤肥力的积累，适宜大兴安岭低质落叶松林的补植改造。唐菲菲等（2016）通过对 30 项土壤属性指标进行灰色关联分析确定湘西北石漠化区土壤肥力主控因子为土层厚度、土壤粗粉粒、总孔隙度、全氮、有效钾、阳离子交换量、微生物生物量氮、微生物生物量磷、C/N 等，并进一步指明西北石漠化区石漠化土壤健康的关键影响因子是全氮和总孔隙度。此外，付义临等（2015）采用灰色关联分析与描述性数理统计原理筛选重金属污染农田土壤重金属累积作用指示因子，发现灰色关联分析比描述性数理统计原理更能筛选出适宜的指示因子，是土壤重金属累积作用指示因子筛选的适宜方法。土壤健康灰色关联分析法不仅为土壤健康的评价提供了一种方案，而且将土壤功能与环境因子联系起来，共同形成了土壤健康大理念。方华军等（2003）在广泛搜集资料和实地土壤采样调查的基础上，利用灰色关联分析方法对松嫩平原土壤肥力 50 年的资料进行定量分析，发现植被退化和流域内流失是松嫩平原土壤退化的直接原因；短时期内人为因素对土壤退化面积变化影响显著，其贡献率大于气候因子变化对土壤退化面积的影响。

（六）模糊数学综合评价法

模糊数学综合评价法是根据评价目标划分层次，通过对相关评判指标建立具有连续性质的隶属函数，求得各层次的模糊矩阵，对各评价指标实现标准化和归一化，以便数学运算处理，确定隶属函数的基准值等参数，最后将各评价指标值代入隶属函数计算得到隶属度，即标准的得分值，最后自下而上逐层进行模糊综合评判（Purakayastha et al.，2019）。采用模糊数学综合评价法中隶属度来描述土壤健康状况的渐变性和模糊性，各评价指标的隶属度（u_{ij}）通过用降半梯分布隶属函数 [式（2-8）] 来确定：

$$u_{ij}(x) = \begin{cases} 0 & X_i \geqslant S_{ij+1} \\ \dfrac{X_i - S_{ij+1}}{S_{ij+1} - S_{ij}} & S_{ij} < X_i < S_{ij+1} \\ 1 & X_i \leqslant S_{ij} \end{cases} \qquad (2\text{-}8)$$

式中，X_i 为土壤健康指标实测值；S_{ij} 为土壤样品第 i 个指标的 j 级标准。土壤健康的模糊数学综合评价法一般采用多级模糊综合评价数学模型，其评价模型的构建过程如图 2-9 所示。该法不仅利用了土壤健康评价中存在的模糊性特点，也综合考虑了评价因素权重、评价因素指标值及评价因素间交互作用对土壤健康的共同影响，即考虑了多个评价因子相互作用对土壤健康的共同影响。虽然该方法运算过程较为烦琐，但其评价结果避免了只是一个平均值或是简单累加能准确、科学地评价相关对象的健康状况。

近年来，国内相关研究者亦用该方法对一些地区土壤健康状况进行了评价，如张思兰等（2020）基于模糊数学理论运用阶梯型分布函数计算模糊评价矩阵，根据最大隶属度原则确定页岩气三类钻井岩屑土壤化利用的可行性，发现清水钻

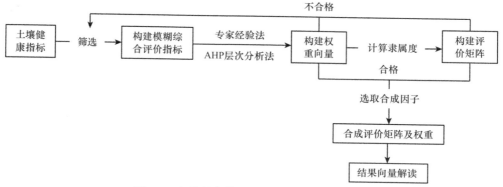

图 2-9　土壤健康模糊数学综合评价法概述图

屑、水基钻屑、油基灰渣的土壤化利用度均较高，可实现土壤的改良利用。向莉莉等（2019）引入微量元素养分指标，采用模糊数学方法对玉米和水稻种植区农田表层土壤肥力进行综合评价，得出土壤有效硼和有效磷是玉米和水稻区的主要限制性因子，并且玉米区综合肥力低于水稻种植区。冯晓利等（2012）用模糊综合评价分析的数学方法评价双流县农用地适宜性，根据因素因子选择原则及研究区域农用地实际情况建立评价指标体系，再以白家镇这一评价单元为例介绍并演示了模糊综合评价具体实施过程，按照最大隶属度原则确定研究区域农用地适宜性等级，其研究结果表明，双流县现有Ⅱ级适宜度农用地比例为 5.53%，Ⅲ级适宜度农用地比例为 81.17%，Ⅳ级适宜度农用地比例为 13.30%，并指出模糊综合评价法在农用地适宜性评价中的应用是可行的。同时，张敏和盛丰（2017）以康奈尔健康评价系统确定的 12 个物理、生物、化学指标为基础，采用多层次模糊综合评价法进行分析，通过等级划分及分值处理，发现多层次模糊综合评价法能够科学全面地对土壤健康状况进行评价，在我国土壤健康评价中具有很大的应用潜力。

（七）人工神经网络模型评价法

人工神经网络是建立在模拟生物神经网络行为特征基础上的智能计算系统。该方法适用于处理非线性系统，并具有自调整性、自适应性、自学性和容错性等优点。该方法首先通过设置网络初始权矩阵、学习因子、势态因子等参数初始化网络；其次通过提供训练模式，训练网络，直到满足学习要求；然后对给定训练模式输入，计算网络的输出模式，并与期望模式比较，进行前向传播过程；最后计算同一层单元的误差，修正权值和阈值，进行反向传播过程。神经网络的实质就是依据所提供的样本数据，通过学习和训练，抽取样本所隐含的特征关系，以神经元间连接权值的形式存储专家的知识。采用人工神经网络模型对土壤健康进行评价，能够对本质上属于模式识别的土壤健康进行定量综合评价，其 BP 神经网络拓扑结构如图 2-10 所示。

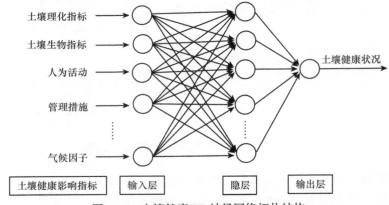

图 2-10　土壤健康 BP 神经网络拓扑结构

在该评价方法应用方面，杨文静等（2019）利用青藏高原腹地西大滩至安多地区采集的 154 个土壤样品数据，基于 BP 神经网络模型建立具有 3 层网络、10 个中间层节点的土壤养分评价模型，在 MATLAB 软件中进行 BP 神经网络的训练和验证后，对青藏高原多年冻土区高寒草地土壤养分进行综合评价，发现 BP 网络作为一种简单又准确的识别方法，不仅可以评估土壤养分等级，还可以比较不同地区的土壤养分高低状况。此外，赵玉杰等（2006）将构建的 BP 神经网络应用到土壤环境质量评价中，并将评价的结果与其他评价方法得出的结果进行了比较，表明 BP 人工神经网络应用到土壤环境质量评价中是切实可行的。同时，胡焱弟等（2006）也通过构建 RBF 网络，利用确立的网络对象，对土壤重金属进行监测和质评，评价结果表明神经网络的评价结果科学、稳定、表达精度较高。并且，吴茗华等（2019）以粤北山区兴宁市为例，从基础条件、自然地理环境、土壤质量和基础设施 4 个方面选取指标，并构建人工神经网络模型进行撂荒风险测度，结果表明兴宁市约三成耕地为高撂荒风险状态，其主要分布在土壤质量较差、基础设施条件不完善、耕作便利性较差的高海拔坡耕地上，且主要为田块细碎、形状不规整的旱地。

（八）土壤健康层次分析法

土壤健康层次分析法是根据人的思维习惯，把人的思维过程层次化、数值定量化，然后通过求解判断矩阵特征向量的办法，确定每层指标对上层指标的要素贡献率，在此基础上进行定量分析，最后求算基层指标对总目标的贡献率，是一种多目标、多准则决策方法（Céline et al., 2007）。该方法主要通过整理和综合专家们经验判断，将专家们对某一事物的主观看法进行定量化。其基本原理是将要识别的复杂问题分解成若干层次，然后由有关专家对每一层次上各指标通过两两比较相互间重要程度构成判断矩阵，通过计算判断矩阵特征值与特征向量，确定该层次指标对其上层要素贡献率，最后求得基层指标对总体目标贡献率。该方法操作流程如图 2-11 所示。土壤健康层次分析法作为一种决策工具，能系统梳理所研究的问题，要求定量数据较少，决策方法简洁实用，易于人们认识、掌握。但是，该方法是按层次权值的最大值（忽略比它小的上一级别的层次权值）确立的，不考虑层次权值之间的关联性，因而可能导致分辨率降低，评价结果出现不尽合理的现象。

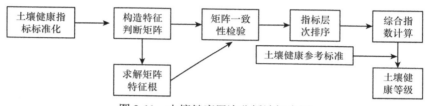

图 2-11　土壤健康层次分析法概念图

土壤健康层次分析法作为操作简捷的方法，已在土壤健康评价方面获得了广泛的应用。彭丽梅等（2020）运用层次分析法，选取有机质含量、土壤酸碱度、海拔、坡度、道路距离、河流距离、工厂距离和居民地距离因子，构成评价指标体系，对广州市从化区耕地土壤重金属进行污染风险区域划分，研究结果表明从化区土壤重金属风险以 Cd 和 Hg 为主，主要分布在鳌头镇东北部、太平镇南部、温泉镇东部及吕田镇中部，Pb 与 As 风险水平相近，Cr 对耕地污染风险最轻，并进一步指出层次分析法对土壤质量评价较好，精度符合要求。此外，董娟等（2019）选取山西省朔州市的平朔矿区为研究试验区，基于试验数据分析不同配肥方式矿区复垦土地土壤生化成分、生物多样性和玉米生物性状等因子，构建基于熵权法的模糊层次分析体系，构建土壤配肥效应预测模型，通过模型拟合发现基于层次分析法的矿区土壤复垦效应综合评价体系和预测模型具有较高的可靠性，对实际生产具有一定的指导作用。

（九）"3S" 技术自动评价法

用 GPS 技术自动获得采样点信息，利用 RS 快速获取土地利用现状数据，利用 Map-GIS 对数据进行矢量化，在 ArcGIS 中对采样点属性进行克里格（Kriging）插值形成各指标分布图和隶属度分布图，最后利用指数和公式在 ArcGIS 下自动运算形成土壤健康分布图，构成 "3S" 技术的土壤自动化评价流程。该方法便于大范围、自动、快速地进行土壤健康评价，同时有利于计算机化管理。其缺点是对硬件、软件和技术要求高，不便于基层运算。应用"3S"技术对土壤健康评价，可以极大地提高农业决策的可靠性、客观性，避免通过主观判断决定土地的使用情况，提高土地的使用效率并合理安排农业资源。

近年来，相关研究者先后应用该方法对一些区域土壤的健康状况进行了评价，如王璐等（2016）采用 GIS 技术，对吉林省土壤肥力质量进行综合评价，发现采用 ArcGIS 软件对综合得分进行普通 Kriging 插值，其标准均方根预测为 0.9544，在 1 的附近，这基本达到插值精度的要求。姚赫男等（2013）综合运用遥感（RS）和地理信息系统（GIS）技术，对富阳区 Landsat TM 多光谱影像进行定量分析，发现基于 RS 和 GIS 技术进行耕地质量评价具有可操作性和成本节约性，RS 和 GIS 技术的结合使耕地质量的评价更加科学、有效，同时提出，未来"3S"技术在土壤健康评价中具有重要的潜力。

（十）物元法

物元分析以物元理论和可拓集合理论为基础，是研究解决矛盾问题的规律和方法。物元是描述事物的名称、特征及量值 3 个基本元素的简称。利用物元分析方法，可建立事物多指标性能参数的质量评定模型，并能以定量的数值表示评定结果，从而能够较完整地反映事物质量的综合水平，并易于计算机进行编程处理，其分析过程如下。

1）建立物元矩阵。待评对象 N，健康指数 C 和量值 Q，共同构成物元 $\boldsymbol{R}$，记作 $\boldsymbol{R} = (N, C, Q)$，表示为

$$\boldsymbol{R} = (N, C_n, Q_n) = \begin{pmatrix} N & C_1 & Q_1 \\ \vdots & \vdots & \vdots \\ N & C_n & Q_n \end{pmatrix} \tag{2-9}$$

2）确定经典域和节域。经典域 $\boldsymbol{R}(N)$ 和节域 $\boldsymbol{R}(P)$ 的物元矩阵为

$$\boldsymbol{R}(N) = (N_i, C_n, Q_n) = \begin{pmatrix} N_i & C_1 & Q_{i1} \\ \vdots & \vdots & \vdots \\ N_i & C_n & Q_{in} \end{pmatrix} = \begin{pmatrix} N_i & C_1 & (e_{i1}, f_{i1}) \\ \vdots & \vdots & \vdots \\ N_i & C_n & (e_{in}, f_{in}) \end{pmatrix} \tag{2-10}$$

$$\boldsymbol{R}(P) = (N_p, C_n, Q_p) = \begin{pmatrix} N_i & C_1 & Q_{p1} \\ \vdots & \vdots & \vdots \\ N_i & C_n & Q_{pn} \end{pmatrix} = \begin{pmatrix} N_i & C_1 & (e_{p1}, f_{p1}) \\ \vdots & \vdots & \vdots \\ N_i & C_n & (e_{pn}, f_{pn}) \end{pmatrix} \tag{2-11}$$

式中，e_{i1} 和 f_{i1} 分别表示域的取值下限和上限。

3）关联度计算。关联度 $K(Q_i)_j$ 是指评价指标符合某评价等级的归属程度，若 $K(Q_i)_j \geqslant 0$，评价对象符合标准；$K(Q_i)_j \leqslant -1$，评价对象不符合标准；$-1 \leqslant K(Q_i)_j \leqslant 0$，评价不符合标准，但具备转化为符合标准的条件，表示为

$$Q_{ij} = \left| f_{in} - e_{in} \right| \tag{2-12}$$

$$\rho\left(Q_i, Q_{ij}\right) = \left| Q_{dn} - \left(f_{in} + e_{in}\right) \times 0.5 \right| - \left(f_{in} - e_{in}\right) \times 0.5 \tag{2-13}$$

$$\rho\left(Q_i, Q_{pn}\right) = \left| Q_{dn} - \left(f_{pn} + e_{pn}\right) \times 0.5 \right| - \left(f_{pn} - e_{pn}\right) \times 0.5 \tag{2-14}$$

$$K\left(Q_i\right)_j = \begin{cases} \dfrac{-\rho\left(Q_i, Q_{ij}\right)}{\left| Q_{ij} \right|}, & Q_i \in Q_{ij} \\[3mm] \dfrac{\rho\left(Q_i, Q_{ij}\right)}{\rho\left(Q_i, Q_{pn}\right) - \rho\left(Q_i, Q_{ij}\right)}, & Q_i \notin Q_{ij} \end{cases} \tag{2-15}$$

4）确立综合关联度 $K_j(N)$。利用土壤健康指标权重（W_{ki}），计算综合关联度 $K_j(N)$ 进行土壤健康评价。

$$K_j\left(N\right) = \sum_{i=1}^{n} W_{ki} \times K\left(Q_i\right)_j \tag{2-16}$$

该方法从定性和定量两个角度研究解决矛盾问题的规律和方法，在众多领域得到成功应用，因此也为土壤健康评价分析提供了新的途径。潘峰等（2002）利用层次分析法的物元模型，评价松花江地区的土壤健康状况，取得了较好的效果。门宝辉和梁川（2002）利用物元模型对某地区的农业土壤进行评价，并用 Hamming 贴近度法、Fuzzy 综合评判法、分级贴近度法作为对照，得到物元模型的评价结果与贴近度法比较接近，而且也比较符合实际情况，取得了较好的结果。施建俊等（2005）建立相应的物元模型进行土壤健康评价，得到土壤单元各个属性的初始值通过物元模型可以计算其适用性等级及最佳用途，为土地资源的综合利用提供最基础的资料和决策依据。余立斌等（2008）利用熵权物元分析模型对福州市郊菜区土壤健康状况进行综合评价，使得评价结果具有更高的分辨率，为土壤健康评价提供新思路。物元法具有通俗易懂、计算方法简便、结果可靠等优点，并且容易进行计算机编程，其关联度能真实地反映土壤各指标的真实情况，可为土壤健康评价领域的评价方法提供新思路。

以上是国内外近年来广泛使用的土壤健康评价方法，主要集中于数理统计方面，这些方法已经运用得很成熟，属于常规的综合评价方法。使用时可使评价结果保持相对稳定性和动态可比性，避免生成的权数出现负值，或某些包含重要信

息的指标权数较小等情况出现。近年来，国内外学者在土壤健康评价的新方法上做了大量的探索性工作，如 Veum 等（2017）开发出大尺度地理评价方法、大数据推演法等土壤健康的评价方法，在 GIS、RS 地理信息系统的支持下，国内外不少学者将灰色关联分析法、模糊数学、多元统计分析、层次分析模型、地统计学方法、系统评价模型、Fuzzy 聚类分析方法等应用到土壤健康综合评价中，进一步丰富了土壤健康评价方法（Niemeyer et al.，2012；Sharma，2017）。评价土壤健康的方法很多，不同方法优缺点不同，侧重点也不同，选择不同评价方法，可能得到不同的评价结果。因此，在对土壤健康进行评价时，需要从被评价对象的自身特征出发，从研究样地监测体系的可获取数据出发，从土壤经营目标出发，具体问题具体分析，选择合适的方法对土壤健康进行评价。

第六节　土壤健康评价指标体系及方法应用

一、康奈尔大学土壤健康管理规划

康奈尔大学土壤健康管理规划包括 6 个步骤，下面以玉米为例进行说明。

（一）农场背景和管理历史

从某种意义上说，实际上每个农场都是独一无二的。种植者和服务提供者需要一起整理背景信息。最重要的是了解土地的位置、土壤类型、耕作制度，现在和过去的土地所有者和生产者倾向的模式（如由邻居提供肥料，租赁设备，子女参与新技能操作）和局限性（如生长季短），以便明确指导规划。可能的信息包括以下 4 个方面。

1）农场远离奶牛场等养殖场所，因而缺少有机肥。
2）北方气候不适、温度较低，生长季短。
3）土壤长期耕作形成了犁底层，每年玉米等作物种植前需要整地。
4）种植者思想开放，愿意尝试新的耕作方式。

（二）设定目标和取样

设定目标有助于确定取样的方式。通常，土壤健康评价测试的取样可分为两类：常规取样和故障排除取样。由于各个特定农场种植的作物不同，田间管理方式也有差异，因此，采用故障排除取样更为合适。通过有针对性地采集样品，可以试着解决某个特定的问题。确定了土壤健康抽样的目的之后，就可以开始抽样了。土壤样品的采集需要收集尽可能多的资料，以便制订一项既符合土地拥有者的需要，又符合现有资源的计划。在采样时应重点关注以下三方面的信息。

1）确定导致作物生长出现问题的原因，特别关注研究区域降水量高的年份。

2）使用田间图来记录有代表性的区域，其中土壤质量数据将提供有用的信息来排除生长问题。

3）记录每个区域采样的目的。

（三）鉴定和优先限制

土壤健康综合评价，首先需要测量具有农学和环境重要性的土壤指标，然后应用评分函数阐述测量结果。土壤健康评估报告的颜色编码结果，可以帮助用户（农场主、管理和服务人员等）获得当地土壤健康的实际状况。这种方法的主要好处是：通过识别土壤的物理、生物和化学限制因素，使农民找到更适合的土壤和作物管理方式。该过程是以农民为中心的决策过程，将重要土壤功能中的特定约束因素（得分低于 20 时用红色突出显示）与管理解决方案联系起来。

在确定管理决策时，应优先考虑所确定的约束因素，鼓励考虑改善土壤管理过程中次要的约束指标（橙色部分），特别是当其得分接近 20 时更应引起重视。评分较高的指标（浅绿色和深绿色）则应保持不变。农田的管理历史往往能提供深刻的见解，有助于解释农田当前的土壤健康状况。步骤（三）对于创建可行的管理计划至关重要，土地管理人员可以随时间的变化通过进一步的评估监测，调整管理计划以实现所确定的目标。

（四）确定可行的管理方案

通过与种植者的需求和能力相结合，探讨积极的评估和开发管理解决方案。特殊的管理措施成功案例，有针对性的土壤健康管理实践，可以提升后续土壤管理的知识库。对于应该采用何种管理方法来解决突出的土壤健康限制问题，可以考虑一些有效的做法。

1）在不添加肥料的情况下，种植新鲜且容易获得的有机材料，如绿肥。

2）减少耕作强度。

3）通过覆盖种植包括豆类在内的浅根覆盖作物与不同的短季作物轮作。

（五）制订短期和长期的土壤健康管理计划

该步骤是制订生产者可以遵循的详细计划，该计划必须优先考虑生产者在经济方面和具体操作方面的可行性。因为通过各种管理方法可以克服相同的约束，所以，来自土壤健康管理工具箱的管理方法可以单独使用，也可以组合使用。为管理者制订具体的短期管理活动时间表，并制订全面的长期战略和方向。种植者的选择可能取决于农场的具体情况，如土壤类型、种植制度、设备、劳动力等。重要的是将步骤（三）和步骤（四）的农艺科学与步骤（一）和步骤（二）的种植者现实状况与目标结合起来，为每个管理部门创建一个具体的管理实践指导表，并在这一步中制定出一个整体的长期战略。

（六）实施监控和调整

这个步骤是持续的，并且可以随着时间的推移反馈到计划中。在这个步骤中，种植者要执行步骤（五）中的计划，记录措施、管理实践的成功和失败之处，总结相应的经验和教训，该监控过程对于持续学习和改进方法是至关重要的。随着时间不断推移，土壤健康评估可用于监测变化、衡量进展和评估结果中。土壤健康管理计划成为一份"活"的文件，它是根据经验和结果随时间变化而调整的，或者说是动态的。切记土壤的健康状况通常要在多年或几十年之后才会恶化，因此，恢复土壤健康同样需要相当长的时间，需要持续调整管理方式进而达到持续改进土壤健康状况的目的。

图 2-12（a）和图 2-12（b）是在康奈尔大学 Chazy 试验农场开展的两个对比试验。两个试验的试验区域面积均为（6×15.2）m²，土壤类型均为粉砂土，两个试验区域每年都种植玉米，播种密度均为 70 000 粒 /hm²。其中，图 2-12（a）所在试验小区的土壤在采样分析前的 32 年均实行传统耕作（深耕和秸秆收割），图 2-12（b）所在试验小区的土壤在采样分析前的 32 年均实行保护性耕作（免耕和秸秆还田）。传统耕作区的农田土壤在每年秋天玉米收割后进行翻耕，第二年春天在土地平整后播种，作物成熟后将地面以上的作物部分（包括秸秆）全部收割；保护性耕作区的农田在每年的相同时间进行平整、播种和收割，收割时仅收割玉米而不收割秸秆，也不将秸秆粉碎而让其自然地遗留在土壤表面 [图 2-12（b）]。除草剂、杀虫剂和化肥按照康奈尔联合推广机构（Cornell Cooperative Extension）的指南要

（a）传统耕作方式　　　　　　　　　　（b）保护性耕作方式

图 2-12　传统耕作（a）和保护性耕作（b）的农田土壤（盛丰，2014）（彩图请扫封底二维码）

求施用。经采样分析，两个试验小区的农田土壤健康评价结果分别如表 2-8 和表 2-9 所示。

表 2-8　32 年传统耕作（深耕和秸秆收割）条件下的农田土壤健康评价报告

康奈尔土壤健康评价报告 Cornell Soil Health Test Report

农场名：Chazy- 传统耕作			土壤编号：		采样日期：
地址：Chazy			电子邮件：		电话：
田面处理：秸秆收割			代理人：		坡度：0 ～ 2%
耕作方式：深耕			排水状况：好		土系：
作物类型：玉米			土壤质地：粉土		

土壤健康指标		指标值	分值	土壤受限功能	累积频率
物理指标	团聚体稳定性 /%	19.3	1	土壤通气、入渗、根系生长	
	有效含水量 /（cm³/m³）	0.19	4		
	土壤表层硬度 /MPa	0.86	9		
	土壤亚表层硬度 /MPa	2.41	1	深层土壤根系生长、内部排水	
生物指标	有机质 /%	2.1	1	碳存储、保水性	
	活性碳 /（mg/kg）	440	1	土壤生物活性	
	潜在可矿化氮 /[mg/(kg·周)]	2.6	1	土壤氮供给能力	
	根系健康等级	2.3	9		
化学指标	pH	8.2	1	作物营养有效性	
	可提取磷 /（mg/kg）	10	10		
	可提取钾 /（mg/kg）	22	2	作物钾有效性	
	微量元素		10		$P = 50\%$
土壤健康总分 /%			低		41.7

表 2-9　32 年保护性耕作（免耕和秸秆还田）条件下的农田土壤健康评价报告

康奈尔土壤健康评价报告 Cornell Soil Health Test Report

农场名：Chazy- 保护性耕作			土壤编号：		采样日期：
地址：Chazy			电子邮件：		电话：
田面处理：秸秆还田			代理人：		坡度：0 ～ 2%
耕作方式：免耕			排水状况：好		土系：
作物类型：玉米			土壤质地：粉土		

续表

土壤健康指标		指标值	分值	土壤受限功能	累积频率
物理指标	团聚体稳定性 /%	55.3	10		
	有效含水量 / (cm³/m³)	0.18	3		
	土壤表层硬度 /MPa	0.94	8		
	土壤亚表层硬度 /MPa	2.36	1	深层土壤根系生长、内部排水	
生物指标	有机质 /%	3.1	6		
	活性碳 / (mg/kg)	660	5		
	潜在可矿化氮 /[mg/(kg·周)]	3.6	1	土壤氮供给能力	
	根系健康等级	2.2	9		
化学指标	pH	8	1	作物营养有效性	
	可提取磷 / (mg/kg)	11.3	10		
	可提取钾 / (mg/kg)	41	4	作物钾有效性	
	微量元素		10		$P = 50\%$
土壤健康总分 /%			中等		56.7

从表 2-8 和表 2-9 可以看出,保护性耕作(免耕和秸秆还田)条件下农田土壤的健康状况较好,尤其是土壤团聚体稳定性、有机质含量和活性碳浓度三个指标相对于传统耕作(深耕和秸秆收割)条件下的农田土壤均有非常明显的提高(分值分别从 1、1、1 提高到 10、6、5)。其主要原因是,秸秆还田增加了农田有机质的含量尤其是新鲜有机质(未经深度分解的有机质),新鲜有机质易于被分解、供给作物利用,是土壤活性碳的主要来源,其含量与活性碳含量呈正相关关系。由于有机质的增加,农田土壤动物和微生物的数量增加、活性增大,其分泌物和排泄物与被深度降解的有机质所形成的腐殖质等都是活性很强的胶黏物质,有利于土壤团聚体的形成;而免耕又可有效避免有机质和土壤团聚体被机械破碎,有利于有机质(尤其是新鲜有机质)和土壤团聚体的长时间保存。

因此,在实行保护性耕作的农田土壤中,其土壤团聚体的稳定性、有机质含量和活性碳浓度三个指标相对于传统耕作条件下农田土壤的对应指标都有非常明显的提高,其农田土壤的综合健康状况也较好。

目前的研究均表明,应从土壤的物理指标、生物指标和化学指标三个方面的状况对土壤健康状况进行综合评价。康奈尔土壤健康评价系统从 39 个备选的土壤健康评价指标中选取了代表性的土壤物理指标、生物指标和化学指标各 4 个,用于描述农田物理、生物和化学三个方面的综合健康状况。所选用的 12 个评价指标彼此独立,避免了重复评价;评价指标对土壤利用方式、气候和管理的变化反应敏感,具有较高的室内和田间测量精度,可以确保评价结果的有效性和科学性。此外,各指标的分析测定均无须使用原状土,降低了样品采集和寄送的难度和费用。通过评分函数,康奈尔土壤健康评价系统将采样分析获得的各指标的指标值转换为各指标的分值,在此基础上计算出农田土壤健康总分,以定量评价农田土壤的综合健康状况。该测试系统最后以土壤健康评价报告的形式将检测和评价结果反馈给农民,并对土壤可能存在的受限功能进行了说明,有利于帮助和指导农民开展相应的农田土壤健康恢复和改善措施。

康奈尔大学研究的土壤健康相关理论、方法和技术,对我国开展农田土壤健康管理和评价工作具有十分重要的参考价值。但是,该系统评价指标体系中的潜在可矿化氮和根系健康等级两个指标的分析,测定耗时较长、成本较高,因而无法对农田土壤健康状况的变化进行实时和快速的监测,也在一定程度上限制了该评价系统的广泛使用。如何在这个基础上进行改进,形成更加适合中国特色的快速、简易、可操作性强的土壤健康评价系统,这也是我国土壤学科研工作者需要努力的重点和方向。

二、美国农业部在土壤健康保护中的作用

从 1929 年开始,土壤保护就成为美国农业部重点研究的课题,为此建立了监测土壤保护方法的试验站,对各个区域土壤的状况进行监测。多年来,他们一直为维护土壤健康做出了不懈的努力。按照 1935 年的《土壤保护法案》(*Soil Conservation Act of 1935*),国家设立了土壤保护局(Soil Conservation Service,SCS),为农民提供土壤管理与保护等方面的指导和帮助。在富兰克林・罗斯福总统和美国农业部的大力推动下,各州通过了建立保护区的立法,自 1937 年以来,农场主、牧场主及其他土地所有者已经创建了数千个保护区。土壤保护局的科学家为各个保护区培训保护工作人员,这种协作关系加上农场主自身的努力,形成了实现土壤保护目标的农场内部管理机制。

就在各方通力合作保护土壤的同时,农业方面的其他发展对土壤保护却没有起到良好的作用。随着农业专业化进程加快,美国的许多农场主通常只选择种植几种农作物或者只饲养某种牲畜,单一种植或养殖制度取代了传统种植养殖混合的利用方式。传统的混合利用方式可以应用许多土壤保护的技术,如陡坡地带专门放牧或种草、轮作及为延缓土壤退化而采取的密植作物与带状作物间作等,这是现代单一的种植或单一养殖所不具备的。

美国农业部推行的商品价格资助计划,也是导致土壤流失、健康状况退化的一个重要原因。该计划鼓励了劣等土地的使用,对土壤保护起到了负面的作用。20 世纪 30 年代,美国政府多次立法应对低粮价问题,如 1933 年的《农业调整法

案》(*Agricultural Adjustment Act of 1933*),为农民建立了价格支持制度,政府的这一举措旨在为辛辛苦苦削山填谷种植粮食的农民们提供一定的补贴,以便有助于维护农产品供应和稳定农产品价格。然而,数十年之后,该计划却招致了来自多方面的批评。批评者认为,价格补贴计划促使农民继续在易受侵蚀的土地上生产,使土壤得不到应有的保护;他们还指出:如果给农民财政资助,就应该鼓励他们积极采取措施保护土地资源,确保土壤健康。

迫于不合理的农耕方式可能给环境带来的影响,为进一步强化水土等自然资源的保护,美国国会于1977年通过了《水土资源保护法案》(*Soil and Water Resources Conservation Act of 1977*,RCA)。依据该法案,对全国的土壤、水及相关资源进行了可持续性评估,所获得的数据由美国农业部用来研究制订长期的国家资源计划。

作为1990年农业议案的一部分,在《保护计划改进法案》(*Conservation Program Improvement Act*)中,呼吁对相关计划进行修正,以便保证美国农业部的水土资源保护计划与国家环境目标的协调一致。1997年又提出了一项计划,要求在所有其他目标中优先考虑"减少土壤流失"。土地休耕保护计划(Conservation Reserve Program,CRP)的目的就是通过与农民签约,每年付给他们土地租赁费,让高度侵蚀耕地休耕10年甚至更长时间。在较早前的农耕法案中,有一项关于"高度侵蚀耕地"的规定,要求农场主必须在1990年之前制订出经由美国农业部和当地保护区批准的土地保护计划,并设定实施和完成这一保护计划的期限。

土地休耕保护计划的另外一部分就是劝阻农民不要在可能带来土壤侵蚀的土地上进行生产。如果在1981~1985年的5年间,人们不在这些易侵蚀的土地上常年种植农作物,那么采取一定的保护措施之后,这些土地就能够用于农作物生产了。该规定同时也对湿地居民提出了相应的要求,官方将这一计划称为"湿地保护",其中就包括延缓湿地向耕地转化的速度。该规定通过之后,农场主如果再将湿地改为耕地,就将无资格享受美国农业部相关计划中的某些优惠政策和待遇。

美国土壤保护局所采纳的一项减少土地侵蚀的措施就是退耕。为了符合20世纪30年代早期准许参加政府价格支持计划的要求,农场主不得不以"年"为时间单位将土地闲置起来。于是,在20世纪50年代后期和60年代初期,土壤银行(soil bank)与农场主订立合同,出台了长期的退耕还草或退耕还林计划,对实施相关措施的农场予以必要的补贴或资助。对此,人们也有争议,批评者认为,这样或那样的农业价格支持计划的举措,只是为了减少农耕面积,而不是为了实施土壤保护。至于土壤银行这一措施,其目标也不是专门保护高度侵蚀的土地,因为签约该项目的农场主可以自由选择签约的地块。

依据土地休耕保护计划,只有被确定为高度侵蚀的耕地才符合享受政府土地租赁补贴的要求。随着时间的推移,准入标准已经发生不小的变化:渗漏严重和漫滩地带都属于受侵蚀的土地；最后，湿地也被列入了补贴行列。然而，增添的这三种类型的土地只占准入保护地的一小部分，土地所有者已经将成千上万英亩[①]的土地纳入了土地休耕保护计划。该计划也提供了有利于草地和牧场建设的种植方法和建议，但是，要想确保该项工作的顺利实施，还需要坚持不懈地努力。

三、中国在土壤保护中存在的问题和对策

（一）耕地资源不足，耕地质量问题严峻

我国目前的耕地质量现状是耕地总体质量不高、人均耕地少及后备资源严重不足。据农业农村部公报〔2020〕1 号，截至 2019 年末，全国耕地面积为 20.23 亿亩[②]，人均耕地面积不足 1.5 亩，是全球人均占有耕地资源较少的国家之一。将耕地质量按照 1 ～ 10 等分级，全国耕地的平均质量等级为 4.76 等，其中，评价为 1 ～ 3 等的耕地面积为 6.32 亿亩，占耕地总面积的 31.24%；评价为 4 ～ 6 等的耕地面积为 9.47 亿亩，占耕地总面积的 46.81%；评价为 7 ～ 10 等的耕地面积为 4.44 亿亩，占耕地总面积的 21.95%。整体质量不高、中低产田面积和占比近 70%，严重制约了农作物产量提升、农业增效和可持续发展，这是我国耕地质量的真实写照，也是土壤学工作者的研究重点。

（二）耕地利用不合理

耕地质量局部提升、整体下降且养分非均衡化加剧，与多年来土地的不合理开发利用密切相关，许多不合理的耕作管理、生态环境价值高的其他类型土地被开发成耕地，引发出一系列自然灾害，如水土流失、荒漠化等。在耕地的耕作过程中，过度依赖农药、化肥的投入及高强度使用耕地，导致耕地地力枯竭、灌溉水污染、土地退化、部分耕地污染等问题。世界 1/3 和一半以上的农业土壤都是中等或高度退化的，侵蚀、有机碳损失、压实和盐渍化等，都会降低土壤保持肥力和水分的能力，严重制约耕地健康提升。

（三）耕地污染问题严重

当前，我国耕地受到中、重度污染的面积呈局部减少、整体增加的趋势，全国耕地中污染物的点位超标率为 19.4%，其中以重金属 Cd 的超标率最高，涉及的污染范围也最大。我国耕地污染退化的总体现状已从局部扩展到部分区域，从单

---

① 1 英亩 = 0.405 hm²
② 1 亩 ≈ 666.67 m²

一污染扩展到复合污染，形成点源与面源污染共存、各种新旧污染与二次污染复合的态势（赵其国等，2009）。一旦土壤对重金属的消纳容量达到饱和，就会对土壤产生毒害，导致土壤退化和健康状况恶化、农作物产量和品质降低，甚至会通过食物链等途径对人类的生命健康造成威胁。

（四）耕地管理和保护政策尚待加强

我国人口基数较大，而且耕地面积占国土面积的比例较小，后备耕地资源不足，耕地质量整体偏低，这些问题严重危及国家粮食安全、农产品安全和农业可持续发展。再加上改革开放以来城镇化发展迅速，部分地区前期乱占耕地现象较严重，也加剧了一些地区耕地面积锐减。从 20 世纪末至 21 世纪前期的一段时间内，随着城镇化建设过程中不断向郊区拓展，大量耕地被占用，尽管短期内创造了较好的经济效益，但从长远来看却给我国农业的可持续发展带来了较大的制约。而且，在耕地被占用情况发生后，惩处力度较小、个别地区后备耕地质量低劣，这也导致乱占耕地现象屡禁不止。同时，当前耕地保护制度还存在一些缺陷，导致一些企业和个人违法占用、破坏耕地而得不到应有的惩罚，这也导致耕地浪费、占用和破坏等现象严重。在市场经济环境下，土地自身的价值持续提升，这也使许多企业通过与政府合作开发和利用土地，从而导致大量耕地被占用。基于管控法规的不完善、城镇化建设规划方案不合理等情况，耕地资源得不到有效的保护，大量农田被侵占，无论是对农业发展还是国家的长远发展来讲，都带来了十分严重的影响。

当前，在我国耕地质量较低、部分地区地力下降且障碍因子增多的背景下，如何实现耕地质量保护、促进我国农业可持续发展，已成为我国各级政府和学术界共同关注的焦点。目前我国有关耕地质量保护的法律有《中华人民共和国农业法》《中华人民共和国土地管理法》《基本农田保护条例》《中华人民共和国水土保持法》及《土壤污染防治行动计划》（简称"土十条"），尽管从立法体系看应该说在逐步完善，但即使是众多的法律和法规也并没有遏制住我国耕地质量下降的趋势，看来在法律法规之外还有许多需要补充、完善的地方。农户是我国耕地的直接使用者和受益者，应当成为我国耕地质量保护的重要主体，政策制定者只有充分调动广大农户保护和提高耕地质量的积极性，才能最大限度地实现耕地质量保护的目标。因此，从土地意识出发研究农户耕地质量保护的意愿和行为，对于耕地质量水平的提高、耕地质量保护政策的制定实施，以及耕地资源可持续利用、耕地土壤健康等都具有重要的现实意义。

（五）民众自觉保护耕地的积极性亟待提高

中国作为一个农业大国，农村人口基数巨大，耕地也成为众多农民的衣食之源、安身立命之本，承担着十分重要的社会保障功能。耕地质量保护的目的也在于生产更多的农产品以保障国家粮食和食物安全，端稳国人的饭碗，因而直接影响社会的可持续发展，关系着社会的整体效益，与人类社会的生存和发展息息相关。综合考虑耕地经济、生态和社会的成本和收益，对耕地的保护及管理措施应当产生最大的生态、社会和经济总价值。虽然耕地质量保护显著增加了耕地的经济、生态和社会效益，但是由于耕地质量保护的外部性问题和农户自身认识问题，大多数农户对耕地质量保护的积极性不高。农户是否采纳耕地质量保护行为受诸多因素的综合影响，主要可分为以下几类：农户个体特征因素、农户家庭特征因素、区域因素和政策因素。

农户个体特征因素主要包括农户的年龄、性别、身份、受教育程度等。农户家庭特征因素主要包括劳动力数量、家庭年收入、农业收入占家庭收入比重等，一般来说，户主年龄低的农户对耕地质量保护行为的接受程度要高于年长的农户，受教育程度高的农户比受教育程度低的农户更可能采取耕地质量保护的行为，家庭劳动力越多的农户越可能采取耕地质量保护的措施，家庭劳动力数量越多的农户越有可能参与耕地质量保护，家庭收入越高的农户也越有一定的经济能力对耕地质量进行保护。区位因素中距离乡镇越远其耕地质量保护行为越少，距离乡镇越近则耕地质量保护行为越多，主要因为农户地处偏远地区就业机会较少、非农收入低，即使农户有改善耕地质量的愿望也没有多余的资金来采取耕地保护的措施。此外，由于地理位置较远农户采取耕地质量保护措施的交通成本也较高。

耕地质量保护的前景判断对农户保护耕地质量行为也具有重要影响，耕地质量好的农户对耕地质量并不太关心，其采取耕地质量保护措施的可能性越小，耕地质量差的农户对耕地质量保护的重要性认识较深，其越可能采取保护性的措施。除此之外，政府补贴、经营期限、人均收入与家庭成员健康程度、农地产权制度、农村基础设施、耕地质量保护的宣传及农户自身的偏好、观念、认识和心理结构特点、价值观等都与农户耕地质量保护行为的产生具有一定的关系，基于计划行为理论的研究则认为态度、主观规范和感知行为控制是农户耕地质量保护的激励因素。

（六）耕地保护的执法力度有待加强

近年来，我国对耕地保护工作的重视程度不断提升，国土管理部门实行了最严格的耕地管理与保护政策，对基本耕地占用进行严格控制，为更好保护和利用耕地提供了制度保障。我国现阶段处于向城镇化建设进程推进的关键时期，在城镇化建设中如何避免以破坏耕地作为代价的发展方式，这是摆在政府和科研工作者面前的重要任务，必须进一步加强土地利用计划管理，实现对土地利用总量的全面控制。

在实际工作中，各地方政府要积极将土地利用计划进行呈报，对于计划上存在缺失的现象则要重新拟定计划。严格限制土地利用总量，加大对耕地保护的力度，避免出现过度开发的问题，对于一些长期积累下来的问题，需要组织相应的调查及工作小组，针对具体问题进行具体解决，严格管控耕地保护中一些不良现象，确保耕地保护工作取得良好的工作成效。无论是政策还是措施都需加大投入的力度，才能有效展现国家对耕地保护的决心，因此，要采取科学管控手段来加强对现有耕地的保护，引导城镇化建设朝着积极的方向发展。

主要参考文献

毕爽 . 2017. 环境监测在环境保护工作中的作用分析 . 农村经济与科技 , 28: 4.

曹小艳 , 李小进 . 2007. 微量元素对农产品品质的影响 . 安徽农学通报 , 13(17): 212,194.

董娟 , 唐琳 , 郭春燕 , 王翔 , 卢宁 , 刘新志 . 2019. 基于熵权 - 模糊层次分析法的矿区复垦土壤培肥技术研究 . 西南农业学报 , 32(9): 2109-2118.

杜新民 . 2006. 锌对小白菜产量和品质的影响 . 中国农学通报 , 22(11): 271-274.

鄂丽丽 , 胡伟 , 谷思玉 , 陈帅 , 翟星雨 , 杨润城 , 张兴义 . 2018. 黑土农田极端侵蚀对土壤质量及作物产量的影响 . 水土保持学报 , 32(2): 142-149

范彦英 , 赵继文 , 刘素霞 , 杨振廷 . 2003. 硼、钼微肥配施对大豆产量及品质的影响 . 中国种业 , (10): 44.

方华军 , 杨学明 , 张晓平 . 2003. 人类胁迫对松嫩平原土壤盐渍化的灰色关联分析 . 干旱区资源与环境 , 17(2): 65-70.

冯晓利 , 何伟 , 蒋贵国 , 潘洪义 . 2012. 基于模糊综合评价法的双流县农用地适宜性评价 . 西南农业学报 , 25(3): 982-988.

付义临 , 李涛 , 徐友宁 , 张江华 , 吴耀国 . 2015. 土壤重金属累积作用指示因子的筛选方法——灰色关联度分析法与数理统计法 . 地质通报 , 34(11): 2061-2065.

关春彦 . 2007. 中微量元素与作物 . 吉林农业 , (8): 28-29.

赫天翼 . 2018. 环境监测在环境保护中的作用 . 科技经济导刊 , (2): 85.

胡霭堂 . 1995. 植物营养学 (下) . 北京 : 中国农业出版社 : 85-86.

胡焱弟 , 赵玉杰 , 白志鹏 , 高怀友 , 师荣光 . 2006. 土壤环境质量评价的径向基函数神经网络的模型设计与应用 . 农业环境科学学报 , (S1): 5-12.

韩力慧 , 张鹏 , 张海亮 , 程水源 , 王海燕 . 2016. 北京市大气细颗粒物污染与来源解析研究 . 中国环境科学 , 36(11): 3203-3210.

韩贵杰 , 唐亚森 , 曲杭峰 , 董希斌 . 2018. 大兴安岭低质落叶松林补植改造后土壤肥力的综合评价 . 东北林业大学学报 , 46(6): 56-62.

韩志慧 . 2013. 开封市土壤养分现状分析及地力培肥建议 . 河南农业 , (19): 24.

黄昌勇 . 2000. 土壤学 . 北京 : 中国农业出版社 .

黄河 , 蒋琼 , 杨志珍 , 易稳凯 . 2005. 微量元素肥料对柑桔产量及品质的影响 . 南方农业学报 , 36(3): 236-237.

黄台明, 薛进军, 方中斌. 2007. 铁肥及其不同施用方法对缺铁失绿芒果叶片铁素含量的影响. 热带农业科技, 30(2): 11-12, 20.

姜丽. 2016. 环境保护工作中环境监测的作用探究. 资源节约与环保, (6): 125.

金慧芳, 史东梅, 钟义军, 黄尚书, 宋鸽, 段腾. 2019. 红壤坡耕地耕层土壤质量退化特征及障碍因子诊断. 农业工程学报, 35(20): 84-93.

阚文杰, 吴启堂. 1994. 一个定量综合评价土壤肥力的方法初探. 土壤通报, (6): 245-247.

劳家柽. 1998. 土壤农化分析手册. 北京: 中国农业出版社.

李丽霞. 2005. 微肥对作物产量、品质的影响及其生态环境效应. 西北农林科技大学硕士学位论文.

李香兰, 刘玉民. 1991. 黄土高原不同林型与土壤有效态微量元素关系的研究. 土壤通报, 22(5): 231-234.

刘梦云, 安韶山, 常庆瑞, 刘举. 2005. 宁南山区不同土地利用方式土壤质量评价方法研究. 水土保持研究, 5(3): 41-43.

刘江, 吕涛, 张立欣, 叶丽娜, 刘向阳, 代香荣, 王伟伟, 丁茹. 2020. 基于主成分分析的不同种植年限甘草地土壤质量评价. 草业学报, 29(6): 162-171.

刘世梁, 傅伯杰, 陈利顶, 丘君, 吕一河. 2003. 两种土壤质量变化的定量评价方法比较. 长江流域资源与环境, 12(5): 422-426.

刘鑫, 王一博, 杨文静. 2020. 青藏高原植被退化背景下土壤质量评价方法研究. 兰州大学学报(自然科学版), 56(2): 143-153.

刘勇强. 2003. 微量元素肥料施用方法及其注意事项. 蔬菜, (5): 19.

刘占军, 艾超, 徐新朋, 张倩, 吕家珑, 周卫. 2015. 低产水稻土改良与管理研究策略. 植物营养与肥料学报, 21(2): 509-516.

刘铮. 1990. 微量元素的农业化学. 北京: 中国农业出版社.

龙明梅. 2018. 环境监测在环境保护中的作用及意义. 节能, 37(9): 102-103.

卢铁光, 杨广林, 王立坤. 2003. 基于相对土壤质量指数法的土壤质量变化评价与分析. 东北农业大学学报, 34(1): 56-59.

卢广远, 谢幸华, 寇传喜, 陈鑫伟, 郝瑞莲. 2006. 施钼对夏大豆产量及品质的影响. 大豆通报, (1): 20-21.

罗晓花, 孙新文, 张仁平, 柳广艺. 2006. 微量元素锌的功能研究及机制. 饲料世界, (9): 9-12.

罗珠珠. 2008. 不同耕作措施下黄土高原旱地土壤质量综合评价. 甘肃农业大学博士学位论文.

门宝辉, 梁川. 2002. 物元模型在土地生态系统定量评价中的应用. 水土保持学报, 16(6): 62-65.

孟庆秋, 张树人. 1983. 吉林省主要土壤中微量元素的含量评价及其相关分析. 土壤通报, (6): 26-29, 14.

潘峰, 梁川, 付强. 2002. 基于层次分析法的物元模型在土壤质量评价中的应用. 农业现代化研究, (2): 93-97.

彭丽梅, 赵理, 周悟, 胡月明. 2020. 基于层次分析法的耕地土壤重金属污染风险区域划分. 河南理工大学学报(自然科学版), 39(5): 61-67.

邱莉萍. 2007. 黄土高原植被恢复生态系统土壤质量变化及调控措施. 西北农林科技大学博士学位论文.

沈善敏. 1998. 中国土壤肥力. 北京: 中国农业出版社.

沈贤永, 张丽莉. 2017. 环境监测在生态环境保护中的作用及发展措施. 环境与发展, 29(9): 149-150.

施建俊, 孟海利, 甘德清. 2005. 土壤质量农业评价的物元模型. 农业系统科学与综合研究, 21(1): 20-23.

石孝均, 毛知耘. 1997. 锌、锰与含氯氮肥配施对冬小麦子粒营养品质的影响. 植物营养与肥料学报, (2): 160-168.

盛丰. 2014. 康奈尔土壤健康评价系统及其应用. 土壤通报, 45(6): 1289-1296.

唐菲菲, 邓艳林, 郑茂, 郭徽, 曹福祥, 吴立潮. 2016. 基于灰色关联分析的湘西北石漠化区土壤质量评价. 中南林业科技大学学报, 36(9): 36-43.

田种存, 高旭升. 2005. 耕作土壤主要养分形态及丰缺指标. 青海农林科技, (2): 60-61, 19.

涂小松，濮励杰，严祥，朱明．2009．土地资源优化配置与土壤质量调控的系统动力学分析．环境科学研究，22(2)：221-226．

佟秋萍．1999．施用微量元素增产牧草的研究．金筑大学学报（综合版），(2)：104-106．

王璐，王海燕，何丽鸿，刘鑫．2016．基于 GIS 的土壤肥力质量综合评价——以天然云冷杉针阔混交林为例．土壤通报，47(5)：1223-1230．

王娟．2018．环境保护工作中环境监测作用分析．资源节约与环保，(1)：31-32．

王俊民．2017．环境保护中环境监测的作用及意义．低碳世界，36：6-7．

王维，史惠兰，田海宁，张泰然，李洪月，周双喜，吴蓉蓉，庞文豪，刘梦萍，孙晓露．2018．基于灰色关联分析的高寒草地土壤适宜性评价——以三江源河南县为例．科技通报，34(11)：96-104．

王效举，龚子同．1998．红壤丘陵小区域不同利用方式下土壤变化的评价和预测．土壤学报，(1)：135-139．

魏晓霜．2017．环境监测在环境保护工作中的作用分析．中小企业管理与科技，(6)：58-59．

吴景峰．2000．作物遗传育种工程技术．郑州：河南科学技术出版社：220-246．

吴茗华，王薇，刘光盛，王红梅．2019．基于神经网络模型的耕地撂荒风险评价——以广东兴宁市为例．农业现代化研究，40(6)：1002-1010．

吴志辉，汤海涛．1999．微肥对作物产量和品质的影响．湖南农业科学，(2)：43．

向莉莉，陈文德，廖成云，刘应平．2019．基于模糊数学方法的川西南山区农田土壤肥力评价——以田坝镇耕地土壤为例．河北科技师范学院学报，33(2)：60-65．

谢佰承，张春霞，薛绪掌．2007．土壤中微量元素的环境化学特性．农业环境科学学报，26(增刊)：132-135．

谢如林，谭宏伟，周柳强，黄美福．2004．广西来宾市兴宾蔗区土壤养分丰缺状况分析．甘蔗糖业，(1)：6-10．

熊丽，吴丽芳．2003．观赏花卉的组织培养与大规模生产．北京：化学工业出版社．

许明祥，刘国彬，赵允格．2005a．黄土丘陵区侵蚀土壤质量评价．植物营养与肥料学报，11(3)：285-293．

许明祥，刘国彬，赵允格．2005b．黄土丘陵区土壤质量评价指标研究．应用生态学报，16(10)：1843-1848．

余存祖，彭琳．1991．黄土区土壤微量元素含量分布与微肥效应．土壤学报，28(3)：317-326．

余立斌，张江山，王菲凤．2008．熵权物元分析模型在土壤环境质量评价中的应用．黑龙江环境通报，32(1)：70-73．

杨文静，王一博，刘鑫，孙哲．2019．基于 BP 神经网络的青藏高原土壤养分评价．冰川冻土，41(2)：215-226．

杨晓晖，贾宝全，蔡体久，李国旗．2007．鄂尔多斯高原梁地退化草场两种典型群落土壤养分空间变异分析．水土保持通报，27(5)：11-16．

姚赫男，李艳，曹宇．2013．基于 RS 和 GIS 的耕地资源质量评价——以浙江省富阳市为例．土壤，45(4)：732-738．

张华，张甘霖，漆智平，赵玉国．2003．热带地区农场尺度土壤质量现状的系统评价．土壤学报，40(2)：186-193．

张敏，盛丰．2017．多层次模糊综合评价法在土壤健康评价中的应用．北方农业学报，45(6)：92-96．

张文志．2018．环境监测在环保工作的重要性及实施措施．化工管理，(18)：165-166．

张思兰，张春，王丹，何勇，刘璞，徐烽淋，陈科平．2020．基于模糊综合评价的钻井岩屑土壤化利用可行性分析．安全与环境学报，20(5)：1924-1931．

张心昱，陈利顶．2006．土壤质量评价指标体系与评价方法研究进展与展望．水土保持学报，13(3)：30-34．

赵其国，骆永明，滕应．2009．中国土壤保护宏观战略思考．土壤学报，46(6)：1140-1145．

赵玉国，张甘霖，张华，龚子同．2004．海南岛土壤质量系统评价与区域特征探析．中国生态农业学报，12(3)：13-15．

赵玉杰，师荣光，高怀友，王跃华，白志鹏，傅学起．2006．基于 MATLAB6.x 的 BP 人工神经网络的土壤环境质量评价方法研究．农业环境科学学报，25(1)：186-189．

浙江农业大学．1989．植物营养与肥料．北京：中国农业出版社．

郑昭佩，刘作新．2003．土壤质量及其评价．应用生态学报，14(1)：131-134．

中国土壤学会农业化学专业委员会．1983．土壤农业化学常规分析方法．北京：科学出版社．

周志宇. 1995. 微量元素研究在我国草地生态系统中的兴起和发展. 草业科学, (3): 45-47.

Anderson T H. 2003. Microbial eco-physiological indicators to assess soil quality. Agriculture, Ecosystems and Environment, 98 (1-3): 285-293.

Andrews S S, Carroll C R. 2001. Designing a soil quality assessment tool for sustainable agroecosystem management. Ecological applications, 11(6): 1573-1585.

Andrews S S, Karlen D L, Cambardella C A. 2004. The soil management assessment framework: A quantitative soil quality evaluation method. Soil Science Society of America Journal, 68(6): 1945-1962.

Brady N C, Weil R R. 2002. The nature and properties of soils. Journal of Range Management, 5(6): 333.

Brejda J J, Moorman T B, Karlen D L, Dao T H. 2000. Identification of regional soil quality factors and indicators: I. Central and southern high plains. Soil Science Society of America Journal, 64(6): 2115-2124.

Brady N C, Weil R R. 2002. The nature and properties of soils. Journal of Range Management, 5(6): 333.

Carter M R. 2002. Soil quality for sustainable land management: organic matter and aggregation interactions that maintain soil functions. Agronomy Journal, 94(1): 38-47.

Céline J, Villeneuve F, Alabouvette C. 2007. Soil health through soil disease suppression: Which strategy from descriptors to indicators?. Soil Biology and Biochemistry, 39(1): 1-23.

Chandel T K. 2017. Soil health assessment under protected cultivation of vegetable crops in North West Himalayas. Journal of Environmental Biology, 38(1): 97-103.

Cornell Cooperative Extension. 2004. Cornell guide for integrated field crop management. Ithaca, NY: Cornell University.

Dexter A R. 2004. Preface soil physical quality. Soil Tillage Research, 79: 129-130.

Dexter A R, Czyz E A. 2000. Soil physical quality and the effects of management. //Wilson M J, Maliszewska-Kordybach B. Soil Quality, Sustainable Agriculture, and Environmental Security in Central and Eastern Europe. Dordrecht, Boston: Kluwer Academic Publishers.

Ditzler C A, Tugel A J. 2002. Soil quality field tools: experiences of US-DA-NRCS soil quality institute. Agronomy Journal, 94(1): 33-38.

Doran J W, Parkin T B. 1994. Defining and assessing soil quality. //Doran J W, Coleman D C, Bezdicek D F, Stewart B A. Defining Soil Quality for a Sustainable Environment. Madison, WI: Soil Science Society of America Special Publication 35, American Society of Agronomy.

Doran J W, Zeiss M R. 2000. Soil health and sustainability: managing the biotic component of soil quality. Applied Soil Ecology, 15(1): 3-11.

Doran J W, Sarrantonio M, Liebig M A. 1996. Soil health and sustainability. Advance in Agronormy, 56 (8): 1-54.

Dumanski J, Pieri C. 2000. Land quality indicators: research plan. Agriculture Ecosystems and. Environment, 81(2): 93-102.

Fitzpatrick R W. 1996. Morphological indicators of soil health. Indicators of Catchment Health, 33: 75-88.

Francis G S, Tabley F J, White K M. 1999. Restorative crops for the amelioration of degraded soil conditions in New Zealand. Australian Journal of Soil Research, 37: 1017-1034.

Giacometti C, Demyan M S, Cavanil L, Marzadori C, Dinelli G. 2013. Chemical and microbiological soil quality indicators and their potential to differentiate fertilization regimes in temperate agro-ecosystems. Applied Soil Ecology, 64: 32-48.

Gugino B K, Idowu O J, Schindelbeck R R, Van Es H M, Wolfe DW, Moebius-Clune B N, Thies J E, Abawi G S. 2009. Cornell Soil Health Assessment Training Manual. Edition 2.0. Geneva, NY: Cornell University.

Govaerts B, Sayre K D, Deckers J. 2006. A minimum data set for soil quality assessment of wheat and maize cropping in the highlands of mexico. Soil and Tillage Research, 87(2): 163-174.

Harris R F, Karlen D L, Mulla D J. 1996. A conceptual framework for assessment and management of soil quality and health.

Methods for Assessing Soil Quality, 3: 61-82.

Harris F, Bezdicek D F. 1994. Descriptive aspects of soil quality/health//Doran J W, Coleman D C, Bezdicek D F, et al. Defining Soil Quality for a Sustainable Environment. Madison, WI: Soil Science Society of America Special Publication 35, American Society of Agronomy: 23-35.

Idowu O J, Van Es H M, Abawi G S, Wolfe D W, Schindelbeck R R, Moebius-Clune B N, Gugino B K. 2009. Use of an integrative soil health test for evaluation of soil management impacts. Renewable Agriculture and Food Systems, 24(3): 214-224.

John W D, Michael R Z. 2000. Soil health and sustainability: managing the biotic component of soil quality. Applied Soil Ecology, 15(1): 3-112.

Karlen D L, Andrews S S, Doran J W. 2001. Soil quality: current concepts and applications. Advances in Agronomy, 74(1): 1-40.

Kinoshita R, Moebius-Clune B N, Van Es H M, Hively W D, Bilgili A V. 2012. Strategies for soil quality assessment using visible and near-infrared reflectance spectroscopy in a Western Kenya chronosequence. Soil Science Society of America Journal, 76(6): 2343.

Larson W E, Pierce F J. 1991. Conservation and enhancement of soil quality //Evaluation for sustainable land management in the developing world . International Board for Soil Research and Management, Bangkok: 175-203.

Larson W E, Pierce F J. 1991. Conservation and enhancement of soil quality. Evaluation for Sustainable Land Management in the Developing World: International Workshop on Evaluation for Sustainable Land Management in the Developing World: 175-203.

Liebig M A, Tanaka D L, Wienhold B J. 2004. Tillage and cropping effects on soil quality indicators in the northern Great Plains. Soil and Tillage Research, 78(2): 131-141.

Longo R R M, Yamaguchi C, Demamboro A, Bettine S D, Ribeiro A, Medeiros G. 2012. Indicators of soil degradation in urban forests. Physical and chemical parameters, 162: 497-503.

Luber G, McGeehin M. 2008. Climate change and extreme heat events. American Journal of Preventive Medicine, 35(5): 429-435.

Mausbach M J, Seybold C A. 1998. Assessment of soil quality. // Lal R. Soil quality and agricultural sustainability. Chelsea, MI: Ann Arbor Press.

Moebius B N, Van Es H M, Schindelbeck R R, Idowu O J, Clune D J, Thies J E. 2007. Evaluation of laboratory-measured soil properties as indicators of soil physical quality. Soil Science, 172(11): 895-912.

Moebius-Clune B N, Van Es H M, Idowu O J, Schindelbeck R R, Moebius-Clune D J, Wolfe D W, Abawi G S, Thies J E, Gugino B K. 2008. Long-term effects of harvesting. maize stover and tillage on soil quality. Soil Science Society of America Journal, 72(4): 960-969.

Moebius-Clune B N, Van Es H M, Idowu O J, Schindelbeck R R, Kinyangi J M. 2011. Long-term soil quality degradation along a cultivation chronosequence in western Kenya. Agriculture Ecosystems and Environment, 141(1): 86-99.

Moebius-Clune B N, Moebius-Clune D J, Gugino B K, Idowu O J, Schindelbeck R R, Ristow A J, van Es H M, Thies J E, Shayler H A, McBride M B, Kurtz K S M, Wolfe D W, Abawi G S. 2016. Comprehensive Assessment of Soil Health. New York: Cornell University: 1-121.

Niemeyer J C, Lolata G B, Carvalho G M D. 2012. Microbial indicators of soil health as tools for ecological risk assessment of a metal contaminated site in Brazil. Applied Soil Ecology, 59: 96-105.

Oshri R, Levy G J, Yosef S. 2019. Soil health assessment: a critical review of current methodologies and a proposed new approach. Science of the Total Environment, 648 (15): 1484-1491.

Parisi V, Menta C, Gardi C, Jacomini C, Mozzanica E. 2005. Microarthropod communities as a tool to assess soil quality and biodiversity: a new approach in Italy. Agriculture Ecosystems and Environment, 105(1-2): 323-333.

Purakayastha T J, Pathak H, Kumari S. 2019. Soil health card development for efficient soil management in Haryana, India. Soil and Tillage Research, 191: 294-305.

Roming D R, Garlynd M J, Harries R F. 1995. How farmers assess soil health and quality. Journal of Soil and Water Conservation, 50: 229-236.

Singer M J, Ewing S. 1999. Soil quality. Mcgraw-hill yearbook of science and technology, 2002: 312-314.

Schindelbeck R R, Van Es H M, Abawi G S, Wolfe D W, Whitlow T L, Gugino B K, Idowua O J, Moebius-Clune B N. 2008. Comprehensive assessment of soil quality for landscape and urban management. Landscape and Urban Planning, 88(2-4): 73-80.

Schoenholtz S H, Miegroet H V, Burger J A. 2000. A review of chemical and physical soil properties as indicators of forest soil quality: challenges and opportunities. Forest Ecology and Management, 138(1-3): 335-356.

Sharma S. 2017. Assessment of arsenic content in soil, rice grains and groundwater and associated health risks in human population from Ropar wetland, India, and its vicinity. Environ Sci Pollut Res Int, 24(1-4): 1-13.

Staley T E, Edwards W M, Owens L B, Scott C L. 1988. Soil microbial biomass and organic component alterations in a no-tillage chronosequence. Soil Science Society of America Journal, 52(4): 998-1005.

Verma V K, Setia R K, Sharma P K. 2008. Geoinformatics as a tool for the assessment of the impact of ground water quality for irrigation on soil health. Journal of the Indian Society of Remote Sensing, 36(3): 273-281.

Veum K S, Sudduth K A, Kremer R J. 2017. Sensor data fusion for soil health assessment. Geoderma, 305: 53-61.

Wienhold B J, Andrews S S, Karlen D L. 2004. Soil quality: a review of the science and experiences in the USA. Environmental Geochemistry & Health, 26(2): 89-95.

Zibilske L M, Bradford J M, Smart J R. 2002. Conservation tillage induced changes in organic carbon, total nitrogen and available phosphorus in a semi-arid alkaline subtropical soil. Soil and Tillage Research, 66(2): 153-163.

第三章　土壤健康管理

健康的土壤是在其生物、化学和物理条件都处于最佳情况下形成的（图 3-1），是作物高产稳产和优质的基础。在健康的土壤中，植物根系能够很容易地延伸，大量的水进入土壤中并储存，植物养分供应充足，土壤中没有有害的化学物质，而且有益生物非常活跃，它们能够控制潜在的有害生物，同时促进植物的生长。

图 3-1　化学、生物学和物理特性促进了土壤的健康（彩图请扫封底二维码）

土壤的各种理化性质往往是相互联系的，应该充分了解它们之间的相互关系。例如，当土壤被压实时，就会失去大孔隙空间，使一些较大的土壤生物很难或不能在其中移动，甚至无法生存。此外，压实可能会使土壤渍水，通气性大幅度下降，至一定程度时导致潜育化，使硝酸盐（NO_3^-）被反硝化，甚至以氮气（N_2）的形式流失到大气中。当土壤中含有大量的钠离子时，团聚体可能会破裂、分散，导致土壤中几乎没有孔隙来进行气体交换，这在干旱和半干旱地区普遍存在，即使土壤中含有最适的养分含量，但植物在这样的土壤环境中仍不会正常生长。因此，为了防止相关问题的发生，确保构建适合植物生长的健康土壤，我们不能只关注土壤的一个方面，而必须从整体的角度来看待作物和土壤间的相互关系。

第一节　有机质与土壤健康

提高土壤的质量并使其成为植物根系和有益生物的栖息地，这需要付诸多年的行动才能实现。当然，有些事情是可以马上去做的，比如在秋天种植一种覆盖土壤的作物，或者制订一个新的种植计划等。在彻底改变作物轮作之前，需要仔细思考：新作物（及农产品）如何销售，是否有必需的劳动力和机械来完成相应的田间作业？

改善土壤健康所采取的措施一般包括以下一项或多项：①种植健康的植物；②减少害虫；③增加有益生物。首先，维持土壤高水平有机质是关键。其次，尽可能地保持土壤物理条件，除直接影响土壤有机质外，往往还需要其他的辅助措施。由于工业化特别是机械化快速发展，近年来重型田间作业机械广泛使用，因此，重视土壤耕作和压实比以往任何时候都重要。在本节中，将重点讨论有机质管理与土壤健康之间的关系。

一、有机质管理

土壤中应含有多少有机质，实际上迄今还没有一个普遍被接受的标准，而且也很难确定，但是当土壤中的有机质消耗殆尽时，会出现什么问题？这可能会有很多种回答。在 20 世纪初，农业科学家就宣称："不管造成土壤贫瘠的原因是什么，但必须采取补救措施，这是没有争议的。医生们也许对疾病的成因意见不统一，但对药物的使用却是意见相一致的。轮作，使用动物粪便，堆肥，腐殖土，这些都是基本的需要。"目前，这些仍然是我们可利用的主要补救办法。

目前对土壤有机质的看法似乎有些矛盾。一方面，希望植株残体、死亡的微生物和肥料能够被分解。如果土壤有机质及植株残体不分解，就不能给植物提供养分，不能产生黏合颗粒的有机胶结物，而且当水分从土壤中渗出时，也会因为缺乏腐殖质来保持土壤养分致使其流失。另一方面，当土壤有机质通过分解而消耗殆尽时，就会出现诸如养分供应能力下降、物理性质变劣、易于板结等许多问题。这种既想要有机质分解又不想其分解太多的困境，意味着必须有新的有机物持续不断地添加到土壤中，以维持土壤中有机质的平衡甚至略有盈余。必须要保持土壤中活性有机质的供应，使土壤生物有充足的食物，并使腐殖质得以不断的积累。然而这并不意味着每年每片土地都必须添加有机物质——当然，如果作物的根系和地上残留部分仍然保留在土壤中的话，这种情况在一定程度上也是会发生的。但是，这确实意味着多年没有大量有机残体添加的土地是不可能继续发展的，不仅土壤有机质会降低，而且也会导致土壤健康受损。

农田土壤有机质管理大体上有 4 种策略。第一，有效地利用作物残体，并寻找新的植物残体添加到土壤中。新的植物残体包括农田中种植的覆盖作物，或从其他途径获得的植物残体。第二，尽可能使用多种不同类型的材料，如作物残体、绿肥、堆肥、覆盖作物、树叶等，因为不同类型的有机物对维持土壤生物多样性起到至关重要的作用。第三，虽然有机肥可以作为土壤有机质和养分的良好来源，但有机肥中养分比例与作物需求并非对等，因而过量施用容易造成农田中部分养分过剩。第四，尽量减少土壤中有机质的流失。

提高土壤有机质的做法，一方面是比过去增加更多的有机物质，另一方面是减少土壤中有机质的流失率（表 3-1）。此外，提升有机质的做法通常会增加土壤中的有益生物，因此，同时具备这两种功能的措施可能特别有用。减少土壤有机质损失的做法有两种，要么减缓分解速率，要么减少侵蚀，其中最重要的是必须控制土壤侵蚀，使富含有机质的表土保持在原位。此外，添加到土壤中的有机质必须与生态位的损失率平衡或者超过其损失率，以保证土壤中有机质平衡或有富余。这些添加物可以来自肥料、堆肥、作物收获后剩余的残体，以及覆盖作物如绿肥、填闲作物等。减少耕作可以降低有机质的分解速度，也可能降低对土壤的侵蚀。减少耕作次数、降低耕作强度等措施，不仅增加作物的生长和植物残体在土壤中的积累量，还能更好地保持土壤水的渗透和储存、减少地表蒸发等。对于不同类型的土壤，这些措施均能不同程度地改善土壤有机质状况，促进土壤健康。

表 3-1 不同管理措施对有机质和害虫损益的影响

管理措施	收益增加	损耗降低	提高效益（EB）、胁迫害虫（SP）
外源添加有机物（肥料、堆肥、其他有机材料）*	是	否	EB, SP
更充分利用作物残体	是	否	EB
轮作种植产生大量残体的作物	是	否	EB, SP
轮作种植草皮作物（牧草/豆科牧草）*	是	是	EB, SP
种植覆盖作物	是	是	EB, SP
减少耕作强度	是/否	是	EB
采取保护措施减少侵蚀*	是/否	是	EB

* 措施可能会增加作物产量，产生更多残体
资料来源：Magdoff and Van Es，2009

二、有机物质的投入

作物残体通常是农民获取能够利用的有机物质的最主要来源。收获后的作物残体量因作物类型不同而异，如大豆、马铃薯和莴苣等作物收割后的残体几乎为零；另外，小粒禾谷类作物收割后留下的残体较多，玉米和高粱留下的残体则更

多，达到每英亩残留 1 t 或更多的作物残体。但这并不意味着有许多有机物质回到土壤中去，因为经土壤生物分解后，其中只有 10% ～ 20% 的原始量转化为稳定的土壤腐殖质。

不同作物收获后剩余的根系数量也多少不等（表 3-2）。而且除了季末剩下的实际根茬外，还有相当数量脱落的根细胞，以及在季末从作物根系中渗出的分泌物，这可能会使残留在土壤中的有机物质量再增加 50%。因此，提高土壤有机质最有效的方法可能是种植根系发达且生长量大的作物。与地上部分植株残体相比，根部的有机物质分解速度更慢，对土壤有机质的稳定性贡献更大，当然也不需要像地上残体那样必须将其埋入土壤中。在免耕条件下，作物根的残体，以及植物生长时释放的根分泌物等，往往比表面衍生残体更能促进土壤团聚体的形成并维持其稳定性。

表 3-2 作物产生的根系残体的估计值

作物	根系残体的估计值 /（磅 / 英亩）
本土牧草	15 000 ～ 30 000
意大利黑麦草	2 600 ～ 4 500
冬燕麦	1 500 ～ 2 600
红三叶	1 300 ～ 1 800
玉米	3 000 ～ 4 000
大豆	500 ～ 1 000
棉花	500 ～ 900
马铃薯	300 ～ 600

资料来源：Topp et al.，1995

有些农民把作物地上残体如小麦秸秆从地里移走，用作畜牧养殖垫料或堆肥，最后再将这些残体以肥料或堆肥的形式返回土壤中，这种方式同样有助于提高土壤肥力。但有时作物残体会被人为从农田中移走，以供其他用途使用并且没有返还到土壤中，如作物残体作为生产生活燃料的原料等，但如果没有足够多的作物残体返回到土壤中，这种活动将是不可持续的，将可能对土壤健康造成相当大的危害。作物收割后留在田里的地上部分残体数量，主要取决于作物的类型和产量。表 3-3 列出了美国加利福尼亚州圣华金河谷中种植的不同类型作物收割后残留到土壤中的作物残体的数量，这些残体的数量比大多数农场的高，但各种作物的相对数量值得关注（表 3-3）。

表 3-3　美国加利福尼亚州的圣华金河谷中的作物残体

作物	残体量 / (t/ 英亩)
玉米（籽粒）	5
西兰花	3
棉花	2.5
小麦（籽粒）	2.5
甜菜	2
红花	1.5
番茄	1.5
莴苣	1
玉米（青贮）	0.5
大蒜	0.5
小麦（打捆后）	0.25
洋葱	0.25

　　尽管国家禁止焚烧各种农作物残体，且实际上焚烧现象越来越少，但这种现象至今仍然无法消除。焚烧作物残体的主要原因是农村燃草充足过量，农民饲养的牲畜量减少，对秸秆焚烧的认识存在误区，农村劳动力不足，以及处理秸秆的成本较高等。但焚烧作物残体对环境的影响和破坏力极大，并严重危及人体健康。同时，由于焚烧秸秆使地面温度急剧升高，能直接烧死、烫死土壤中的有益微生物，影响农作物对土壤养分的充分吸收，破坏土壤的团粒结构，导致耕地质量下降，直接影响农田作物的产量和质量，并由此影响农作物的种植和农业整体效益。

　　目前，人们正努力将植物纤维转变为燃料，然而这种想法在商业上还是行不通的。如果在将来这种想法变为现实的话，那么将作物残体作为一种能量来源将极具诱惑力，而这样所带来的后果是直接导致土壤所需要的有机物质投入量减少，致使土壤补充不到所需的有机物，并最终导致土壤健康状况下降。例如，玉米地上部大部分残体需返回土壤才能保持土壤质量不至于下降。在纽约州的一项田间长期研究表明，对于某些特殊土壤来说，适度去除玉米秸秆并不会造成土壤性状恶化，但当考虑把清除作物残体作为常规做法时，必须非常谨慎，如收割柳枝稷等多年生作物作为能源燃烧或转化为液体燃料，由于植物根系量大且缺乏耕作等原因，土壤有机质可能会继续增加，而大量施用氮肥和其他化学投入品将会降低柳枝稷转化为液体燃料的转换效率（图 3-2）。

图 3-2　收获后玉米秸秆机械回收用作生物燃料（图片由山东益民机械制造有限公司提供）

（彩图请扫封底二维码）

　　有时，对作物残体和肥料的紧急需求，可能会妨碍它们在维持或形成土壤有机质方面的作用。如果稻草分解成为有机质的持续时间较长的话，一定会造成严重的土壤肥力问题，这一问题在资源稀缺的发展中国家尤为突出。在这些国家，当没有可利用的天然气、煤、石油和木材等能源时，作物残体和畜禽粪便等有机肥经常被用作烹饪或取暖燃料。此外，稻草可用于制砖或用作盖房屋的茅草或用于制作栅栏等，但这些用途会对土壤生产力的提升产生非常巨大的负面影响。作物残体或堆肥亦可用作土壤表面的覆盖物。在少耕系统中，一般会将高残茬或者秸秆等留在土壤表面，在小规模的蔬菜和浆果种植中同样可以采用稻草覆盖。作物秸秆覆盖提升土壤质量主要包括以下几个方面。

　　1）水分更多地渗入土壤并使土壤蒸发量减少，从而增加对作物的供水量（旱地灌溉农业中约有 1/3 的水分损失来自土壤蒸发，使用地表覆盖可以大大减少蒸发）。

　　2）控制杂草生长。

　　3）土壤温度变化较小。

　　4）减缓土壤侵蚀。

　　5）减少某些害虫的侵扰。另外，寒冷气候下的残体覆盖可以在春天延缓土壤变暖，使作物前期生长变慢。

　　在干旱和半干旱地区，水分通常是限制作物产量最常见的因素。例如，对于半干旱地区的冬小麦来说，种植时可利用的水分往往预示着最终产量。因此，为了给作物提供更多的可利用水分，我们希望采取一些措施来提高土壤蓄水量并减缓蒸发。覆盖作物残体的土壤，可以滞留更多的雪，这样在春季可显著增加土壤蓄水量。在作物生长季节，覆盖物既能储存灌溉或降雨的水分，又能防止水分蒸发。

三、作物残体特征对土壤性质的影响

作物残体和动物粪便的性质不同，因而对土壤有机质的影响也各不相同。例如，与玉米秸秆和麦秸相比，紫云英、大豆残体等绿肥的半纤维素、多酚和木质素含量较低，分解速度快且对土壤有机质含量提升幅度较小、影响时间较短。但是富含半纤维素、多酚和木质素的植物残体，分解速度较慢，对土壤有机质总量的影响更大，也更持久。此外，由于反刍动物的食物中含有大量在消化过程中不能完全分解的牧草，所以它们产生的粪便对土壤的影响要比那些以高谷物和低纤维为食物的非反刍动物（如鸡和猪）的粪便更持久。堆肥对土壤活性有机质的贡献不大，除非是完全分解好的（图3-3）。

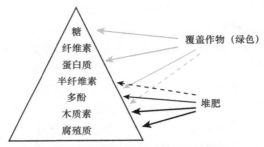

图3-3　不同类型残体对土壤的影响

线条越粗表示含量越多，虚线表示占比很小

一般来说，含有大量纤维素和其他易分解物质的作物残体，对土壤团聚体的影响要比堆肥更大。团聚体是由土壤微生物分解有机物形成的腐殖质与土壤黏粒复合而成的，所以添加肥料、覆盖作物和秸秆等有机物质通常比堆肥更能增强团聚体。

尽管土壤中含有大量的有机质，但这还远远不够，仍需要各种植物残体为不同的微生物种群提供食物，并为植物提供营养物质。半纤维素和木质素含量低的作物残体，通常含有很高的可供植物吸收的营养元素。另外，虽然稻草或锯末（含有大量木质素）有利于有机质的累积，但如果不添加适量的氮源，就会出现严重的氮素缺乏和土壤微生物种群失衡等情况。此外，当氮素含量不足时，添加到土壤中的有机物质转化为土壤腐殖质的速率也会大幅度下降。

作物残体中碳与氮的比例会影响养分，特别是氮素的利用率和有机残体的分解速率，碳与氮比例的大小因植物生长状态不同而异。碳氮比在作物幼苗中约为15∶1，在成熟后的秸秆中为（50∶1）～（80∶1），在锯末中则可能超过100∶1。但与土壤中碳氮比变化如此之大相比，土壤有机质的碳氮比通常在（10∶1）～（12∶1），土壤微生物的碳氮比在7∶1左右，而且这种比值的变化较小即相对稳定。作物残体的碳氮比实际上是另外一种评估氮素百分比的方法。作物残体的碳氮比高，其中氮素所占的百分比就低。相反，残体的碳氮比低，氮素的含量就相对较高。一般作物残体内的平均含碳量为40%，并且这个数值在不同类型的植物中变化不大；另外，作物体内的氮素含量因作物类型及其生育期的不同而有很大差异，如我们通常所说的豆科植物和禾本科作物中氮素含量差异就非常显著。

作物在施用有机物质时，必须要注意氮素的有效性。不同残体中氮素的有效性差异很大，一些残体如新鲜的、幼嫩的植物，它们能够在土壤中迅速分解，而且在分解过程中很容易释放出植物所需的营养物质。但一些成熟的植物和树木，体内的木质部分如木质素在土壤中分解非常缓慢。锯末和稻草等物质中的氮含量很低。堆制良好的有机残体在土壤中的分解也很缓慢，因为其中易分解的有机物已经被分解或转化，剩下的那部分有机物的化学结构已经变得相当稳定，或者已经复合为稳定的有机物。

碳氮比超过40的成熟植物的茎和木屑可能会给植物带来暂时的负面效应（表3-4）。当微生物使用含氮量1%（或更少）的有机物质时，它们的生长和繁殖需要额外的氮，因此将从周围土壤中摄入所需的氮素，使得作物可用的硝态氮和铵态氮的量减少。通过微生物分解较高碳氮比的有机残体造成的土壤硝态氮和铵态氮降低的过程被称为氮的固定。

表3-4 不同有机质的碳氮比

物质	C：N
土壤	10～12
家禽粪便	10
三叶草和苜蓿（早期）	13
堆肥	15
牛粪	17
苜蓿干草	20
绿黑麦	36
玉米秸秆	60
小麦、燕麦或黑麦草	80
橡树叶	90
新鲜锯末	400
报纸	600

注：比值中N为1

当土壤中养分较少时，微生物和植物对养分的争夺通常会加剧植物中某些营养元素的缺乏并可能引发缺素症状，这是因为微生物在土壤中的分布占据优势，植物根系与土壤体积的接触面积只有 1%～2%，而微生物几乎占据了整个土壤。植物对氮素固定时间的长短取决于使用的残体数量、碳氮比及影响微生物的其他因素，如施肥方式、土壤温度等。如果残体的 C∶N 在 20 以下，相当于大于 2% 的氮，这种情况下，分解残体产生的氮要比微生物需要的多，因此，植物很快就能获得额外的氮，绿肥作物和动物来源类肥料即属于这一类。C∶N 在 20～30 的残体，相当于含有 1%～2% 的氮，对短期氮的固定或释放影响不大。由于作物残体会被土壤微生物分解，所以碳以 CO_2 形式流失，而大部分氮被保留下来，这将导致作物残体内 C∶N 下降。大多数农业土壤中该比值范围在（10∶1）～（12∶1），但由于土壤中有机质类型不同，所以比值也有一定差别。

土壤中添加的有机残体量通常由种植制度决定。作物残体可以留在地表，也可以与耕作相结合。在不同的作物、轮作或收割方式下，残体的数量不同。例如，当玉米根据产量收割成谷物时，每英亩玉米的叶、茎和穗轴残余量为 3 t 或 3 t 以上。如果整棵植物都被收割用来制作青贮饲料，那么除了根之外就所剩无几了。

有机物质加入土壤中后，在最初一段时间内的分解会相对较快，剩余难分解部分（如木质素含量高的稻草茎），其分解速率就大大降低。这意味着，虽然在土壤中添加植物残体后，养分的有效性每年都会降低，但加入有机物质仍然会带来长期的好处，这可以用"衰变级数"来表示。例如，肥料中 50%、15%、5% 和 2% 的氮素可在添加到土壤后的第一、第二、第三和第四年逐年释放。换言之，在定期施肥的耕地中，作物可以从过去几年施用的肥料中获得一些储存在土壤中的氮。所以，如果开始给一块土地施肥，第一年需要的肥料要比第 2 年、第 3 年和第 4 年多一些，这样才能给作物提供等量的氮。若干年后，可能只需要第一年所施用的氮量的一半，就可以供应植物所有的氮素需求。然而，过量积累有机质实际上会使土壤中的营养物质富集，对作物的生长和环境产生了潜在的负面影响，这种情况并不鲜见。目前，农民并不是随着种植年限延长而减少施用作物残体的量，而是每年都施用同一个标准作物残体量，这可能导致硝酸盐过量，从而降低植物生长率，同时还可能出现损害地下水质及造成河流湖泊面源污染等问题。

四、不同类型农田的有机质管理

（一）基于动物饲养系统的农田

如前所述，畜禽粪便是一种培肥土壤的优质有机物，因此，在以动物饲养为基础的农业系统中，可以通过畜禽粪便还田来维持土壤中有机物质循环，所以，保持土壤的有机质含量也相对容易。畜禽粪便是养殖业中一种宝贵的副产品。另外，农民也可以将种植的干草或谷物、豆类等饲料卖给邻居，并从邻居的养殖场换取一些动物粪便，作为自己土地的外来有机质源，这样也同样可以保持农田中必要的有机物投入。

（二）无动物系统

在缺少养殖场提供有机肥的耕地上，维持或增加土壤有机质虽然并非不可能，但更具挑战性。一般而言，可以通过少耕、密集使用覆盖作物、间作、覆盖地膜、轮作及其他控制土壤侵蚀的措施来增加土壤中的有机质。如果使用诸如堆肥和商品有机肥之类的非农有机物质时，由于这些有机物质中的养分含量较丰富，因此，必须定期对土壤进行检测，以确保这样不会导致营养过剩。

（三）维持土壤生物多样性

生物多样性对于维持农业的良好运转和稳定具有至关重要的作用。在许多不同类型生物共存的地方，很少有疾病、昆虫和线虫等问题，生态系统能维持良好平衡，并使土壤保持足够健康。我们可以通过使用覆盖作物、间作和轮作等方式来促进植物物种的多样性。然而，不要忘记地表下的多样性和地面上的多样性同样重要。种植覆盖作物和不同类型作物轮作有助于保持地表下土壤的多样性，但增加肥料和堆肥及确保作物残体返回土壤，对促进土壤生物多样性也至关重要。

（四）小型花园有机质管理

家庭园丁有很多不同的方法来维持小花园的有机质含量，使其保持在有利于园艺作物生长的状态，保障土壤健康。其中，最简单的方法之一是在生长季用修剪草坪后的碎草作为覆盖物覆盖在地表，之后这些覆盖物可以被翻入土壤或留在地表被分解，直到翌年春天。秋天时可以用耙子把飘落的树叶耙起来，铺在花园里，这样既可以保持表层土壤温度，树叶分解亦可以提高土壤有机质的含量。覆盖作物可用于小花园，当然也可以购买肥料、堆肥或覆盖稻草以保持小花园土壤中的有机质含量。晚秋时节，园丁们也可能在地里种庄稼，这就使得覆盖栽培成为一个挑战。有可能获得覆盖作物的方法就是在当年最后一季作物成熟后，通过过量播种实现。碎草作为有机质的另外一个来源，在种植区可能供不应求，但仍发挥一定作用。园丁们也可以从附近小镇的市场通过购买获得树叶，这些树叶既可以直接施用到土壤中，也可以先进行堆肥后再施用。与家庭园丁一样，市场园丁也可以购买肥料、堆肥和覆盖稻草，但他们应该可以得到一两英亩所需数量的批量折扣，以降低投入成本。

　　改善土壤有机质管理是土壤健康的核心，创造一个适合于最优根系发育和健康的地下生境，这意味着每年需要增加足够数量的各种有机物质，如作物残渣、粪肥、堆肥、树叶等，同时，减少因过度耕作或侵蚀而造成的土壤有机质的流失是十分必要的。更好的土壤有机质管理办法将提供更多活性强的腐殖物质，这些腐殖物质可以为复杂的土壤生命网络提供"燃料"，有助于形成土壤团聚体，并提供植物生长刺激剂及降低植物虫害压力。由于各种原因，在以动物为基础的农田系统中的有机质含量比仅种植作物的农田系统高得多。然而，不论是何种农田种植系统，有机质管理方法都起到至关重要的作用。

第二节　土壤健康的养分管理

　　在植物所需的 18 种营养元素中，只有氮（N）、磷（P）和钾（K）三种元素不仅需要量大，而且在大多数土壤中普遍缺乏。当然，土壤中有时也会缺乏其他营养物质，如镁（Mg）、硫（S）、锌（Zn）、硼（B）、锰（Mn）等，但不具有普遍性。S、Mg 等营养元素的缺乏多发生在富含风化矿物或降雨量较高的地区。在高 pH 的钙质土壤上，特别是在干旱地区，要注意 Fe、Zn、Cu 和 Mn 等元素的缺乏。相比之下，在刚开垦的土壤中含有未被自然风化的矿物质，因此缺钾现象并不常见。

　　在过去的几十年里，环境问题使得人们更加重视对氮和磷的管理。虽然养分对土壤肥力管理至关重要，但它们也会引起广泛的环境问题。对贫瘠土壤的过分耕作、化肥的过量使用，对肥料、污水污泥（生物固体）和堆肥的滥用，在有限土地上饲养过量牲畜等，均可能造成地表和地下水的污染。N 和 P 的过度使用，可能会对环境产生潜在的影响，所以我们将在本章第五节中讨论土壤污染物管理。同时，还将讨论其他养分、阳离子交换、土壤酸度（低 pH）和石灰及干旱和半干旱地区的钠、碱度（高 pH）和土壤盐碱化等问题。

　　作物残体对养分供应的直接和间接影响包括：①残体分解过程中释放的养分，快速分解先前积累的惰性有机质或与大量添加的残体结合，均会导致有效养分的大量矿化；而快速分解是由密集耕作、良好的土壤排水、粗质地和干湿交替条件引起的。②分解过程中会提高土壤的阳离子交换量（cation exchange capacity）、产生系列螯合物。③促进微生物生长，细菌产生的物质能促进根的生长，从而使根接触更多的土壤，以便养分截留并使大量养分流向根。④改善土壤结构，提高蓄水能力。良好的土壤结构有利于根系发育和延伸。良好的土壤结构和丰富的腐殖质含量，有助于增加降雨或灌溉后植物的可用水量，这会使植物生长得更好、更健康，以及促进更多养分流向根（图 3-4）。

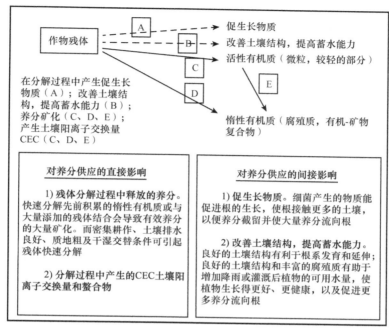

图 3-4　土壤有机质及其管理对养分有效性的影响

一、有机质与养分有效性

土壤养分管理的主要目的是提高土壤有机质水平，以确保土壤健康，这一点在 N、P 施用中尤其突出。植物 N 源来自于土壤有机质，同时有机质通过矿化作用释放出 P、S 及其他一些营养元素。如前所述，有机质有助于维持带正电荷的钾（K^+）、钙（Ca^{2+}）和镁（Mg^{2+}）离子，还提供了能够使 Zn、Cu 和 Mn 等微量营养元素处于植物可以利用形式的天然螯合物。此外，改良的土壤耕作及在有机质分解过程中产生的促生长物质，均有助于植物根系的发育，使其从更广泛的土壤中获取养分。植物必需养分见表 3-5。

表 3-5　植物必需养分列表

元素	常见的可利用形式	来源
需求量较大的元素		
碳	CO_2	大气
氧	O_2，H_2O	大气和土壤孔隙
氢	H_2O	土壤孔隙中的水
氮	NO_3^-，NH_4^+	土壤

续表

元素	常见的可利用形式	来源
磷	$H_2PO_4^-$，HPO_4^{2-}	土壤
钾	K^+	土壤
钙	Ca^{2+}	土壤
镁	Mg^{2+}	土壤
硫	SO_4^{2-}	土壤
需求量较少的元素		
铁	Fe^{2+}，Fe^{3+}	土壤
锰	Mn^{2+}	土壤
铜	Cu^+，Cu^{2+}	土壤
锌	Zn^{2+}	土壤
硼	H_3BO_3	土壤
钼	MoO_4^{2-}	土壤
氯	Cl^-	土壤
钴	CO^{2+}	土壤
镍	Ni^{2+}	土壤

注:1. 钠（Na）是某些植物的必需元素。2. 虽然硒（Se）不是植物的必需元素，但它对于动物是必不可少的，因此植物的硒含量对动物营养至关重要。另外，生长在高硒土壤上的植物（如醉马草、紫菀）由于体内积累了大量的硒，会对食草动物产生毒性。3. 硅（Si）是水稻正常生长所必需的

二、改善农场养分循环

出于对经济和环境的考虑，更有效地促进一个农场内部的养分循环、减少其向环境的排放具有更重要的意义，其目标包括减少长距离的养分流动，促进"真正的"农场循环。在这种循环中，养分以作物残渣或粪肥的形式返回到原来的土地。有一些策略可以更好地帮助农民实现营养循环的目标。

1）通过加强土壤有机质和物理特性的管理，促进水分渗透和改善根系健康，从而减少意外损失。形成和维持有机质的方式包括增加各种有机质来源，以及通过耕作和养护措施减少有机物质损失。此外，只施用填充根区域所需要的灌溉水量，当灌溉水量超过需水量时，会导致养分的径流和淋溶损失。

2）谨慎使用肥料和改良剂，以及灌溉措施来提高养分吸收效率。好的种植模式能够提高肥料养分的利用率。有时，改变种植日期或换种新作物会使养分供应时间与作物需求之间更好地匹配。

3）通过寻找当地有机物质来源，如城镇的树叶或草屑、湖泊中收获的水

生杂草、市场和餐馆产生的废物、食品加工废物及清洁的污水污泥等，开发当地的有机质营养源。虽然其中一些措施并不能促进真正的营养循环，但从"废物流"中去除农业上可用的营养物质是有意义的，而且有助于发展更为环保的营养流。

4）通过支持当地市场，以及将当地的食品废料返还农田，促进当地生产的食品消费。当人们购买当地生产的食品时，就更有可能发生真正的营养循环。

5）通过向单一种植的农场中加入畜牧企业，减少农产品中营养物质的输出。与出售农作物相比，给动物喂食农产品和出口畜产品导致农场中流失的养分要少得多。

6）使动物密度与农场的土地基础保持一致。这可以通过租用或购买更多的土地来实现，以增加动物饲料的比例，或者通过限制动物数量来实现。

7）发展当地合作伙伴，平衡不同类型农场之间有机物的流动。饲养牲畜的农民有太多的牲畜，进口的饲料比例很高，而邻近的蔬菜或谷物农场需要营养物质，而且土地面积相对有限，不能允许包括饲料、豆类在内的轮作时，这种做法尤其有益。通过在营养管理和轮作方面的合作，两种不同性质的农场都会获得收益。一些有机物质过剩的畜牧场发现堆肥是处理肥料的另外一种有吸引力的方法。在堆肥过程中，有机物质的体积和重量大大减少，从而减少了物质的运输量。当地或区域的堆肥交换有助于从负担过重的动物活动中移除营养物质，并将其放置在营养缺乏的土壤上。

养分管理措施：

1）建立和保持较高的土壤有机质水平。

2）在施用肥料或其他改良剂前，先检验肥料并确认其营养成分。

3）尽快将肥料混入土壤中，以减少氮的挥发和径流中养分的潜在损失。

4）定期对土壤进行检测，以确定其营养状况，以及是否需要肥料或石灰。

5）平衡养分的流入和流出，以保持最佳水平。

6）最小化土壤压实破坏来改善土壤结构，减少田间径流。

7）使用饲用豆类或豆科植物覆盖作物，为后续作物提供氮，提高土壤肥力。

8）利用覆盖作物在非生产季锁住养分，增强土壤结构，减少径流和侵蚀，并为微生物提供新鲜的有机质。

9）在轮作中，将土壤 pH 保持在最敏感作物的最佳范围内。

10）当磷和钾急缺时，播撒一些肥料来提高土壤的总体肥力水平。当磷和钾的水平适度时，最好在种植时带状施肥，从而使肥料得到最有效的利用。

三、营养来源：商业肥料与有机物质

农业生产中通常会使用大量的肥料和改良剂。尿素、过磷酸钙、氯化钾等肥料不仅便于储存和使用，而且还易于混合，因此能够满足特定作物的营养需求（表3-6）。同时，它们在土壤中的反应过程及养分的可用性都已经被证实。在使用商业肥料时，施肥的时间、速度和均匀性都很容易控制。然而，使用商业肥料也有缺点。所有常用的氮肥（含有酰胺、氨或铵的物质）都是酸性物质，含这些物质的肥料在石灰已风化的潮湿地区使用时，就需要更频繁地添加石灰。氮肥的生产也是能源密集型的，据估计，施用的氮肥占玉米生长所需能量的25%～30%。此外，在种子或植物附近施用过量的肥料时，多余的养分也会对作物幼苗造成盐害。由于商业肥料中的养分很容易获得，在同等条件下利用有机营养源和商业肥料时，商业肥料中的养分可能会更多地渗入地下水并在地下水中富集。例如，在砂质土壤中施用硝酸铵后，如果遭遇强降雨，则可能会造成硝态氮的流失量比施用堆肥时更多。施用商业肥料的农田由于侵蚀而损失的土壤颗粒，可能比施用有机肥料的农田含有更多的有效养分，从而导致更严重的水体污染问题。土壤中不管是有机还是无机营养源超载，都会造成很大的污染风险。使用商业肥料或有机物质的关键是，施用的营养素不能超过作物所需要的量，而且施用方式应尽量减少对环境的危害。有机营养源还有许多其他方面的优点，与仅为植物提供养分的商业肥料相比，有机物质还为土壤提供养分，它们也是土壤有机质的来源，能够为一些有益土壤生物提供食物。

表 3-6　各种常用改良剂和商业肥料的组成（%）

	N	P_2O_5	K_2O	Ca	Mg	S	Cl
含氮物质							
无水氨	82						
氨水	20						
硝酸铵	34						
硫酸铵	21					24	
硝酸钙	16			19	1		
尿素	46						
UAN 溶液（尿素＋硝酸铵）	28～32						
含磷和氮＋磷物质							
过磷酸钙（普通）		20		20		12	
三过磷酸钙		46		14		1	

续表

	N	P$_2$O$_5$	K$_2$O	Ca	Mg	S	Cl
磷酸氢二铵（DAP）	18	46					
磷酸二氢铵（MAP）	11～13	48～52					
含钾物质							
氯化钾			60				47
硫酸钾镁			22		11	23	2
硫酸钾			50		1	18	2
其他物质							
石膏				23		18	
石灰石				25～40	0.5～3		
白云石				19～22	6～13		1
硫酸镁				2	11	14	
硝酸钾	13		44				
硫磺						30～99	
草木灰		2	6	23	2		

外源施肥或作物残体通常含有植物所需的全部矿质营养包括微量元素，但对于特殊土壤条件及特定的农作物来讲，这些来源的矿质营养可能存在比例不适当的问题，因此，常规的土壤测试是很重要的。例如，家禽粪便中氮和磷的含量大致相同，但植物吸收的氮是磷的 3～5 倍。同时，在堆肥过程中氮素的损失量较大，使得堆肥中磷含量相对于氮来说更加丰富。因此，在土壤中施用大量堆肥可能会满足作物对氮的需要，但可能因此使土壤中磷素积累过量，从而产生更大的污染风险。

有机物质的缺点之一是供植物利用的养分释放量和释放时间的不确定性。粪便作为营养源的价值取决于饲养的动物种类、喂养的饲料类型及粪便处理的方式等。对于覆盖作物，氮的贡献取决于物种、春季生长量和天气。此外，粪便通常体积庞大，可能含有较高比例的水分，因此，每单位营养素的施用都需要大量的工作。养分释放的时间也不确定，因为它既取决于所使用的有机物质类型，也取决于土壤生物的作用，而土壤生物的活动通常随温度和降雨量的变化而变化，因此，最终会出现所使用的特定肥料的相对养分浓度不符合土壤需求的情况。例如，当土壤中磷含量已经很高时，肥料中也可能同时含有大量的氮和磷。

四、商业肥料来源的选择

尽管有机肥更有助于维持土壤健康，但在许多农田中，为了获得更高的产量并尽可能降低生产成本、减少劳动力支出，仍然需要使用额外的商业肥料。当我们购买大量化肥时，通常会选择最便宜的来源。当购买大量的混合肥料或复合肥时，通常不知道它的原料是什么，只知道它是10-20-20或20-10-10（两者都是指可用的N、P_2O_5和K_2O的百分比）或其他形式的混合比例（表3-7）。但是，当遇到下面的这些情况时，我们可能不再希望使用最便宜的来源。

表 3-7　有机种植者用来提供养分的产品

产品	N/%	P_2O_5/%	K_2O/%
苜蓿	2.7	0.5	2.8
血粉	13.0	2.0	—
骨粉	3.0	20.0	0.5
可可壳	1.0	1.0	3.0
胶态磷酸盐	—	18.0	—
堆肥	1.0	0.4	3.0
棉籽粕	6.0	2.0	2.0
干碎的鱼渣	9.0	7.0	—
花岗岩粉末	—	—	5.0
绿砂	—	—	7.0
蹄角粉		2.0	
亚麻粕		2.0	1.0
磷酸岩	—	30.0	—
碎海藻		0.2	2.0
豆粕		1.4	4.0
筒槽		14.5	—

注：P_2O_5和K_2O的值表示总养分。表3-7中的数值代表可随时获得的数量。有机种植者还使用钾－硫酸镁、草木灰、石灰石和石膏

1）尽管最便宜的氮主要是以无水氨为主，但如果将其注入含有许多大颗粒的土壤中，可能会因此产生一些问题，如亚硝酸盐的累积，对植物造成毒害；将其注入非常潮湿的黏土中也可能会造成氮素的损失，这就需要使用其他氮源来替代。

2）如果同时需要氮和磷，磷酸二铵（DAP）将会是一个很好的选择，因为它的成本和磷素含量与浓缩过磷酸钙差不多，而且还含有18%的氮。

3）虽然钾盐（氯化钾）是最便宜的钾源，但在某些情况下也可能不是最好的选择。如果同时还需要镁，而不需要钙，则硫酸钾 - 硫酸镁将是一个更好的选择。

五、作物价值、肥料成本和肥料率

氮肥的成本与能源成本直接相关，因为它的生产和运输需要消耗大量能源。其他肥料的成本对能源价格波动的敏感性较差，但近年来一直在上升。全球化肥的使用量逐年增加，但相应的储备量在减少，加上生产化肥所需的燃料和其他投入成本的增加，导致化肥的价格大幅度上涨。以美国为例，大多数大面积种植的农艺作物每英亩价值为 400 ～ 1000 美元，所用肥料占种植成本的 30% ～ 40%。因此，如果用 100 磅不需要的氮，其支出大概是 65 美元 / 英亩，占总收入的 10% 或更多。在 200 英亩玉米田上施用了每英亩价值 70 美元的氮肥、磷肥和钾肥（以 20 世纪 80 年代的价格计算），而在每英亩田里留下的 40 英尺 ① 宽的无肥带产量和施肥带相同，如果按这种结果计算，农场主们在肥料上浪费了 14 000 美元。当种植每英亩价值数千美元的水果或蔬菜作物时，化肥约占作物价值的 1% 和成本的 2%。但是，当种植每英亩价值超过 1 万美元的特殊作物（草药、某些用于直接销售的有机蔬菜）时，化肥成本与其他成本（如人工劳动）相比就显得微不足道了。如果在这些作物不需要的养分上每英亩浪费 65 美元，那么在保持养分之间合理平衡的前提下，只会造成最低限度的经济损失，但由于施肥过量会导致养分流失并可能引发一系列的环境问题，所以也可能会由于环境方面的原因不允许施用过多化肥。

六、施肥的方法和时间

实际上，作物施肥的时间通常与所选择的施肥方法有关，因此，在本小节中，我们将两者放在一起进行讨论。

撒施法，即将肥料均匀地散布于耕地的表面。撒施法是在耕作过程中加入肥料的一种较常见方法，能显著提高土壤的养分水平。当磷和钾急缺时，这种方法尤其有用。撒施进行的时间通常是在秋季或春季耕作前。对占据整个土壤表面的作物，如小麦或牧草作物，通常应用撒施法来施加氮肥。

局部施肥法通常有多种。播种时，在种子的侧面和下方撒上少量肥料，是一种常用的局部施肥方法，它尤其适用于春季早期生长在寒冷土壤条件下的行间作物，以及在有大量地表残留物的土壤、免耕管理的土壤中，或在春季缓慢升温的潮湿土壤中。此外，它也适用于磷和钾含量相对较低的土壤。即使是在较温暖的

---

①　1 英尺 =30.48 cm

气候下提早种植，在种子附近放置肥料（通常称为基肥）也可能是一个好的方法。基肥中的氮素有助于提高植物对磷的利用率，这可能是因为氮素刺激了作物根系的生长。低肥力土壤的基肥一般应含有其他养分如硫、锌、硼或锰等，避免导致作物缺素。

分批次施肥是一种有效提高氮肥利用率的农艺措施，尤其是在硝态氮很容易流失的砂土上或通过反硝化作用而流失的重壤土和黏土上。将部分（一般 60% 左右）氮肥在种植前或在林带中作为基肥施用，剩余的部分在生长季节作为侧施肥或表层肥使用，这样既减少了氮素的流失，又满足了作物不同生长阶段对氮素的需求。如果天气太潮湿而不能施用氮肥或者在施用氮肥后土壤过于干燥使其不能与根系充分接触，那么依靠侧施氮肥可能会增加减产的风险，因为肥料依然停留在植物表面，而没有被根部吸收。

一旦土壤养分状况达到最佳，就要设法平衡农场养分的流入和流出。当养分水平，特别是磷的水平处于高或非常高的范围时，就要停止施用肥料，并尽力保持或降低当前水平，以最大限度降低磷素流失的风险。

七、耕作与肥力管理

提供部分耕作的系统，如可以采用犁和耙、单独的圆盘耙、凿子犁、区犁和垄犁，可以在翻耕土壤的过程中加入肥料和改良剂，使其与土壤胶体均匀混合，提高肥料或改良剂的使用效果。但是，当使用免耕时，不可能将肥料混入土壤中，因而也难以均匀地提高土壤中根系部分的肥力水平。

加入肥料和改良剂有很多好处。当最常用的固体氮肥如尿素存留在土壤表面时，大量的氨可能会因挥发而损失掉，从而降低氮素的利用率。此外，施肥后留在地表的营养物质在降雨过程中更容易随径流排出土体，从而导致农业面源污染。尽管少耕系统的径流量通常比传统耕作低很多，但径流中的养分浓度可能要高得多，因而流失的养分量可能并不少于传统耕作，这可能与我们通常所理解的有所不同。

如果从传统耕作改为免耕或其他形式的少耕，在进行耕作方式转换之前，可以考虑加入所需的石灰、磷酸盐、钾肥等肥料及其他类型的有机残体，这是相对较容易地改变表土层土壤肥力的最后机会。

第三节　土壤健康的水分管理

水资源短缺是当前限制全球作物生产的首要因素。据估计，全球一半以上的粮食供应依赖于某种类型的水资源管理。事实上，第一个主要文明和人口中心是在农民开始管理水资源时出现的，对水资源的管理使作物产量更加稳定，因此粮食供应也更加稳定。例如，在古希腊的美索不达米亚平原即意为"两条河流（底格里斯河和幼发拉底河）之间的地方"、尼罗河下游河谷和中国黄河流域，这些流域由于良好的排水和灌溉而使作物能获得较高的产量，因而不再需要每个人都从事农事耕作，从而促进了贸易专业化的发展。这也导致了许多重要的创新，如市场、文化和工业等的快速发展。此外，新的水资源管理计划迫使社会组织起来，共同拟订灌溉和排水方案，并制定有关水资源分配的法律条款。但是，水资源管理的失败往往也是其社会衰退的重要原因之一，如美索不达米亚灌溉土地的盐碱化，导致耕地失去了肥力和生产能力，整个国家也因此逐渐走向衰落。

　　健康的土壤中团聚体的结构较为稳定，有机质和养分水平较高且养分均衡，紧实度有限或较疏松，这些特点对于农田"抗旱"有很大的帮助。此外，增加地表残体的耕作也有助于提高水分入渗，减少土壤中水分的蒸发损失。覆盖作物可以作为一种保水的表面覆盖物。当然，不同农作物需水量不同，每磅植物或畜产品需要 19 gal① 到数百加仑甚至更多的水（表 3-8）。如果一个地区连续几周不下雨，尽管是生长在肥力最好土壤上的作物，也会因为得不到充足的水分开始表现出干旱胁迫。即使在多雨地区，也可能会出现季节性干旱，并由此导致水分胁迫，从而使作物产量或质量降低。因此，在世界许多地区，灌溉成为种植作物的重要组成部分。当然，从一定意义上说，越是健康的土壤，自然降雨的有效利用率就越高，需要的灌溉水量就越少。

表 3-8　食品生产所需水的数量

产品	需水量 /（gal/lb）
小麦	150
水稻	300
玉米	50
马铃薯	19
大豆	275
牛肉	1800
猪肉	700
家禽	300
鸡蛋	550
牛奶	100
奶酪	600

来源：联合国粮食及农业组织

----

① 1 gal（加仑）= 4.546 09 L

一、水管理：灌溉和排水

当今，许多生产力较高的农业区都依赖于某种类型的灌溉措施，以保障作物获得维持其高产稳产所需要的水分。在全球范围内，大约有 18% 的耕地使用了灌溉，这些耕地生产了占世界 40% 的粮食，在解决人类贫困与温饱方面做出了巨大贡献。如果没有充足的灌溉用水，干旱地区的绝大多数农业用地将无法生产农产品，而且大部分园艺作物的种植也大多依赖于复杂的灌溉基础设施。

即使在多雨地区，大多数具有高价值的作物也是在旱季通过灌溉以确保作物获得高产、稳产。从某种程度上来说，这是由于水资源的集约使用降低了土壤的抗旱性。为了解决部分耕地水资源过剩的问题，大多数农田都已经安装了排水系统，这使得这些土壤比在自然条件下具有更高的生产力。良好的排水系统可以延长植物的生育期，因此农民可以在早春播种，且到晚秋时才收获。

灌溉和排水的好处显而易见，它们对粮食安全及农业集约化至关重要。气候变化可能会引起降水量的变化，导致对作物供水量的不足或过剩，所以气候变化可能会增加灌溉和排水的压力。然而，灌溉和排水也会对环境造成一定的影响。良好排水系统虽然有助于农田水文管理，但同时导致了土壤中的一些养分物质随着排水而损失，甚至带来环境污染。一些灌溉系统导致河流或河口的生态系统发生剧烈变化，并通过盐碱化和钠积累等导致土地退化。以咸海（以前是世界上第四大内陆淡水体）为例，苏联将河流改道用于灌溉棉花，结果导致海域面积减少了 50%。

（一）灌溉

根据水源、灌溉系统的规模及用水方法的不同，灌溉系统可以分为几种不同的类型。按照灌溉水源划分主要有三种，即地表水、地下水和再生废水。按照灌溉系统的规模可以从使用当地供水的小型农场，到涉及数千个农场并由政府当局控制的大规模区域来划分。按照用水方法的不同，可以包括传统的淹灌或犁沟灌溉（依赖于重力），以及用于喷灌和滴灌系统的现代节水灌溉方法。

（1）地表水

小溪、河流和湖泊历来是农业灌溉用水的主要来源。历史上的河流改道主要就是从灌溉的角度来考虑的，然后发展成为蓄水池，小型灌溉系统所涉及的蓄水池都是由小溪分流而成的。现在的小型灌溉系统倾向于直接从小溪或农场池塘抽水（图 3-5）。这些水源足以满足一般较小区域的农田补充灌溉需求。在湿润地区，降雨和融雪提供了作物所需的大部分水分，但是，为了满足农作物高产和优质的需求，可能额外需要一定数量的水作为补充。这些系统一般由单一农场管理，对环境的影响是有限的。

图 3-5 蔬菜农场中的池塘（左）和可移动的冠层洒水系统（右）（图片由郭瑞提供）（彩图请扫封底二维码）

中国启动"南水北调工程"，按照东、中、西三条线路，东线工程的起点位于江苏扬州的江都水利枢纽，供水区域为山东、天津等；中线工程的起点位于汉江中上游的丹江口水库，即从丹江口水库引流，途经南阳、平顶山、许昌、郑州、焦作、新乡、鹤壁、安阳、邯郸、邢台、石家庄、保定，流进北京和天津，供水区域为河南、河北、北京、天津 4 个省（直辖市）；西线工程初步设想为在长江上游通天河、支流雅砻江和大渡河上游筑坝建库，开凿穿过长江与黄河分水岭巴颜喀拉山的输水隧洞，调长江水进入黄河上游，其供水目标主要是解决涉及青海、甘肃、宁夏、内蒙古、陕西、山西 6 省（自治区）黄河上中游地区和渭河关中平原的缺水问题，该工程尚处于规划阶段，没有开工建设。南水北调工程规划中每年有 40%（约 180 亿 m³）左右的调水量将直接用于农业灌溉，60% 的调水量满足工业和生活用水需要。如此大规模水资源的重新分配，将使缺水地区大范围农、林、牧业用地得到充分灌溉，使一些盐渍化严重甚至沙漠化地区能够种植农作物，并使灌溉区内土壤水分、地表反照率及陆地与大气之间的水热通量变化，这些变化也必然会对区域气候产生相应影响（图 3-6）。这些项目能够推动工程实施的周边

图 3-6 陶岔渠首枢纽工程位于淅川县九重镇陶岔村，是南水北调中线总干渠的引水渠首，主要承担供水、灌溉、发电三项功能（图片由郭瑞提供）（彩图请扫封底二维码）

区域经济社会发展，并可能使其成为国家或国际粮食及其他农作物生产的主要来源。另外，大型水坝也会调控河流的水量，从而减少洪涝和干旱对农田及河流周边居民生活生产的不利影响。

（2）地下水

当某个地区地下存在良好的含水层时，地下水就成为一种相对经济的灌溉用水来源。一个显著的优势是，它可以在当地开采，且不需要政府在水坝和运河建设等方面进行大规模投资。尽管从地下深层含水层抽水需要能源，但它对区域水文和生态系统的影响较小，当然，如果地下水开采过度，也可能导致巨大的地下水漏斗出现而给区域水文和生态环境带来严重挑战。对于灌溉面积从 120 英亩到 500 英亩，经常使用中央 - 枢轴式喷头（图 3-7，右）。

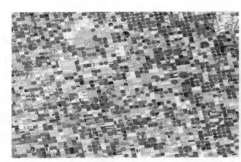

图 3-7　美国堪萨斯州的"时针式喷灌区"（The Advanced Spaceborne Thermal Emission and Reflection Radiometer Science，2016）（彩图请扫封底二维码）

时针式喷灌机：是一种移动式喷灌机，喷灌头安装在有轮子支撑的电镀钢管或铝管上，围绕一个中心旋转，从中心枢轴输送水，整个喷灌机喷灌面积形成一个同心圆

良好的地下水源对这些灌溉系统的成功至关重要，低盐水平的地下水对防止土壤盐分积累尤为重要。例如，奥加拉拉含水层是一个相对浅而易接近的水源，美国西部大平原的大部分地区，就使用由巨大（174 000 平方英里①）的奥加拉拉含水层支撑的中轴灌溉系统（图 3-7，左），以满足作物生长所需灌溉的水量。然而，如果地下水的使用速度超过了雨水的补给量，这种做法显然是不可持续的。获取更深的地下水需要更多和更昂贵的能源，目前，采用这种开采水资源的做法可能导致地下水消耗过度，因而越来越受到质疑。

（3）再生废水

近年来，水资源短缺迫使政府和农民寻找灌溉用水的替代来源。由于农业用水不要求要与饮用水有相同的水质，所以回收废水就成了一种很好的选择。它被

①　1 英里 =1609.344 m

用于以下地区：①人口稠密产生大量废水，并靠近灌溉区的地区。②地表或地下水源非常有限或需要长距离运输的地区。尽管，中国的几个灌区正在与市政当局合作，以提供安全的可回收废水，不过一些人仍然担心由此可能带来的长期影响。其他农业发达和严重缺水的国家，特别是以色列和澳大利亚等，也实施了用于灌溉目的的废水回收系统（图3-8）。

图 3-8　校园人工湿地设立的主要目的为校园污水的净化及回收再利用（图片由郭瑞提供）
（彩图请扫封底二维码）

来自学生宿舍及教学大楼产生的生活废水，首先经由两座机械式废水处理厂进行二级处理后，其排放水流经下水道管渠与截流站后，由抽水机送至人工湿地进行三级处理。人工湿地净化后的水经加压管线回收再利用于棒球场及操场草皮的浇灌

（二）灌溉方法

淹灌或犁沟沟灌是一种传统的灌溉方法，目前在世界各地仍被广泛使用。它主要的做法是：在一定的时间内对一块土地进行简单的注水，让水慢慢渗透到土壤中。如果田地中已形成垄沟，则水将通过垄沟进入土壤中，并向下和横向渗透到垄沟中（图3-9）。这样的系统主要依赖重力流而且需要土地平坦。到目前为止，这些系统的安装和使用成本都是最低的，但这种方法对水分的利用率较低，而且通常会导致灌溉水的不均衡分布。此外，由于这些系统能够轻易地提高地下水位，因而容易导致土壤的盐碱化。

图 3-9　犁沟灌溉一般很便宜，但对水的利用率也很低（图片由郭瑞提供）
（彩图请扫封底二维码）

喷灌是一种相对现代化的方式，该方式系统通过加压喷头用水，需要利用管道和水泵。常见的系统包括立管上的固定喷头（图3-10）和移动的头顶喷头。这些系统可以达到更精准的灌溉和更有效的水分利用率。但是，这种灌溉方式需要更大的前期投资。大型移动式喷枪可以有效地将水喷洒到大面积区域，也可在灌溉的同时通过加入肥料来实现水肥一体化的目的。局部灌溉，特别是对乔木作物有用，通常可以用小喷头来实现（图3-11），这些喷头使用小直径的"细麻布绝缘套管"与相对较小的泵连接起来，从而使系统相对便宜、需水量也相应较少，节约了成本的投入。

图 3-10　园艺作物常用的便携式喷灌系统（图片由郭瑞提供）（彩图请扫封底二维码）

图 3-11　小型（微型）洒水器允许以较低的成本局部用水（图片由山东鑫成节水灌溉科技有限公司提供）（彩图请扫封底二维码）

滴灌或滴灌系统是将水直接灌溉到作物根部的一种方式。该方式同样使用柔性管或细麻布绝缘套管与小排污器相结合。它们主要通过使用许多有规则的间隔发射体的线状源来实现，可用于层状或乔木作物或通过点源发射器直接应用于植物根系附近（图3-12）。滴灌的主要优点是用水量少，可控性强。滴灌系统相对便宜，安装较方便，使用时所需要的水压较低，能耗低。在花园等小型系统中，水压可以通过在小型平台上放置一个水容器的重力液压头来施加。地下滴灌系统也正在投入使用，其中的管线和发射器是半永久埋藏，以便进行现场作业，这类系统需要注意管道系统和发射器的位置，因为从滴灌系统流入土壤的水量是有限的，所以它们必须靠近植物的根。

图 3-12 豆类植物滴灌（图片由山东绿丰节水灌溉设备有限公司提供）（彩图请扫封底二维码）
除非每行作物都有自己的滴灌线，或者使用窄的双行（右）减少行距，否则滴灌系统（左）可能会限制水向植物根部的横向移动。照片中明显的叶片变色是由于低太阳照射角度

人工灌溉包括水罐、水桶、花园水管等，这种方式不适合大规模的农业生产，但在不发达国家的园林及一些小规模的农业中仍被广泛使用。滴灌施肥是一种通过喷灌、滴灌等抽水系统向植物施肥的有效方法。水肥一体化更利于提高作物对养分和水分的吸收。

二、环境问题的管理实践

虽然灌溉具有许多优点，但也存在一些重大的问题。干旱地区土壤健康的主要威胁是盐分的积累，在某些情况下还包括钠的累积。随着土壤中盐分的积累，作物从土壤中吸收水分的难度也不断加大。当钠离子在土壤中累积时，土壤团聚体分解，将使土壤变得密实而无法耕作（图 3-13）。盐渍化是灌溉用水蒸发并将其

图 3-13 过度灌溉导致地下水位上升（彩图请扫封底二维码）
过度灌溉会抬高地下水位（左图坑底可见），从浅层地下水向上流经土壤毛细管（非常小的通道）的水的表面蒸发导致盐的积累（右图）（图片由郭瑞提供）

中的盐分留在表层土壤中的结果，这种现象在淹灌系统中尤为普遍，因为淹灌系统往往会过度用水，而且会提高地下水位。一旦地下水位接近地表，毛细管水的运动就会将地下水输送到地表，并同时将地下水中的盐分带入表层土壤中，当水分在地表蒸发后盐分即留在表土中。如果管理不当，这可能使土壤在数年内失去生产力。盐分的积累也可能发生在其他灌溉方法中，如滴灌系统，尤其当气候干燥而不通过自然降水而发生盐分淋滤时，其发生的概率更高。

土壤中的盐分很难排除，尤其是当下层土壤中盐分含量也较高的时候。干旱地区的灌溉系统原则上应设计成既能供水又能排水，这意味着灌溉应与排水相结合，尽管这看起来似乎有些矛盾，但土壤中的盐分需要通过额外的水来溶解，并将其从土壤中滤出，然后通过排水沟或沟渠清除掉渗滤液，使其不再残留在原地。如果排水沟或沟渠中水的含盐量高，还可能会对下游地区土壤产生影响。灌溉农业的长期成功案例之一是，在尼罗河的下游流域，通常在秋季洪水期提供灌溉，在冬季和春季水位下降到较低水平后提供自然排水。在某些情况下，具有较庞大根系的树木可以被用来降低区域的地下水位，这是在澳大利亚东南部墨累达令盆地高度盐碱化平原上使用的方法。世界各地的大型灌溉区通常只针对供水部分设计，而没有设计合理的排水系统，这也是许多地区最终导致土壤盐碱化的重要原因。

土壤中钠离子的去除可以通过与钙交换来完成，这在大多情况下是通过施用石膏来实现的。一般来说，最好通过良好的水分管理来防止盐分在表层土壤中累积，从而使土壤的盐碱度保持在较低的水平。在潮湿多雨地区，盐分的积累通常不是问题，但过度灌溉也可能会造成这些地区土壤中养分和农药流失，增加环境污染的风险。此外，高施用率和高用量会使硝酸盐和农药下渗到地下水中，增加地下水污染的风险。过量灌溉引起的土壤水分饱和也会造成反硝化损失。

在全球的农业生产中，灌溉的更大问题是高用水量和利益之间的竞争。农业消耗了全球约 70% 的取水量。而人类每天直接消耗的水不到 1 gal，但生产 1 lb 小麦需要大约 150 gal 的水，生产 1 lb 牛肉需要 1800 gal 的水。目前许多地区的取水量已远大于补给量，因此，这些地区有限的水资源正在被缓慢开采，甚至在部分地区出现地下水漏斗。

良好的灌溉管理方式包括以下几个方面。

1）通过增加土壤有机质的含量、改善土壤团聚体结构、提高植物的生根量，使土壤更具抗结皮性和抗旱性。

2）节约用水；发展耐旱农作物减少对水分的需求；适当考虑赤字灌溉计划。

3）监测土壤含水量、植物中水分状况及天气的变化（特别是降雨时间及降雨量），精确估计灌溉的需求。

4）精确用水和精准灌溉，切忌过度灌溉导致水资源浪费。

5）在条件许可的前提下，尽量使用储水系统收集雨水。

6）在条件许可时建议使用符合灌溉标准的再生废水。

7）减少耕作次数，尽量将作物残体留在地表，以增加地面覆盖。

8）使用农作物秸秆覆盖或种植填闲作物等，以增加地表覆盖、减少表面蒸发。

9）实行水肥一体化管理，减少水分损失。

10）防止盐分或钠离子的积累，如通过排水来过滤掉多余的盐，通过施用石膏来降低表层土壤及地表水中钠的含量。

（一）农场层面的灌溉管理

可持续的灌溉管理和防止盐分与钠的积累需要可靠的规划、适当的设备和持续的监测。第一步是培育健康的土壤，使作物的水分利用达到最优化。有机质含量低和钠离子含量高的土壤，由于表面密封和团聚体稳定性较差，表土易结壳而使其渗透能力较低。高架灌溉系统经常把水当作"暴雨"，造成更多的表面闭封和结壳等问题。与表层压实和缺乏有机质的土壤相比较，健康土壤的供水能力更强，土壤保水性也更强。据估计，表层土壤的有机质含量每减少 1%，每英亩土壤的植物可利用水量就会减少 16 500 gal。此外，表面压实会降低根系生长量和根系的密度，且坚硬的底土会限制根系的伸长、大幅度减少根系的体积。我们可以用最佳用水范围来描述这些过程。其中，压实作用加上较低的植物有效水分保持能力，限制了植物健康生长所需的土壤水分含量范围，因此，这种土壤中作物的用水效率较低，水分的有效性也较低且易流失，需要补充额外的灌溉用水来满足作物生长对水分的需求。减少耕作、添加有机改良剂、防止压实及在轮作中种植多年生作物，都可以增加土壤的储水量。许多长期试验的结果表明，适当的少免耕和利用作物轮作，可使地表土壤的有效水分量增加 34%（表 3-9）。当添加有机质时，要考虑主要由非常稳定的材料组成的稳定来源，如堆肥，它们在土壤中能持久保持稳定，是影响土壤保水性的主要因素。但是也千万不要忽略新鲜的有机残体，因为它们有助于形成新的、稳定的团聚体。通过扩大可供根系延伸的土壤量来增加作物生根的深度，能够极大地提高植物的水分利用率。当存在不同的犁底层时，破开犁底层可以使更多的根接触到土壤下层的水，如分区耕作等实践可以增加生根深度，同时也会导致有机质和蓄水能力的长期增加。

表 3-9　美国纽约进行的长期耕作和轮作试验中的植物有效含水量

耕作试验	植物有效含水量		
	犁耕	免耕	增加
粉砂壤土 -33 年	24.4	28.5	17%
粉砂壤土 -13 年	14.9	19.9	34%
黏壤土 -13 年	16.0	20.2	26%
轮作试验	植物有效含水量		
	玉米连作	青草 - 玉米连作	增加
壤砂土 -12 年	14.5	15.4	6%
砂土 -12 年	17.5	21.3	22%

资料来源: Moebius-Clune et al., 2008

　　这些做法对湿润地区的影响尤为显著。在湿润地区，补充灌溉可用于减缓旱季的干旱胁迫。培育更健康的土壤将减少灌溉需求和节约水资源，因为植物水分利用率的增加会使干旱胁迫发生的时间延后，并且大大降低了胁迫发生的可能性。例如，如果耕作层（A）退化的土壤可以在不灌溉的情况下为作物提供 8 天的充足水分，那么，有深层耕作层的健康土壤（B）则可能为作物提供 12 天的充足水分。当然，在大多数情况下，连续干旱 12 天是不太可能的。根据美国东北部的气候数据，每年 7 月发生此类事件的概率为 1/100（1%），而 8 月发生此类事件的概率则为 1/20（5%）。生长在 A 土壤上的作物，有 5% 的年份会在 7 月缺水并遭受到水分胁迫，而生长在 B 土壤上的作物，只有 1% 的年份可能受到胁迫。在许多情况下，健康的土壤会减少或消除对灌溉的需要。

　　增加地表覆盖物可以显著减少土壤表面的水分蒸发。覆盖作物可以增加土壤有机质，并提供表面覆盖物，但应谨慎使用覆盖作物，因为在种植它们时会消耗大量的水，而这些水可能需要用来过滤盐分或用来灌溉经济作物。

　　保守用水可以避免许多我们上面讨论的诸多问题。这可以通过监测土壤、植物或天气变化等来实现。土壤传感器，如张力计（图 3-14）、水分块和新的 TDR

图 3-14　土壤水分传感的张力计（图片由刘联正提供）（彩图请扫封底二维码）

或电容探针，可以准确地评估土壤水分状况。当土壤湿度达到临界值时，就可以打开灌溉系统，在不过量的情况下进行用水，以满足作物生长对水分的需要。作物本身也可以用来监测水分的供应状况，因为水分胁迫导致叶片温度升高，这种变化可以通过热成像或近红外成像检测到。

另外一种方法是利用来自气象部门或小型农场气象站的天气信息，以此来估计自然降雨和蒸散量之间的平衡。电子设备可连续测量天气指标，并可通过无线或电话通信从远处读取。计算机技术和特定地点的水肥施用设备，使农民能够根据当地的水肥需求调整灌溉时间及灌溉水量。研究人员还证明，亏缺灌溉——灌溉用水不足蒸发量的 100%——可以在减少总用水量的同时提供同等的农产品量，并促进作物对储存土壤水的依赖。亏缺灌溉目前专门用于葡萄的种植中，通过适当的水分胁迫，以提高种植作物的品质和水分利用率。

（二）排水

自然排水不良或曝气不足的土壤中，有机质的含量通常较高。但是，由于排水条件不好，除了一些喜水植物如水稻和蔓越莓外，大多数农作物都不适合在这样的土壤中种植。将这些土壤通过人工排水后，由于土壤有机质分解会释放较多的有效养分，因此，一般生产能力会大幅度增强，但大量有机质分解也可能会直接影响到作物的生长，这是需要考虑的问题。长期以来，人类通过挖掘沟渠和运河等方式，将沼泽地转化为肥沃的农田，随后还通过与抽水系统相结合，将低洼地区的积水抽走。例如，荷兰的大部分地区通过将土壤中的积水排干，将原来积水的土壤开辟为牧场或干草地，用来支持以奶牛为基础的农业，多余的水可以通过风车予以清除，然后通过使用蒸汽或石油作为动力的泵站来进一步排除干净（图 3-15）。今天，排水工作主要由安装有激光引导系统的地下波纹 PVC 管（图 3-16）来完成。在中国玉米带和其他一些高产的地区，人们正加速安装更多的排水管道，以排出土壤中的积水。

图 3-15　沃达蒸汽泵站（彩图请扫封底二维码）

该水站是为荷兰弗里斯兰的大面积排水而建的，是有史以来最大的蒸汽泵站，已被列入世界遗产名录

图 3-16　激光引导挖沟机安装穿孔波纹 PVC 排水管道（图片来自河北桃城区水务局）
（彩图请扫封底二维码）

（三）排水效益

沟渠排水或管道排水是降低地下水位的一种重要方式(图 3-17)。这种方法的主要好处是使土壤的积水减少，使表层土壤的通气性增强，从而可为普通作物的生长提供足够的气体。如果种植的作物能够在较浅的土壤条件下生根，那么地下水位就可以继续保持在相对接近地表的位置，或者排水管道可以相隔很远，从而降低安装和维护的成本，特别是在一些需要抽水的低洼地区更是如此。大多数经济作物如玉米、紫花苜蓿和大豆等都需要较深的曝气区，根据土壤特性，地下排

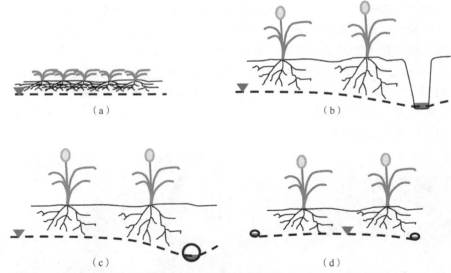

图 3-17　排水系统降低地下水位，增加根系体积（Magdoff and Van Es，2009）
（彩图请扫封底二维码）
（a）不排水的牧场；（b）排水沟；（c）地下管排水；（d）鼹鼠沟。地下水位用倒三角形虚线表示

水管道需要安装在 3 ～ 4 ft① 深、间距为 20 ～ 80 ft 的地方，这样才能保证不至于因为渍水过深而影响作物正常的生长。

合理的排水增加了现场作业的及时性，减少了压实损坏的可能性。在潮湿地区，春季和秋季田间作业的干旱天数十分有限，但排水不充分有可能会妨碍下一次降雨前的田间作业。有了田间排水系统，田间作业就可以在降雨后几天内开始进行。对土壤的压实通常发生在土壤湿润且处于塑性较强的状态，除了具有高塑性的黏土外，排水一般都有助于土壤在干燥期间更快地过渡到塑性较强的状态。此外，由于排去多余的水分会降低土壤的压实性和含水量，所以地下排水的径流潜力也会相应地降低，使土壤可以通过渗透作用吸收更多的水分。

因此，在排水不良的土壤中安装排水管道，具有较好的农业和环境效益，因为它减少了土壤的压实和流失。此外，这也解决了排水不良所带来的其他问题，如因渍水较多导致反硝化作用增强而损失大量的氮素。一般来说，在作物生长季节水分经常处于饱和状态的农田，其最好的选择是要么排水，要么恢复为牧场或自然植被。

（四）排水系统类型

沟渠用于排水尽管可能已经有几个世纪的时间了，但迄今为止大部分农田的排水都是通过安装在沟渠和回填土中的穿孔波纹 PVC 管进行，属于沟渠的改进方式，这种方式可追溯到 19 世纪末或 20 世纪初安装黏土管道的实践。在现代农业生产中，地下排水管是土壤排水的首选，因为沟渠会在一定程度上干扰田间作业，使土地无法进行生产。当然，一个完整的排水系统仍包括在农田边缘修建沟渠，将水从农田输送到湿地、溪流或河流。

如果一个地方的整片土地都需要排水，一般可以将地下管道安装在大多数以平行线为主的网格中，这种方式在地形平坦的地区很常见。但在地形起伏不平的区域，排水管道通常必须安装在洼地或其他积水的低洼地区，这样使水分能自然排出，这种方式通常被称为随机排水（定向排水），如可以在斜坡底部安装截流渠，以清除斜坡上的积水。

地下水位较浅或较高的农田都有利于排水。但土壤表面长期积水并不一定意味着地下水位较浅，土壤结构不良导致地表水不能快速排除也可能是地表积水的重要原因（图 3-18）。高度集约化利用、有机质流失和表土压实等，都可导致潮湿气候下土壤的排水不良，在这种情景下，安装排水管道也许是解决这一问题的最好方法。虽然安装排水管道有助于减少表土的进一步压实，但在大多数情况下，正确的管理策略同样是保障土壤健康、增加土壤渗透性最有效的办法。

---

① 　1 ft = 30.48 cm

图 3-18　因土壤结构不良而产生明显排水问题的土壤（图片由郭瑞提供）（彩图请扫封底二维码）

　　一般而言，质地较细的土壤比质地较粗的土壤渗透性要差，因此，土壤排水就需要更短的排水间距才能发挥作用。例如，细壤土中的排水管道间距一般在 50 ft 左右，而砂土中的排水管道的安装间距则可以在 100 ft 左右，这将大大降低排水时安装管道等的成本。由于需要较密集的排水间距，所以在重黏土中安装传统的排水系统时，所需要的成本往往较高，因此，一般采用其他方法。防波堤（mole）排水沟就是一种适合在黏重土壤中采用的排水方法，该方法通过在大约 2 ft 深的塑性状态下，用一颗大的锥形钻头拉着一个倾斜式的工具穿过土壤而开出排水沟（图 3-19），该装置可使干燥的表层土壤开裂而形成水渠，锥形钻头的运动会产生一个排水孔，扩张器会在两侧涂抹以增加排水沟的稳定性。这样的排水通常可使用几年，但之后会逐渐破坏、淤塞而大幅度降低其效果，这时候必须重新修建。与 PVC 排水沟一样，防波堤（mole）排水沟中的水也需要排入田边的沟渠，并从沟渠中排向周边水体如河流、湖泊中。

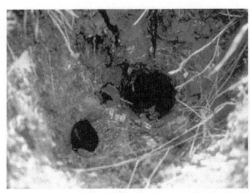

图 3-19　用犁（右）在黏土中挖出鼹鼠沟（左）（Magdoff and Van Es, 2009）（彩图请扫封底二维码）

　　黏土可能也需要进行表面排水，这涉及土地的塑造，使水分从土壤表面排放到农田的边缘，在那里水可以进入草地中的水道。局部的洼地同样也需要进行土地的塑造，否则就会长时间保持积水状态。一个良好的排水系统，通常包括垄和凸起的河床，特别是在质地较细的土壤上更是必需，这涉及有限范围的表层土壤平整、取垄等，使作物种植行略高于行间空闲处，这样可以为作物幼苗生长提供足够的空气，使其在一段较长时间的过度降雨下土壤积水时能够存活下来。

（五）关注排水

　　20 世纪 80 年代以来，土地的广泛排水问题开始引起人们的关注，以至于许多国家正致力于严格控制新的排水工作。在美国，1985 年的《食品安全法》包含了所谓的"沼泽地"条款，该条款强烈反对湿地通过排水转变为农田。这些法律颁布的主要理由是：湿地生境和景观水文缓冲区的丧失，可能会带来十分严重的生态环境问题。实际上，这也是当前和未来相当长时期内我们不得不重视的问题，湿地的大幅度减少不仅严重影响生态环境，同时也与全球气候变化密切相关。

　　湿地中有机食物来源充足，因而是水禽最主要的自然栖息地之一，它们对于需要食物和栖息地的远离陆地捕食者的迁徙水禽是至关重要的。这些湿地在保护流域水文方面也发挥着十分重要的作用。在潮湿和融雪期，湿地可以有效地存储周围地区的径流水；在干旱期，它们从较低的景观位置重新获得地下水，作为所在区域的重要补充水源地。在沼泽中储存这些水可以减少下游地区发生洪水的可能性，并使营养物质循环进入水生植物并作为有机物质储存起来，当沼泽被排干时，这些储存的有机物质被氧化，其中的营养物质被释放出来，并且大部分通过排水系统进入河流中，因而也可能在一定程度上带来面源污染。美国北部、中部和东北部及加拿大冰川形成的坑洞沼泽的大量排水，导致了洪水的大量增加及营养物质进入河流湖泊中，最后造成养分的损失，并可能污染周边水体和土壤。

　　排水系统还通过为渗透水提供水文捷径，增加水中营养物质排出、杀虫剂和其他污染物流失的可能性。虽然在自然条件下，水会保留在土壤中，并慢慢渗入地下水，但它同时也会被排水系统捕获，并被分流到沟渠、运河、溪流、湖泊和河口。这是一个非常突出的问题，因为在细质土壤表面的化学物质，通常能够通过排水迅速地移动到地下排水管道中。与能有效过滤渗滤水的沙子不同，细质土壤含有较大的结构裂缝，并可以向下延伸到排水管深度的孔隙。一般来说，我们认为这是有利的，因为它们有助于渗水和曝气。然而，当施用化肥、杀虫剂或液态肥料后，随之而来的是这些污染物会通过大孔隙迅速进入排水管道，并且这些污染物可以绕过土壤基质，即不被土壤颗粒过滤或吸附，在高浓度时进入排水沟和地表水体，不仅大幅度增加了化肥农药的损失，而且也给水体带来潜在的污染。当然，可以实施相应的管理措施来减少这种损失。

土壤剖面的人工排水将在一定程度上减少土壤中储存的水量和作物可利用的水量。通过合理的农田水利系统，可以在雨水过多的情况下将土壤中多余的水分排出，但在干旱的情况下又可保留一定量的水分。控制排水允许一定的灵活性，包括在农田旁边的沟渠中使用堰来保持土壤系统中的水分。实际上，这可能会使得地下水位高于排水沟的深度。但如果土壤剖面需要排水，可以降低堰板。在冬季休耕期间，也建议控制排水，以减缓淤泥（有机）土壤中有机物的氧化，减少砂质土壤中硝酸盐的淋滤。

减少化学制品和粪肥沥滤至排水管道的方法有以下 3 种。

1）用容易吸收雨水或减少表面蓄水的团粒结构良好的土壤筑土。

2）避免在暴雨前施用这些化学制品或粪肥。

3）适度地掺入吸附剂或土壤改良剂，减少地表径流。

良好的灌溉和排水系统是水资源短缺或过剩地区作物获得高产稳产的重要前提。毫无疑问，我们需要这样的水资源管理措施即良好的排灌系统，以确保水分稳定供应和粮食作物高产稳产。一些最具生产力的土地中利用排水和 / 或灌溉系统，使得控制水资源的能力发挥了巨大的优势。然而，它们也可能会产生一定的负面影响，其中最重要的一点是这些措施使水从自然过程中分流出来，从而增加了土壤和水体污染的可能性，并可能因此付出一定的环境代价。良好的水资源管理实践可以减少这种影响，水土管理可持续的一个重要原因是通过合理的灌溉和排水来保障土壤水分供应并满足土壤健康的需求。

此外，更合理地使用水和化学投入品的其他做法，也有助于减少对环境的影响。

第四节　土壤健康的耕作栽培管理

良好的耕作栽培制度是维持土壤肥力的必要前提，同时也是保障土壤健康的重要手段。耕地利用过度、施肥不当、耕作不合理等，将导致其地力和产能下降，同时也将使土壤健康难以保持。例如，我国各地区发生的水土流失、耕地退化等现象，实际上在很大程度上都是耕作管理不合理所致。

一、耕作制度的发展

虽然耕作是一种比较古老的方法，但是，哪一种耕作制度最适合于哪些特定的土地或农场，这个问题即使是在现在也仍然很难回答。在讨论不同的耕作制度之前，先回顾一下人们为什么开始耕地。耕作最初是由种植小麦、黑麦和大麦等小颗粒作物的农民进行的，主要分布在西亚（新月沃土）、欧洲和北非等地区。耕作主要是由于创造了适合作物幼苗生长的环境,从而大大提高了种子的发芽率;耕作还可以除去农田中的杂草,并刺激有机氮的矿化形成植物可利用的形式。松散的土壤提供了一个更有利的植物根系生长的环境,有利于幼苗的存活和植物的生长。通常,在机械化不够普及的地方主要是通过畜力牵引来完成这项艰巨的任务。有时,为了清除剩余的作物残茬和控制虫害,在作物收获后会将留在田间的秸秆焚烧。尽管这种耕作制度持续了几个世纪,但由于地表缺少了作物秸秆的覆盖而导致土壤的过度侵蚀,特别是在地中海地区,由此引发了广泛的土壤退化,随着气候越来越干燥,部分地区最终退化成沙漠。

美洲古代的农业系统中很少使用密集、费力的耕作方式来生产粮食,这是因为他们没有牛或马来从事艰苦的耕作工作。取而代之的是,早期的美国人采用直播的方式,或者用锄头挖出小土堆(山岭),使地表高低不平,这些做法非常适合种植玉米和豆类等种子颗粒较大、种植密度比谷类作物低的作物。在温带或湿润地区,地势较高的山丘上不会形成渍水,为作物提供了温度和水分优势。与在单一栽培中只种植一种谷物(小麦、黑麦、大麦、水稻)为基础的系统相比较,将两种或三种作物间作的方式,如北美的玉米、豆类和南瓜间作,可以减少耕作次数。与全田耕作相比,这种丘陵系统土壤一般不太容易受到侵蚀,但陡坡上的气候和土壤条件仍然经常造成很大程度的水土流失和土壤退化。

在南亚和东亚古代的水稻种植地区,常用稻田来控制杂草,并在土壤中形成一层密实的水层,以限制土壤中的水分向下流失。在土壤潮湿时即在塑性或液体稠度状态下,有时候会发生泥化过程,并会同时破坏土壤团聚体。这一农艺措施的目的是保证水稻在淹水条件下可以维持正常成长,特别是相对于相互竞争的杂草而言,因为水稻必须在平坦或梯田上种植,同时可在很大程度上控制径流发生,所以在稻田生态系统中几乎没有土壤侵蚀的发生。近年来,由于全层整体翻耕的方式更适合机械化作业,因而被普遍采用,而且随着时间的推移,一些传统的山地作物如玉米等,也变成了成行种植。犁是中国人在2500年前发明的一种耕作工具,在18世纪的英国,犁被重新设计成为一种更加有效的工具。应用犁翻耕耕作层土壤,可以将作物残茬、杂草和杂草种子充分翻转到土壤中,可以大幅度减少杂草种子发芽、控制杂草的生长。最初,这种方式的好处非常引人注目,其主要原因是使粮食的供应更加稳定,同时也促进了美洲新大陆的开拓。拖拉机等机械的发明和使用,使耕作变得更加容易,但也导致了更剧烈的土壤扰动,如果运用不当,将可能最终导致土壤退化。

新技术的发展和应用在很大程度上减少了对耕作的需要。例如,除草剂的发明,减少了用于控制杂草的土壤耕作;即使没有预先准备好苗床,新的播种机也能实现更好的播种,并将土壤改良剂、固态或液态肥料等直接注入或带施到土壤中。现在甚至有蔬菜移栽机,可以在免耕系统中提供紧密的土壤-根系间的接触。

虽然除草剂通常用于在种植作物之前杀死杂草，但农民和研究人员发现，通过适时割除杂草或碾压土壤，也可以实现对杂草的良好控制，大大减少了除草剂的需求量。如果有足够的覆盖作物生物量，应用草席作为杂草的有效屏障，几乎能够实现对杂草的完全控制。

机械化程度的提高、集约化耕作及水土流失等，使许多农业土壤退化，人们认为必须通过耕作才能暂时缓解。随着土壤团聚体的破坏，结壳和压实作用会使土壤"沉溺于"耕作，并导致土壤健康状况不断下降。除了有机生产系统（由于不使用除草剂而经常需要耕作）之外，有限耕作或免耕生产由于减少了劳动力等的投入，因而比传统耕作系统能产生更好的经济效益。然而，以正确的方式管理土壤，使少/免耕制度取得成功，达到既增加作物产量又确保土壤健康的目的，仍然是我们所面临的挑战。

耕作制度的分类通常是根据作物秸秆在土壤表面的残留量进行的。保护性耕作一般有 30% 以上的土壤表面覆盖着作物残茬，这一数量的地表残留物被认为可以显著减少表土的侵蚀（图 3-20）。减少耕作或免耕会留下更多的作物残茬，作物残茬在地表的覆盖又可以一定程度减少土壤侵蚀，如玉米比大豆产生更多的作物残茬，因而防治水土流失的效果也更好。当然，这种残茬覆盖量取决于收获后剩余的作物秸秆数量和质量，收获后的残留物会因作物和收获方法的差异而大不相同（谷物或青贮收获的玉米就是一个例子）。虽然残差覆盖对侵蚀潜力影响较大，但也受地表粗糙度、土壤疏松等因素的影响。耕作制度的另外一个分类是依据耕地全部耕作还是局部耕作。

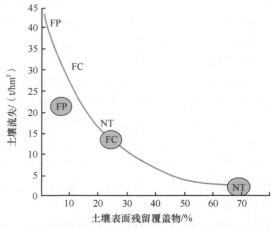

图 3-20　土壤表面残留覆盖物显著降低土壤侵蚀（彩图请扫封底二维码）

FP. 翻耕机；FC. 翻耕凿；NT. 免耕

二、常规耕作

采取整个地块统一耕作的传统耕作制度，通常包括使用重型耕作工具使土壤疏松，并在表面加入肥料、改良剂等农业投入品，然后进行一次或多次翻耕，以创建一个合适的种子萌发和幼苗生长的土壤环境。这种耕作方式主要采用的工具一般为模压板式犁、凿子和重圆盘（图 3-21，左），而次要的工具则包括精整圆盘（图 3-21，右）、齿耙、滚轮、封隔器、拖轮等。这种耕作制度一般收益良好，因为它们为种子萌发和作物生长创造了近乎理想的土壤条件（表 3-10）。

图 3-21　可用于一次和二次耕作的重盘犁（左图）及其土壤整理盘（右图）（图片由陕西农康农业机械装备制造有限公司提供）（彩图请扫封底二维码）

表 3-10　耕作方式的优点和局限性

耕作方式	优点	局限性
	全地块耕作	
铧式犁	便于肥料和改良剂渗入；掩埋表面杂草种子；使土壤迅速干燥；压实得到短暂缓解	使土壤裸露；破坏自然团聚体，有机质损失增加；通常导致地表结壳和加速侵蚀；形成犁底层；需要消耗大量能源
凿式犁	同上，但会留下一些地表残体	同上，但土壤结构破坏程度较轻；侵蚀、结壳更少；不形成犁底层；所需能源更少
圆盘耙（地）	同上	同上
	局部耕作	
免耕法	土壤扰动小；几乎不需要田间作业；所需能源少；提供最多的表面残体覆盖和侵蚀保护	施用肥料和改良剂更困难；潮湿的土壤在春天干燥和升温较慢；不能减轻压实

续表

耕作方式	优点	局限性
带耕	同上	同上，但压实得到缓解
垄耕	便于肥料和改良剂渗入； 有效控制杂草； 田埂上的种子区变干、变暖速度较快	很难与草皮型或窄行轮作作物配合使用； 需要调整轮距，以便在垄沟之间移动

资料来源：Magdoff and Van Es，2009

旋耕也是一种能源密集型的耕作方法，这种方法在土壤表面留下的残留物很少，一般需要多次二次耕作，同时倾向于在犁耕深度（通常为 6 ～ 8 英寸[①] 深）以下形成相对密集的平底层。然而，传统的旋耕通常是一种十分可靠的做法，大多数情况下作物能够健康生长。旋耕机这种工具的作用效果类似于滚筒，其耗能少，但会在地表留下更多的残留物。旋耕在耕作深度上的灵活性很大，一般从 5 ～ 12 英寸不等。

圆盘犁是一种主要的旋耕工具，有较重的型号，能达到 6 ～ 8 英寸深，但同时也有较轻的型号，可以进行较浅的耕作，并在耕地表面留下残留物。圆盘还会在底部形成耕作盘，通过不断磨碎土壤，有时可用作一次和二次耕作工具。这种耕作方式减少了耕作工具的前期投资，在一定程度上节省了成本，但从长远来看是不可持续的。

虽然全田耕作制度有其缺点，但也可以解决某些问题，如压实和高杂草压力。有机农场主认为模压耕作对于控制杂草及促进豆科作物氮素释放是必不可少的。以畜牧业为基础的农场通常使用犁来耕作，有助于实现从草皮作物到行间作物的轮作转换。

除了含有地表残留物外，采用集约二次耕作的全土层耕作方法还可能破坏天然土壤团聚体。粉化的土壤不易抵抗强降雨，缺乏秸秆等残留物导致土壤表面密封，从而可能产生径流和侵蚀，并在土壤干燥后形成坚硬的结壳。密集耕作的土壤在中到大雨后也会发生沉降，干燥后可能会"变硬"而形成闭塞，从而限制作物根系生长。全土层耕作系统可以通过使用工具来改进，如凿子等，这些工具会在表面留下一些作物的残留物，减少二次耕作还可获得必要的有机物质，如覆盖作物残渣、堆肥等。铲子也是一种常见的耕作工具，它与园林工具相类似，处理土壤时更加温和，并在表面留下更多的残留物或有机添加物。

---

① 1 英寸 = 2.54 cm

三、局部耕作或少免耕制度

这些制度的理念是，将耕作局限于植物周围的区域，不必干扰整个农田。免耕、少耕或条耕、垄作等耕作制度都符合这一理念。

（一）免耕

免耕通常是指仅在种子区附近非常狭窄和较浅的区域内使土壤松动，以减少土壤搅动、方便作物播种等。这种局部干扰通常是通过保育播种机（用于行间作物）或普通播种机（用于窄行作物；图 3-22）来完成的。该系统代表了传统耕作的最极端的例子，在防止土壤侵蚀和积累有机物方面是最有效的方式。很明显，在实行免耕之前，应该适当增加土壤有机质和养分的水平，减轻土壤的压实度。因为一旦决定免耕，便无法轻易改变土壤肥力或物理特性。所以，在转为免耕之前，需要先筑土并解决土壤压实问题，否则以后做这些就很困难了。

图 3-22　麦赛福格森 MF9510-20 免耕播种机（图片由麦赛福格森公司提供）（彩图请扫封底二维码）

免耕制度已成功地应用于不同气候区域的许多土壤中。表面残留物保护土壤免受侵蚀，并通过保护土壤免受极端低温和高温影响，使土壤中的生物活性提高。地表残留物的覆盖也减少了水分蒸发，结合植物更深的根系，从而能够降低作物对干旱的敏感性。这种耕作制度特别适用于质地粗糙的土壤（如沙粒和砾石）及排水良好的土壤，因为这些土壤往往较松软，不易压实。免耕系统下作物的初始产量有时会比传统耕作系统要低，其原因之一是免耕初期氮素的供应较差且利用率较低，了解了这些原因，就可以通过在过渡时期增加氮素的供应（如种植豆类、施用粪肥或化肥）来补偿。免耕对土壤的改良效果通常需要几年的时间才能表现出来，之后它们的产量甚至会超过传统耕作土壤。这种转变可能具有挑战性，因为如果土壤已经退化和压实，从传统耕作到免耕的彻底转变则很可能会导致失败。

由于不耕作，播种、压实和杂草控制等措施就变得更加关键。免耕播种机和钻头是一种十分先进的工程设备，一般需要坚固耐用且能够适应不同的土壤条件，同时能够精确地在指定的土壤深度播种。自从 Jethro Tull's 的早期播种机问世以来，该项技术已经取得了长足的进步，尤其是在过去的几十年里，免耕土壤的质量随着时间的推移而提高。如表 3-11 所示，该表比较了美国纽约州一项试验中经过 32 年犁翻和免耕后的物理、化学和生物学等土壤健康指标。免耕对物理指标的有益影响是相当一致的，特别是在团聚体稳定性方面；免耕对土壤生物指标同样较有利，实行免耕的土壤有机质含量比犁翻高 35%；而免耕除了降低 pH，使早期硝酸盐浓度增加 54% 外，对土壤化学性质的影响不明显。其他试验也表明，长期少耕可提高有机质的氮素利用率，显著节约肥料的投入量。

表 3-11　32 年犁翻和免耕玉米生产对土壤健康相关指标的影响

土壤健康指标	犁耕	免耕
物理指标		
团聚体稳定性 /%	22	50
*体积密度 /（g/cm^3）	1.39	1.32
*穿透阻力 /psi[①]	140	156
渗透率 /（mm/h）	2.1	2.4
植物可用水容量 /%	29.1	35.7
渗透能力 /（mm/h）	1.58	1.63
化学指标		
早期硝酸盐 /（lb/acre）	13	20
磷 /（lb/acre）	20	21
钾 /（lb/acre）	88	95
镁 /（lb/acre）	310	414
钙 /（lb/acre）	7172	7152
*pH	8.0	7.8
生物指标		
有机质 /%	4.0	5.4
纤维素分解速率 /（%/ 周）	3.0	8.9
潜在可矿化氮 /［μg/(g·周)］	1.5	1.7
易提取的球囊霉素 /（mg/g soil）	1.2	1.7
球囊霉素总量 /（mg/g soil）	4.3	6.6

注：表中带 * 指标，值越小表示土壤越健康；其他指标值越大表示越健康
①1 psi = 6.894 76×10^3 Pa
资料来源：Moebius-Clune et al.，2008

（二）局部耕作、条耕和垄作

　　局部耕作、条耕和垄作制度一般适用于 30 英寸或更大间距的宽行作物。这些耕作方式是沿着植物行的狭长地带扰动土壤，从而避免大部分土壤表面受到干扰。在美国，区域耕作可能涉及区域生成器（图 3-23，左）的使用，它形成了一个延伸到底土（12 ～ 16 英寸）的松散条带。这种"垂直耕作"方式促进了根系的生长和水分的运动。安装有多个带槽的犁刀的作物播种机，可以形成一个约 6 in 宽 4 in 深的优良苗床，并使用垃圾轮将残渣移出耕作的行内。局部耕作对土壤质量的改善作用类似于免耕，但其能耗比免耕要高。对于存在压实问题的土壤（如接受液态肥料的田地或土壤易受压实影响时收获作物的田地），以及潮湿和寒冷气候条件下的土壤，局部耕作通常比严格的免耕制度更受欢迎。因为这些土壤中需要清除行中的残余物来提高地温。条耕也使用了类似的方法，但耕作柄较浅（通常为 8 in），因此在一定程度上降低了能耗。在温带气候条件下，通常在秋播前进行局部耕作和条耕以使土壤稳定，一些农民还可以在耕作作业中配合施用化肥。当不需要更深的耕作时，区域播种机也可以作为单通道系统使用。

图 3-23　2BJM-2 型免耕精量播种机及作业效果（图片由农机通提供）（彩图请扫封底二维码）
可在未耕地或有作物残茬覆盖的土地上一次完成圆盘开沟、侧深施肥、波纹圆盘破茬、精量播种、压种接墒、镇压覆土等作业，适合旱地作物区玉米和大豆的免耕播种，是土壤保护性耕作的理想机具。右图：条播也会导致耕作范围狭窄，使大部分土壤表面不受干扰

　　垄作（图 3-24）结合了有限的耕作和垄上作业。这个系统更适合于寒冷和潮湿的土壤，因为垄为作物幼苗提供了一个更加温暖和更好的排水环境。起垄作业可以与机械除草相结合，并允许同时施用除草剂。垄作通常会降低化学除草的成本，使除草剂的使用量减少约 2/3。在蔬菜系统中，经常使用凸起的苗床——基本上是宽的垄，它也可提供更好的排水和更高的温度。

图 3-24 垄作及在垄上种植作物（图片由郭瑞提供）（彩图请扫封底二维码）

四、耕作制度的选择

耕作制度的选择取决于气候、土壤、作物类型及农场生产的目标。以下提供了一些一般性的准则。传统的谷物和蔬菜种植制度在采用少耕方面具有很大的灵活性，因为它们较少受到重复施肥（牲畜养殖需要）、机械除草或轮作作物管理（有机农场需要）的限制。从长远来看，有限的扰动和残茬覆盖可以改善土壤健康状况，减少土壤侵蚀，提高农作物的产量。这些制度的一个消极方面是过渡期，以及杂草谱从一年生植物到多年生植物的变化。这可能需要较长的时间、有效控制杂草的方法。少耕和覆盖作物结合使用，常常有助于减少杂草的发生。这样持续几年后，杂草压力通常会显著降低，特别是在多年生植物得到控制的情况下更是如此。地膜覆盖作物，以及新设计的机械耕作机等，均有助于在高残留系统中有效地控制杂草的生长。一些有创新精神的农民，将免耕和覆盖作物结合使用，其中覆盖作物被割下或卷成一层厚厚的覆盖物。

农民需要注意少耕可能会造成土壤压实的问题。如果在压实土壤上采用严格的免耕制度，特别是在中等或细密质地的土壤上实行免耕，可能会发生严重的减产现象。与在未压实土壤的生长能力相比，致密土壤的有效水含量范围相对较窄，植物根系通常难以很好地生长。当紧实的土壤完全干燥时，树根很难穿过土体；而当紧实的土壤变得潮湿时，根部的空气会更加稀少。生长在压实土壤上的作物，在土壤潮湿时更容易受到通气不足的影响，在干旱时又更容易受到根系生长受限和干旱胁迫等的影响。因此，压实会减少植物生长，从而使作物更容易受到病虫害压力。在结构较差的土壤中，诸如分区建造器、条播机和分区耕作机等工具在保持土壤表面不受扰动的同时，缓解了连续压实所带来的不利影响。随着时间的推移，土壤结构会得到改善，除非在其他田间作业中发生了第二次压实；垄作或垫层可以缓减排水不及时对作物产生的不利影响，因为较弱的幼苗根系生长需要一定量的氧气。

对于有机农场来说，减少耕作是具有挑战性的，全土层耕作可能是十分必要的，用机械控制杂草，并同时施入化学肥料和堆肥。毕竟，有机农产品生产的两大挑战是杂草控制和氮素缺乏。因此，在易受侵蚀的土地上进行有机耕作需要权衡利弊。利用多年生作物轮作、较温和的耕作方法（如铲子和垄架）及现代播种机，可以减少土壤侵蚀，建立有利于作物生长的土壤环境，而无须进行过度的二次耕作。由于在耕地中输入了大量的有机物质，因此，有机农场的土壤结构往往更容易维护。

以牲畜为基础的农场面临着在土壤中施用化学肥料或堆肥的特殊挑战。为了避免氮素大量挥发，以及磷和病原体在土壤径流中的流失，通常需要采用某种混合的耕作管理方式。通过一些耕作方式的改变，使从草皮到行间作物的转变往往也变得更加容易。这样的农场仍然可以使用带状和条状耕作的方式注入化学肥料，在减少土壤扰动的同时减轻土壤的压实度。与有机农场一样，畜牧业发展由于增加了肥料和堆肥的供应，所以使周边施用畜禽粪便土壤的健康程度也变得更高了。

五、耕作方式的更替

耕作计划不需要严格执行。局部耕作、条耕或免耕的田地，有时可能需要全土层耕作的通道，以缓解土壤压实。但耕作方案的改变一般应该限定在较小的区域。虽然灵活的耕作方案有许多好处，但耕作很容易破坏多年免耕管理形成的良好土壤结构。因此，在耕作方式更替时，往往需要进行科学的论证。

六、田间作业时间

耕作制度能否取得成功，在很大程度上取决于许多因素的影响。例如，减少耕作次数，特别是在过渡初期，可能需要更多地关注氮素管理（通常最初需要更高的比率，最终需要更低的比率），以及杂草、昆虫和病害等的控制。此外，耕作系统的最终效果也会受到田间作业时间等多方面因素的影响。如果是在土壤湿度较大（当土壤含水量超过塑限）的时候耕作或种植，土壤过厚和种子放置不良时，可能会对种子发芽或作物生长产生不利影响，并进而影响作物的产量。

当土壤过于干燥时，一般不建议从事耕作活动，因为此时土壤过于坚硬，土块较大，而且部分细微黏粒的扬起可能会产生过多的灰尘，尤其是在压实的土壤上进行耕作时更是如此。理想的耕作条件通常发生在土壤经过几天的自由排水和蒸发后，此时土壤湿度适中，不会产生扬尘，且耕作后土壤结构保持较好，也更有利于土壤保水保肥。

由于土壤压实可能会影响少耕方式的成功实施，因此需要一种全系统的土壤管理方法。例如，使用重型设备进行收割作业的免耕系统，只有在能够将其实施时间限制在相对干旱的条件下，或田间有固定车道的情况下才能取得较好的效果。如果重型收割设备使用固定的车道，即使使用区域耕作方法也能更好地发挥出其效果，反之则会对土壤结构造成不良影响，或使土壤压实等。

降低耕作强度可以在多方面改善土壤的团粒结构，减少土壤压实等。在地表保留更多的农作物残留物，可以减少地表径流发生、有效控制土壤侵蚀；而减少土壤扰动，则可以保护蚯蚓洞和已有的根系通道，这些大的孔隙可以在一定程度上减缓暴雨引起的土壤侵蚀。减少土壤耕作有许多种选择，而且也有许多可用的设备来帮助农民取得成功，种植农作物或覆盖农作物秸秆、减少耕作次数就是一个成功的组合，这种组合能够提供快速的土壤表面覆盖，并有助于控制杂草的生长。

第五节　土壤污染物管理

随着现代工业发展，特别是采矿业规模不断扩大，通过多种途径向农业生态系统中排放的污染物也呈逐年增加的趋势，导致污染物在土壤中累积甚至超标，严重威胁农产品安全生产，也严重影响了土壤的健康状况。因此，有效控制污染物进入土壤和农田生态系统，避免土壤污染物含量超标，不仅是确保农产品安全生产和农业生态环境安全的重要内容，同时也是确保土壤健康的必然要求。

一、土壤污染

土壤在很多时候会受到来自外部的各种化学物质的污染，这些污染物包括石油、汽油、农药、各种工业化学品及采矿废料（图 3-25），同时也包括各种有机或复合型污染物，如抗生素、六六六、滴滴涕、多环芳烃等。在过去较长时间内，这些类型的污染物往往是通过倾倒在土壤表面或通过掩埋在土壤中来处理。在城镇及城市郊区，由于近几十年来大量使用含铅涂料等物质，加上汽车尾气排放量大等原因，土壤铅污染的现象普遍存在。铅和其他污染物，使创建城市花园成为真正的挑战。通常，如果将新的干净土壤与大量的堆肥相混合，并置于固定的苗床上，由于堆肥中可能含有较多的污染物质，因此，植物根系就可能生长在被污染的土壤上。具有污水污泥应用历史的地区，农业土壤可能已经吸收了大量的重金属如镉、锌、铬等，以及污泥中所含的各种抗生素和持久性有机物，部分农田土壤中重金属等污染物的含量甚至超标，严重影响了农产品安全生产，也制约了土壤健康和农业可持续发展。目前修复污染土壤的方法很多，如添加肥料或各种改良剂、种植某些对污染物具有低吸收作用的作物，或者应用能将有机污染物分解为无毒物质的微生物等，均可以在污染土壤修复中发挥应有的作用。此外，一些植物对土壤中的重金属等物质具有特别强的吸收和富集能力，因此也常被用来清洁被污染的土壤。

图 3-25　广西某地上游工矿活动废水废渣堆放影响周边农田及居民身体健康（图片由苏世鸣提供）（彩图请扫封底二维码）

农田土壤由于受到化学物质的污染，从而可能会对农作物生长和产量产生不利影响。农田中重金属、持久性有机物、农膜等的累积，都是当前影响土壤健康与农业可持续发展的重要原因。此外，在我国干旱和半干旱地区，土壤盐分含量较高导致的盐渍化土、钠含量过高的盐碱土等问题，均属于本节主要讨论的问题。根据国家环境保护部、国土资源部 2014 年发布的《全国土壤污染状况调查公报》，我国土壤环境状况总体不容乐观，部分地区土壤污染较严重，土壤环境质量堪忧，全国土壤中污染物的总点位超标率为 16.1%，其中轻微、轻度、中度和重度污染点位的比例分别为 11.2%、2.3%、1.5% 和 1.1%，污染类型以无机型为主、有机型次之，复合型污染的比重较小，无机污染物超标点位数占全部超标点位数的 82.8%。实际上，根据公报的结果，我国耕地土壤的污染物点位超标率甚至达到 19.2%，高于全国土壤的点位超标率，这与农田高投入、高强度利用等是密切相关的。而对于盐渍化土壤而言，据不完全统计，盐碱地遍及全球六大洲的 30 多个国家和地区，总面积约 9.55 亿 hm^2，折合 142 亿亩。我国现有盐碱化土地面积 14.87 亿亩，其中可利用盐碱地总面积近 3 亿亩，包括盐碱耕地 1.14 亿亩、占可利用盐碱地总面积的 38.13%，盐碱荒地 1.85 亿亩、占可利用盐碱地总面积的 61.87%。

二、农田土壤中污染物的来源

根据第一次全国污染源普查公报结果，工业废弃物排放是我国农田土壤重金属的主要来源，也是导致农田污染的重要原因。工业废弃物排放具有排放量大、浓度高、危害严重等特点，导致环境特别是水体和土壤重金属污染的事件经常发生。据公报的相关结果，全国工业废气年产生和排放量均为 612 275.17 亿 m³，工业废气中二氧化硫排放量 2119.75 万 t、烟尘 982.01 万 t、氮氧化物 1188.44 万 t、粉尘 764.68 万 t；工业废水的年产生量为 738.33 亿 t，年排放量为 236.73 亿 t，约为产生量的 1/3。工业废水中化学需氧量排放量达 564.4 万 t、氨氮 20.8 万 t、石油类 5.5 万 t、挥发性酚 0.7 万 t、重金属 0.09 万 t；我国工业固体废物年产生量 38.52 亿 t，综合利用量 18.04 亿 t，处置量 4.41 亿 t，倾倒丢弃量 4914.87 万 t。

表 3-12 为农业不同来源污染物排放量状况。据有关数据，我国年出栏猪 6.8 亿头、牛 0.6 亿头、羊 3.3 亿只、家禽 101.8 亿只；由此年产生粪便 2.43 亿 t、尿液 1.63 亿 t。每年秸秆的产量约 7 亿 t，30% 以上被废弃或焚烧。有机肥、化肥、农药是农业源污染物排放的重要来源。我国化肥施用量 350 kg/hm²，约为世界平均的 3.5 倍，氮磷钾三要素比例为 1∶0.33∶0.20。从全国来看，有近 20% 的地区化肥施用过量，仅 31% 的地区基本平衡，化学农药使用量 131.2 万 t，单位面积用量在 10 kg/hm² 以上，已远超世界平均水平。

表 3-12　不同来源污染物排放量（第一次全国污染源普查公报）

项目	化学需氧量		总氮		总磷		Cu/t	Zn/t
	数量/万 t	比例/%	数量/万 t	比例/%	数量/万 t	比例/%		
全国	3029	—	473	—	42.3	—	—	—
农业	1324	43.7	270.5	57.2	28.5	67.4	2452	4863
养殖业	1268	41.9	102.5	21.7	16.0	37.8	2397	4757

部分有机肥中多种重金属元素超标是导致我国农田土壤重金属累积乃至超标的重要原因。以镉元素为例，根据宋姿蓉等（2019）在相关地区的调查发现（表 3-13），猪粪中全镉含量范围在 0.06 ～ 2.75 mg/kg，鸡粪中全镉含量范围为 0.04 ～ 1.48 mg/kg，牛粪中全镉含量范围为 0.10 ～ 1.67 mg/kg，全镉含量猪粪中明显高于鸡粪、牛粪中等，且不同样品中全镉含量变化较大。大量施用畜禽粪便可能是造成农田土壤重金属累积的重要原因之一，但需要区别对待不同来源的畜禽粪便。另外，磷肥、复合肥中重金属含量较高，特别是进口磷肥、复合肥中的含量较高，也可造成农田土壤中重金属的累积。可以预期，如果不加以严格控制和监管，未来中国农用化学品使用对环境的影响将会十分严峻、面源污染等的治理难度要远远超过发达国家。

表 3-13　不同来源粪肥中重金属镉含量状况

肥料种类	含量变化范围/（mg/kg）	中值/（mg/kg）	平均值/（mg/kg）	标准差/（mg/kg）	变异系数
猪粪（n=122）	0.06 ～ 2.75	0.73	0.83	0.62	75.05
鸡粪（n=13）	0.04 ～ 1.48	0.19	0.35	0.4	116.2
牛粪（n=17）	0.10 ～ 1.67	0.16	0.37	0.43	115.54

三、农田土壤污染物的输入与阻控

从源头上阻控污染物进入农田，是遏制农田土壤污染物进一步增加和累积的必要措施，同时也是开展已污染农田修复或风险管控的重要前提。对于污染物来源不同的农田，其源头管控措施和技术可能会截然不同。例如，以矿区周边污染农田为例，通过对进入农田的矿渣、废水等污染物进行处置，停止采矿等活动减少污染物的再排放，是该类农田必须采取的重要措施；而对于农业生产活动导致的农田污染物累积，可通过对所施用的有机肥、农药、化肥等农业投入品进行监测，进而确定造成土壤污染的主要投入品类型。另外，还可以根据污染物在农田生态系统中输入与输出的平衡，即通过计算随肥料等农业投入品进入农田的重金属通量和随作物收获等途径输出的通量，进而确定保证该农田维持当下重金属含量状况时，肥料等农业投入品中重金属含量限值；或者，可通过基于环境容量开展输入阈值的计算，即基于当前污染物含量状况和允许的土壤污染物含量水平，计算在某种施肥量水平下该投入品中的重金属含量限值。以2016～2019年苏世鸣等在河北青县等地设施大棚内开展的不同作物吸收镉量、作物产量、有机肥施用情况等调查结果为例，通过计算重金属输入与输出平衡量，获得了可用于种植作物为叶菜类时，设施菜地的肥料中重金属的输入阈值；经环境容量控制计算，获得了可用于种植作物为瓜果类时，设施菜地的肥料中重金属的输入阈值，通过从源头对重金属输入进行控制，可有效遏制设施农田重金属风险增加（表3-14和表3-15）。

表3-14　基于重金属输入与输出平衡条件下叶类作物肥料中重金属输入阈值

示例作物	单株 Cd 含量 / (mg/kg)	每亩 Cd 移除量 / (mg/kg)	不同猪粪用量下 Cd 输入阈值 / (mg/kg)			商品有机肥施用 Cd 阈值 / (mg/kg)
			2100 kg (3方)	2800 kg (4方)	3500 kg (5方)	775 kg
白菜（两茬）	0.04	240	0.228	0.171	0.137	0.309
芝麻菜（两茬）	0.126	378	0.36	0.27	0.216	0.488

表3-15　基于环境容量控制的瓜果类蔬菜肥料中重金属输入阈值（以两季黄瓜为例）

参考污染等级	参考标准 / (mg/kg)	设定 Cd 本底 / (mg/kg)	粪肥用量						商品有机肥用量		
			1000 kg（干重）			2000 kg（干重）			1000 kg（干重）		
			20 年	30 年	50 年	20 年	30 年	50 年	20 年	30 年	50 年
清洁	< 0.28	0.2	0.64	0.44	0.28	0.32	0.22	0.14	0.64	0.44	0.28
尚清洁	0.28 ～ 0.4	0.28	0.94	0.64	0.40	0.47	0.32	0.20	0.94	0.64	0.40
超标	0.4 ～ 0.8	0.4	3.04	2.04	1.24	1.52	1.02	0.62	3.04	2.04	1.24
严重超标	> 0.8	0.8	6.04	4.04	2.44	3.02	2.02	1.22	6.04	4.04	2.44

四、盐碱土

干旱和半干旱地区存在特殊的土壤问题，包括盐分含量较高的土壤（称为盐渍土）和钠含量过高的土壤（称为钠质土）。这两种问题同时出现，就形成了盐碱土。盐渍土通常具有良好的肥力，但由于土壤中盐分含量过高抑制了作物吸收水分，因此作物通常无法获得所需水分。钠质土的物理结构往往很差，因为高钠水平会使土壤颗粒分散，导致土壤团聚体解体。此外，由于压实和曝气的减少，这些土壤不再适于植物生长。当土壤表层或亚表层中（一般厚度为 20 ~ 30 cm）水溶性盐类累积量超过 0.1% 或 0.2%（100 g 风干土中含 0.1 g 水溶性盐类，或在富含石膏情况下含 0.2 g 水溶性盐类），或土壤碱化层的碱化度超过 5%，就属盐碱土范围。按照土壤含盐量，盐碱地可分为轻度、中度、重度 3 种类型，一般轻度盐碱地土壤含盐量为 0.1% ~ 0.3%，中度为 0.3% ~ 0.6%，重度为大于 0.6%。轻度盐碱地可使作物较正常条件下减产 5% ~ 10%，中度盐碱地可使作物减产 11% ~ 20%，重度盐碱地可使作物减产 30% 以上。

钠质土的团聚体在饱和时分散开，然后固体颗粒以单个颗粒的形式沉降，使得土壤非常密实（图 3-26）。当钠质土质地细密时，这种不良的土壤结构在排水、出苗及根系发育过程中会造成严重的问题。在种植作物之前，像这样的土壤必须进行整治。此外，土壤中阳离子的离子强度也会影响团聚体的稳定性。一些人认为，镁、钙比例高的土壤，往往具有较弱的团聚体，而且施钙对土壤团聚体的形成有利，然而这种说法并无依据，除非是在极特殊的情况下。

图 3-26　盐碱土以单个颗粒的形式沉降使得土壤非常密实（图片由新疆农业科学院唐光木博士提供）（彩图请扫封底二维码）

中国有大量盐碱化土地，主要分布在青海、内蒙古、新疆、黑龙江、新疆兵团、甘肃 6 个省（自治区、生产建设兵团），这 6 个省（自治区、生产建设兵团）盐碱地面积均在 2000 万亩以上，占盐碱地总面积的 78.07%。目前，我国现有耕地中盐碱地约有 1.1 亿亩，另外还有 1.8 亿多亩可开垦的盐碱荒地。我国的松嫩平原更是世界三大片苏打盐碱地集中分布区之一，盐碱草地面积达到了 2.4 万 hm²，大约占了松嫩平原 2/3 的草原面积。从不同等级盐碱耕地及可开垦盐碱地盐碱化程度看，全国轻度盐碱地面积约 1 亿亩、占盐碱地总面积的 33.17%，中度盐碱地面积 1.05 亿亩、占盐碱地总面积的 35.15%，重度盐碱地面积 0.95 亿亩、占盐碱地面积的 31.67%，即中、轻、重三种程度盐碱地面积各 1 亿亩。

按照盐碱地分布地区的土壤类型、气候条件等环境因素及成因，大致可将我国盐碱地分为滨海盐碱区、黄淮海平原盐碱区、东北松嫩平原盐碱区、西北内陆荒漠及荒漠草原盐碱区 4 种类型区（表 3-16）。

表 3-16　全国盐碱地分布　　　　　　　　（单位：万亩）

盐碱地区域	盐碱地	盐碱耕地	盐碱荒地
滨海盐碱区	2 231.14	1 415.14	809.39
黄淮海平原盐碱区	1 852.61	1 450.97	407.28
东北松嫩平原盐碱区	4 700.45	3 200.38	1 500.89
西北内陆荒漠及荒漠草原盐碱区	18 987.81	4 416.68	14 571.15
合计	29 895.95	11 415.01	18 480.94

近年来，土壤盐碱化问题已逐步成为限制我国农业经济发展和影响生态环境的重要因素，因此，恢复及合理开发利用这些盐碱化土地资源，是保证我国农业可持续发展的重要途径之一，也对改善生态环境、推动区域经济和生态协调可持续发展具有重大意义。根据土壤中所含盐分的特点，可将盐碱土分为盐土和碱土两大类，其中最主要的致害离子为 Na^+、Cl^-、HCO_3^- 和 CO_3^{2-}，这些离子对植物生长的影响除了直接的胁迫效应外，还包括这些离子之间十分复杂的相互作用。大多数内陆盐碱土地既包含中性盐又包含碱性盐，生长在这些碱化土壤上的植物，同时面临渗透胁迫、盐胁迫、高 pH 及胁迫离子间的交互抑制作用等多重复杂的胁迫作用，从而严重影响植物的生长。

尽管有些土壤是天然盐渍土或钠质土或两者兼而有之，但使表层土壤受到盐分和钠污染的途径也有很多。当使用含有大量盐分的灌溉水而无额外的水来淋洗盐分时，盐分的累积就会形成盐渍土。此外，长期使用钠含量较高（相对于钙和镁）的灌溉水，会形成钠质土。过度灌溉，通常伴随洪水或沟灌发生，可将地下水位提高到地表 2 ～ 3 ft，从而造成表土盐碱化问题。浅层地下水可以通过毛细作用移动到地表，在地表水分蒸发，而盐分残留在土壤表层。有时，半干旱地区休耕期间积累的多余水分会导致农田渗漏，其中钠含量很高的咸水流入地表，形成盐渍斑块。盐渍土：土壤提取物的电导率大于 4 ds/m，足以危害敏感作物。钠质土：钠占阳离子交换容量（CEC）的 15% 以上。在某些钠含量更高的土壤中，土壤结构会显著恶化。

  钙、镁、钾和其他阳离子的盐及常见的带负电荷的阴离子氯化物、硝酸盐、硫酸盐和磷酸盐存在于所有土壤中。然而，在湿润和半湿润气候的土壤中，每年有 1～7 in 多的水会渗透到根部以下，所以盐分通常不会积累到对植物有害的程度。即使使用了大量的肥料，盐也只有在与种子或植物大面积直接接触时才会成为问题。盐分问题经常发生在温室盆栽混合物中，因为种植者经常用含有肥料的水浇灌温室植物，而且不用足量的水从盆栽中滤出累积的盐分。

主要参考文献

曹红雨, 高广磊, 丁国栋, 赵媛媛, 王岳, 李旭. 2017. 木兰围场典型林分土壤健康评价研究. 山西农业大学学报（自然科学版）, 37(10): 713.

曹云者, 韩梅, 夏凤英, 颜增光, 周友亚, 郭观林, 李发生. 2010. 采用健康风险评价模型研究场地土壤有机污染物环境标准取值的区域差异及其影响因素. 农业环境科学学报, 29(2): 270-275.

董莉丽, 郑粉莉. 2009. 土地利用类型对土壤微生物量和有机质的影响. 水土保持通报, 29(6): 14-19.

耿玉清, 余新晓, 孙向阳, 陈峻崎, 姚永刚. 2007. 北京八达岭地区油松与灌丛林土壤肥力特征的研究. 北京林业大学学报, 29(2): 50-54.

韩伟, 王玉江, 孙东文. 2010. 微波、臭氧和 EM 菌处理对温室土壤健康和线虫的影响. 中国果菜, 8(8): 14-20,25.

侯美亭. 2011.《土壤健康与气候变化》评介. 气象科技进展, 1(2): 62.

李倩. 2016. 浅析影响土壤健康的六大因素. 农业科技与信息, 483(10): 72.

刘欢欢, 董宁禹, 柴升, 王枫, 刘涛, 蒋士君. 2015. 生态炭肥防控小麦根腐病效果及对土壤健康修复机理分析. 植物保护学报, 42(4): 504-509.

刘长海, 骆有庆, 陈宗礼, 廉振民. 2007. 土壤动物群落生态学与土壤微生态环境的关系. 生态环境学报, 16(5): 1564-1569.

漆良华, 张旭东, 孙启祥, 周金星, 张建锋, 刘国华, 李冬雪. 2007. 土壤 - 植被系统及其对土壤健康的影响. 世界林业研究, 20(3): 1-8.

任丽娜, 王海燕, 丁国栋, 于洋, 孙嘉, 张佳音, 高广磊. 2010. 华北土石山区人工林土壤健康评价研究. 水土保持学报, 24(6): 46-52,59.

宋姿蓉, 俄胜哲, 袁金华, 贾武霞, 曾希柏, 苏世鸣, 白玲玉. 2019. 不同有机物料对灌漠土重金属累积特征及作物效应的影响. 中国农业科学, 52(19): 3367-3379.

孙嘉, 王海燕, 丁国栋, 于洋, 任丽娜, 梁文俊. 2011. 不同密度华北落叶松人工林土壤理化性质研究. 林业资源管理, 1: 62-66.

万丽. 2017. 保护性耕作在培育健康土壤中的作用. 农业科技与装备, 271(1): 87-88.

魏婉, 宋丁全, 周伟, 关庆伟, 谢玉俊, 李朝, 董鹏, 张昊楠. 2010. 徐州石灰岩山地不同植被恢复模式对土壤健康的影响. 江苏林业科技, 37(3): 1-5.

杨双剑. 2014. 有机施肥模式对植烟土壤微生态的调控研究. 中国农业大学博士学位论文.

张立功. 2019. 培养健康土壤的核心：免耕＋生草＋覆盖作物＋利用微生物. 果农之友, 5: 34-36.

周健民. 2015. 浅谈我国土壤质量变化与耕地资源可持续利用. 中国科学院院刊, 30(4): 459-467.

周丽霞, 丁明懋. 2007. 土壤微生物学特性对土壤健康的指示作用. 生物多样性, 2(2): 162-171.

周启星, 滕涌, 展思辉, 佟玲. 2014. 土壤环境基准／标准研究需要解决的基础性问题. 农业环境科学学报, 33(1): 1-14.

Bai Z, Creamer R E, Brussaard L, Sukkel W, De Goede R, Pulleman M, Van Groenigen J W, Mäder P, Bongiorno G, Geissen V, Fleskens L, Kuyper T W, De Deyn G, Bünemann E K. 2018. Soil quality—A critical review. Soil Biology and Biochemisty, 120(1): 105-125.

Bell M J, Stirling G R, Pankhurst C E. 2007. Management impacts on health of soils supporting Australian grain and sugarcane industries. Soil & Tillage Research, 97(2): 256-271.

Beyer W N. 2001. Estimating toxic damage to soil ecosystems from soil organic matter profiles. Ecotoxicology, 10(5): 273-283.

Bonilla N, Gutierrezbarranquero J A, De Vicente A, Cazorla F M. 2012. Enhancing Soil Quality and Plant Health Through Suppressive Organic Amendments. Diversity, 4(4): 475-491.

Cano A M, Nunez A, Acostamartinez V, Schipanski M E, Ghimire R, Rice C W, West C P. 2018. Current knowledge and future research directions to link soil health and water conservation in the Ogallala Aquifer region. Geoderma, 328: 109-118.

Carter M R, Kunelius H T, Sanderson J B, Kimpinski J, Platt H W, Bolinder M A. 2003. Productivity parameters and soil health dynamics under long-term 2-year potato rotations in Atlantic Canada. Soil & Tillage Research, 72(2): 153-168.

Coyne M S. 2004. Soil Mineral-organic matter-microorganism interactions and ecosystem health. Journal of Environmental Quality, 33(4): 1582.

Derner J D, Stanley C, Ellis C. 2016. Usable science: soil health. Rangelands, 38(2): 64-67.

Frost P S D, Van Es H M, Rossiter D G, Hobbs P, Pingali P. 2019. Soil health characterization in smallholder agricultural catchments in India. Applied Soil Ecology, 138: 171-180.

Gergeni T, Scasta J D. 2019. Are SSURGO organic matter estimates reliable for cold arid steppes? Implications for rangeland soil health. Arid Land Research and Management, 33(4): 468-475.

Horrocks C A, Arango J, Arevalo A, Nunez J, Cardoso J A, Dungait J A J. 2019. Smart forage selection could significantly improve soil health in the tropics. Science of Total Environment, 688: 609-621.

Karlen D L, Ditzler C A, Andrews SS. 2003. Soil quality: why and how? Geoderma, 114: 145-156.

Magdoff F. 2001. Concept, components, and strategies of soil health in agroecosystems. Journal of Nematology, 33(4): 169-172.

Magdoff F, Van Es H. 2009. Building Soils for Better Crops: Sustainable Soil Managment. Third Edition. Waldorf: Sustainable Agriculture Research and Education.

Michael P S. 2019. Roles of *Leucaena leucocephala* (Lam.) on sandy loam soil pH, organic matter, bulk density, water-holding capacity and carbon stock under humid lowland tropical climatic conditions. Bulgarian Journal of Soil Science, 4(1): 33-45.

Moebius-Clune B N, van Es H M, Idowu O J, Schindelbeck R R, Moebius-Clune D J, Wolfe D W, Abawi G S, Thies J E, Gugino B K, Lucey R. 2008. Long-term effects of harvesting maize Stover and tillage on soil quality. Soil Science Society of America Journal, 72 (4): 960-969.

Oldfield E E, Bradford M A, Wood S A. 2019. Global meta-analysis of the relationship between soil organic matter and crop yields. Soil, 5(1): 15-32.

Rao P C, Padmaja G. 2016. Soil quality and enhanced productivity through soil organic matter. International Journal of Economic Plants, 3(3): 117-119.

Reeves J, Cheng Z, Kovach J, Kleinhenz M D, Grewal P S. 2014. Quantifying soil health and tomato crop productivity in urban community and market gardens. Urban Ecosystems, 17(1): 221-238.

Rottler C, Brown D P, Steiner J L. 2017. Agricultural management impacts on soil health: Methods for large spatial scales. Agricultural & Environmental Letters, 2(1): 170034.

Saha R, Chaudhary R S, Somasundaram J. 2012. Soil Health Management under Hill Agroecosystem of North East India. Applied and Environmental Soil Science, 2012: 1-9.

Shah A N, Tanveer M, Shahzad B, Yang G, Fahad S, Ali S, Bukhari M A, Tung S A, Hafeez A, Souliyanonh B. 2017. Soil compaction effects on soil health and cropproductivity: an overview. Environmental Science and Pollution Research, 24(11): 10056-10067.

Stazi S R, Mancinelli R, Marabottini R, Allevato E, Radicetti E, Campiglia E, Marinari S. 2018. Influence of organic management on As bioavailability: soil quality and tomato As uptake. Chemosphere, 211: 352-359.

Topp G C, Wires D A, Aangers M R. 1995. Changes in soil structure// Acton D F, Gregorich L J. Health of Our Soils: Toward Sustainable Agriculture in Canada. Ottawa: Agriculture and Agri-Food Canada.

Urra J, Alkorta I, Garbisu C. 2019. Potential benefits and risks for soil health derived from the use of organic amendments in agriculture. Agronomy, 9(9): 542.

Van Bruggen A H C, Sharma K, Kaku E, Karfopoulos S, Zelenev V V, Blok W J. 2015. Soil health indicators and Fusarium wilt suppression in organically and conventionally managed greenhouse soils. Applied Soil Ecology, 86: 192-201.

Van Geel M, Yu K, Peeters G, Van Acker K, Ramos M, Serafim C, Kastendeuch P, Najjar G, Ameglio T, Ngao J. 2019. Soil organic matter rather than ectomycorrhizal diversity is related to urban tree health. PLoS One, 14(11): e0225714.

Wade J, Maltaislandry G, Lucas D E, Bongiorno G, Bowles T M, Calderon F J, Culman S W, Daughtridge R, Ernakovich J G, Fonte S J. 2020. Assessing the sensitivity and repeatability of permanganate oxidizable carbon as a soil health metric: An interlab comparison across soils. Geoderma, 366: 114235.

Wander M M, Cihacek L J, Coyne M S, Drijber R A, Grossman J M, Gutknecht J L M, Horwath W R, Jagadamma S, Olk D C, Ruark M D. 2019. Developments in agricultural soil quality and health: reflections by the research committee on soil organic matter management. Frontiers in Environmental Science, 7: 109.

Wood M, Litterick A M. 2017. Soil health—What should the doctor order? Soil Use and Management, 33(2): 339-345.

Wood S A, Tirfessa D, Baudron F. 2018. Soil organic matter underlies crop nutritional quality and productivity in smallholder agriculture. Agriculture, Ecosystems & Environment, 266: 100-108.

第四章 土壤健康的实践

实际上，为确保农产品质量安全，发达国家早在 20 世纪末就开始了土壤健康管理实践，并对土壤健康相关问题开展了全面系统的研究，形成了一些相应的技术和模式，这也为我们研究土壤健康、开展土壤健康管理等提供了十分重要的经验。因此，本章将根据我们在美国学习的内容，并对相关国家土壤健康实践经验等进行系统总结，希望能为我国土壤健康研究和维护提供有用的经验。

第一节 美国著名大学在土壤健康方面的实践

美国在土壤健康方面的研究和实践主要依托康奈尔大学、加州大学戴维斯分校，这也是美国开展土壤健康研究与实践最早、最系统的大学。这两所大学分别位于美国东部和西部，通过系统研究和实践，目前在两所大学已经形成了相应的模式和经验，通过对其系统归纳和总结，可为我国相关实践提供可借鉴的经验。

一、康奈尔大学的土壤健康评价体系

土壤健康不仅关系到土壤生产力高低，而且也决定了农产品的产量和质量，对农业可持续发展、农业生态环境保护等亦具有十分重要的作用。近年来，在美国农业部自然资源保护局的支持下，康奈尔大学围绕土壤健康的概念、指标体系构建、土壤健康标准、评价方法、影响、土壤健康监管与健康土壤培育等方面开展了系统研究，形成了十分完整的体系。在 USDA 的组织下，还编辑出版了 *Building Soils for Better Crops: Sustainable Soil Management* 等专著，印发了面向管理与评价需求的 *Comprehensive Assessment of Soil Health* 等参考资料，使相关研究结果具有可操作性和较强的推广应用价值，并通过美国农业部在美国国内得到较快推广应用。

康奈尔土壤健康团队（Cornell Soil Health Team）通过对以纽约州为主的 6 个试验农场、10 个与纽约州农民合作建立的试验农场进行长期监测和对比试验，同时在广泛分析了纽约州、佛蒙特州、马里兰州和宾夕法尼亚州农民和农业技术人员送检的大量土壤样品基础上，通过全面系统研究，于 2007 年建立了康奈尔土壤健康评价系统（Cornell Soil Health Assessment）（详见本书第二章内容）。2014 ～

2019 年期间，美国有很多州的耕地土壤都在康奈尔大学实验室进行了土壤健康综合评价指标的测定。康奈尔大学通过实践，发现土壤生物学指标是最能反映土壤健康状况的指标，其中以土壤活性碳指标与土壤健康的相关性最高。由于农民的测试资金比较紧张而且又急需知道土壤的健康状况，因此，对分析结果进行了进一步研究，最后认为只需测定土壤的活性碳指标就可以大概了解该土壤的健康状况，实际上这也是土壤健康评价最简单、最快捷的指标，当然也是从实用角度出发的。该土壤健康评价系统主要通过分析土壤健康指标来评价农田土壤的健康状况，目的是给农民未来的农田管理提供指导和建议，并通过改进农田管理方式（耕作方式和种植结构等），恢复和改善农田土壤性状和功能，达到农业生产过程中低投入高产出的目的。

康奈尔土壤健康团队为了更好地对土壤健康进行综合评估，在土壤管理评估框架的基础上，建立了土壤健康综合评价体系（CASH），即通过测定 16 项指标来评价土壤的健康状况，以指导管理决策。这 16 项指标筛选的原则是：与重要土壤过程相关；具有一致性和重现性；取样简易方便；测定成本低。通过对这些指标进行测定，利用广义得分函数计算并与已有的土壤库中的数据进行对比，然后对土壤健康进行打分，最后获得相应的土壤健康综合评价报告。该报告有不同测定指标的得分，并被分别标注成不同的颜色。绿色表示这个指标是健康的，红色则表示这个指标是需要特别关注的；对不同得分的指标分别提出短期和长期的管理建议，可为恢复土壤健康及土壤可持续利用提供指导。由于土壤质地对土壤所有的功能和性状都具有显著影响，并且同一指标值在不同质地土壤中指示的健康状况不同，因此，所有土壤样品必须都进行土壤质地测定。这种土壤健康评价的方法，对我国开展相应工作具有较大参考价值。

康奈尔大学提出的土壤健康综合评价系统中，对土壤样品的采集方法、指标测定方法等均有详细的介绍。土壤健康评价时的样品采集步骤与一般土壤样品的采集基本类似。采集土壤样品前，一般需要挖一个 8 ft（2.4 m）深、6 ft（1.8 m）宽的剖面。土壤样品采集后，应避免阳光直射，并在取样和储存过程中尽量保持低温。从野外采集的土壤，带回室内后应储存在冰箱或冷藏室中，并在实验室内尽快完成分析化验。另外，农场主自己也可以向康奈尔土壤健康实验室提供样品，通过填写相关表格，根据测定指标的不同提供不同重量的土壤样品。同时，由于测试指标的差异，每个样品的测试费用也不尽相同。土壤健康综合评价方法中将土壤样品的测定分为基本包和标准包，农民还可以根据自己的需要，另外选择一些附加指标进行测定。通过一系列指标的测定，就会对测试土壤出具一份土壤健康综合评价报告，详细报告不同测试指标的值、等级，并对红色报警指标的约束条件进行概述（图 4-1）。土壤健康团队会针对物理和生物约束条件提出短期和长期的管理建议，从而指导有需求的农场进行健康土壤培育。

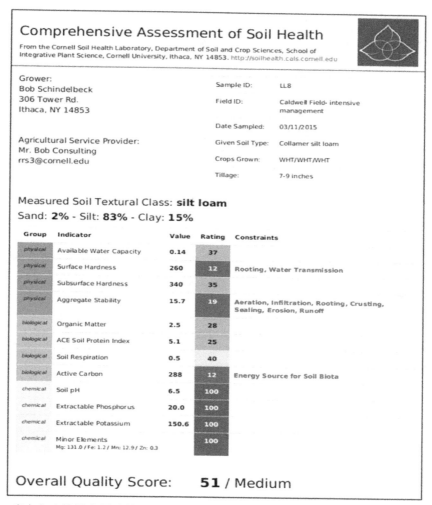

图 4-1　康奈尔土壤健康团队基于土壤健康评价指标对供试土壤进行健康评价（Magdoff and Van Es，2009）（彩图请扫封底二维码）

　　在构建健康土壤的具体措施方面，美国土壤学家公认的 4 种方法主要包括：秋 - 冬季秸秆覆盖、作物轮作、减少土壤扰动（免耕）及直接向土壤中添加有机质或有机肥、生物炭等土壤改良剂。经康奈尔土壤健康团队在纽约地区开展的 182 个土壤点位健康调查发现，与传统耕作相比较，秸秆覆盖和少耕可以显著改善土壤的排水状况，提高抗旱能力，减少水土流失。同时，免耕和秸秆还田能显著提高经济作物产量，特别是 10 年以上的免耕和秸秆还田。这主要是因为，秸秆还田增加了农田有机质含量尤以新鲜有机质（未经深度分解的有机质）为主，新鲜有机质易于被分解供给作物利用，是土壤活性碳的主要来源，其含量与活性碳含量呈正相关关系。由于有机质含量增加，农田土壤动物和微生物的数量也相应增加且活性增强，其分泌物、排泄物和被深度降解的有机质所形成的腐殖质等都是活性很强的胶黏物质，有利于土壤团聚体的形成；而免耕又可有效避免土壤团聚体被机械破碎，有利于有机质（尤其是新鲜有机质）和土壤团聚体的长时间保存。

再以作物轮作为例，多年田间试验结果表明，轮作可以有效减少田间虫害、杂草和植物病害等的发生，特别是与豆科作物轮作可以显著提高对下茬作物的氮素供应。但是，不同类型豆科作物轮作的效果差异显著，相比结实类豆科作物，多年生豆科草类作物如苜蓿等，能提供更多的氮素营养。此外，在轮作作物的选择中，与根茬量大的作物进行轮作是非常值得推荐的。这是因为部分作物根茬可以用来作为生物燃料，并因此增加农户的经济收入，但与此同时也应考虑可能对土壤产生的负面影响。鼓励轮作可以增加根系在土壤中存在的有效时间，能显著减少土壤侵蚀、土壤氮素损失和地下水污染。不同轮作下，根系在土壤中存在的有效时间具有明显差异，如玉米 - 大豆轮作的根系有效时间为全年的 32%，豆科与小麦轮作为 57%，而三期的豆科 - 小麦 - 玉米轮作则增加到全年的 76%（表 4-1）。

表 4-1 不同轮作模式下根系有效时间占比及轮作作物种类

轮作模式	年限	根系有效时间占比 /%	作物种类
玉米 - 黄豆	2	32	2
干豆角 - 冬小麦	2	57	2
干豆角 - 冬小麦 \ 覆盖	2	92	3
干豆角 - 冬小麦 - 玉米	3	72	3
玉米 - 干豆角 - 冬小麦 \ 覆盖	3	76	4
甜菜 - 豆角 - 小麦 \ 覆盖 - 玉米	4	65	5

二、加州大学戴维斯分校的土壤健康管理

受干旱、降水过于集中等极端气候的影响，美国加州地区开始出现了地下水过度开采、地表下陷等问题。2012 年，美国自然资源保育局启动了一项运动来保护土壤健康，让人们开始意识到保护土壤的重要性。而作为世界农业研究先行者的美国加州大学戴维斯分校，近年来在土壤健康管理、作物精准灌溉等方面的研究，对相关技术发展和应用等具有举足轻重的作用。该校的农业科学家们认为：到 2050 年，全球人口将达到 90 亿，对粮食的需求大幅度提高，届时，过度的耕作可能使土壤质量严重退化，因此，为保障 90 亿人口的口粮，健康的土壤就会显得非常重要。为此，该校研究人员根据自己的研究和理解，提出了土壤健康的定

义，即能提供一个生机勃勃且具有生命力的生态系统，能够继续维持在其上面种植农作物，并用以养育动物和人类。来自加州大学农场里的土壤样品分析结果表明，即使在同一地点采集的土壤，因耕作管理等的不同，土壤团聚体组成等也会具有很大的差异，其主要原因是常规耕作的土壤质地比较密实，而覆盖作物的土壤更加健康，可以增加微生物活性并保持水分，减少土壤径流损失。

　　针对土壤保护，研究者们提出了四项原则：第一，增加生物多样性；第二，保持有生命力的根在土壤中；第三，保持土壤被覆盖；第四，减少土壤被频繁扰动（图4-2）。根据这些原则，有多种措施可以用来维持土壤健康。这些措施在加利福尼亚州多个地方、多种作物上进行了试验，包括保护性作物轮作、作物覆盖、作物秸秆（残留物）还田、养分管理、病虫害防治、灌溉管理等，均得到较好的效果。例如，加利福尼亚州的一个农民从 2001～2006 年采用免耕法并覆盖作物，土壤有机质从 0.5% 增加到 3%，化肥施用量从 240 lb（109 kg/hm^2）减少到了 120 lb（54.5 kg/hm^2），灌溉水量减少了 1/3。此外，栽培一季作物之后再种植棉花，可以在土壤里固定更多的碳。

图 4-2　美国加州大学戴维斯分校采取的 4 种方式构建健康土壤（Magdoff and Van Es，2009）
（彩图请扫封底二维码）

（a）增加生物多样性；（b）增加活性根在土壤中的存留时间；（c）免耕法并覆盖作物；（d）最大限度减少对土壤扰动

　　在过去传统的土壤测定方面，美国加州大学戴维斯分校主要测定了土壤氮磷钾、pH、有机质等化学指标，很少测定土壤的微生物指标。但近年来，美国加州大学戴维斯分校已经建立了测定土壤微生物生物量、有机氮和有机磷的相关方法。

相关研究表明，土壤碳的增加可以提高土壤的持水性和保水性、土壤生产力等，并相应地增加农民的收益。而相关措施如增加植物的多样性，增加土壤活根数量和植物覆盖度，会降低土壤表面的温度、减少土壤干扰等，可有效增加土壤碳的固存，有利于土壤生物指标的提升。因此，健康土壤中土壤水分的有效性高，水分的渗透性也较强，水土流失可以得到有效的控制，进而保证土壤持续多年维持其有效的生产力。

　　适宜的农田水分状况是保持土壤生产力、促进作物生长及土壤健康的重要条件。为应对极端干旱的天气，美国加州大学戴维斯分校在精准灌溉系统方面开展了一系列的研究，并取得十分巨大的成就。来自美国加州大学戴维斯分校的 Isaya Kisekka 教授长期从事农田精准灌溉研究，特别是在 iCrop DSS 系统应用等方面开展了卓有成效的工作。iCrop 是一个作物水分综合管理模型与决策支持系统（DSS）的综合，有助于优化战略（季前水分分配）和战术（季内管理决策）（图 4-3）。利用这一系统不仅可以告诉我们给不同的作物应该分配多少水？还可以评价农田含水层水分的补给对作物生长的影响；制订灌溉计划（频率、数量、位置）；评估作物施氮的时机及其他一些功能等。iCrop 包括模型、数据库和测量值三个模块。模型里有 DSSAT CSM（一年生作物）、灌溉调度程序（树、葡萄树等）和 RZWQM（水质、盐度）；数据库的输入部分包括土壤条件、气候数据、作物信息和管理措施等，输出部分有管理及运行报告、作物生长状况及产量；测量值主要来自于传感器数据、遥感图像（航拍、陆地卫星）和其他测定的水势数据。在 iCrop 的网页上，可以选择该软件支持的作物，通过 iCrop 模拟计算会给出仿真优化的输出结果，并且计算出最优灌溉策略。iCrop 还可以模拟利用灌溉调度优化来确定玉米的最佳灌溉阈值。

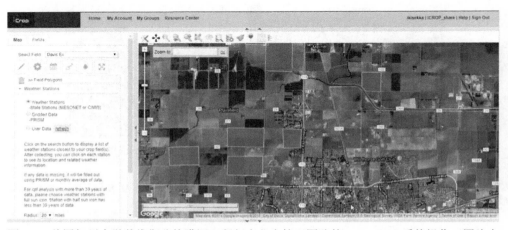

图 4-3　美国加州大学戴维斯分校灌溉工程与农业水管理团队的 iCrop DSS 系统操作（图片由美国加州大学戴维斯分校 Kisekka I 博士提供）（彩图请扫封底二维码）

在加州大学戴维斯分校，精准灌溉管理一般采用一种系统方法来实现对农田变化的"可变性、差异性灌溉"处理，而不是传统灌溉管理基础上的"统一灌溉"处理。一个精准灌溉系统应该包括以下的全部或部分：①应用技术可以实现空间和时间上的可变性操作；②自动化；③信息学（包括信息与通信技术、传感、模型模拟、优化）；④实时监控。精准灌溉是一个循环的工作流程，包括数据的采集、iCrop DSS 系统分析和解释，在此基础上的模拟与优化，然后进行控制及灌溉应用，再进行灌溉效果评估；根据排放均匀性、经济分析等工程测量数据的结果，再进行新一轮的循环，直到找出适合的精准灌溉量。在精准灌溉的优化过程方面，土壤水势是一个非常重要的测量指标，一般采用 γ 射线中子仪法来测定 0.5 ～ 1.0 m 深度土壤的平均含水量，然后结合实时土壤和植物传感器（表面更新的 EB、土壤温度和周边温度）来监测水分灌溉的充分性。iCrop 还可利用灌溉调度优化模拟来确定盈亏灌溉玉米的最佳灌溉阈值，从而提高水分的生产力，普及氮肥（施肥）减施措施、提高农产品质量、增加农民收入。

此外，地下滴灌（subsurface drip irrigation，SDI）技术近年来也广泛应用于加利福尼亚州地中海农业生态系统中，特别是番茄和坚果种植体系中，并为种植业带来了丰厚的收益。来自加州大学戴维斯分校 Russell Ranch 试验农场的研究结果表明，这种技术的优势主要有：增加作物产量，减少水分、养分和杀虫剂的投入，降低对劳动力的需求；直接给作物根区供水，减少了水分的蒸发损失；有效控制杂草的生长；降低了水土流失和农业废水的产生；通过水肥一体化，直接把肥料输送到作物根系，大幅提高肥料中养分利用率并减少损失；同时，还减少了拖拉机耕作引起的土壤扰动。因此，这种灌溉方式对保护土壤、维持土壤健康等均具有十分积极的作用（图 4-4）。

图 4-4 地下灌溉技术效果图（图片由美国加州大学戴维斯分校 Kisekka I 博士提供）
（彩图请扫封底二维码）

第二节 美国农业土壤健康的实践

从 20 世纪末开始土壤健康评价、管理等相关研究以来，随着土壤健康研究的不断深入，并在美国农业部等相关机构的支持下，康奈尔大学、加州大学戴维斯分校等单位开始在纽约州和加利福尼亚州选择一些农场开始进行验证和示范，这些工作部分通过政府的法令得到实施，但更多的是得到了中介组织的积极参与、农场主们的紧密配合。近年来，土壤健康管理实践在一些地区得到大规模示范应用，并成为许多地区农民的自觉行动，为确保土壤健康、作物优质高产、农业高效等提供了有效支撑。

一、退化土壤恢复的实践

近年来，全球土壤退化问题十分严重，其中又以亚洲东部、欧洲大部和北美洲南部最为严重，已成为制约全球农业发展、粮食安全的重大问题。大多数农田是在原来的草地上发展起来的，从全球土地利用和主要覆盖物的类型来看，农业用地占总用地面积的 1/3 以上，但大部分为永久性草地，耕地只有很少一部分，并且草地质量也在逐渐下降甚至出现沙漠化，导致这种现象的主要原因是风蚀、水蚀和过度放牧等。

多年来，美国加州大学戴维斯分校在退化土壤恢复方面积累了十分丰富的经验，通过建议政府启动退耕还林还草工程，进而确定了加速恢复沙漠化和退化土壤活力的方法和步骤，并且这些技术与方法，在构建健康耕地和无灌溉的自养草地时亦经常被采用。美国加州大学戴维斯分校提出的技术方法，主要是通过向土壤中添加粗木屑来提高土壤有机质的含量。具体方法为，杨树木屑按照 5% 的比例混入 0 ～ 20 cm 耕层土壤中，并用杨树枝条直接覆盖地表。通过施用不同类型的有机改良剂对沙化草地进行修复，土壤也能捕获并保持更多水分。相比而言，施用木质碎屑结合杨树枝条直接覆盖处理的土壤保水性最好，土壤含水量能达到23% 左右；使用碎木屑混入土壤改良剂的效果次之，而仅使用木质碎屑覆盖处理的效果最差。多年田间试验结果，同样验证了长期施用粗木屑能增加土壤的保水性，其中，木质碎屑施用结合杨树枝条直接覆盖的保水性最佳。美国加州大学戴维斯分校的农业科学家们认为，使用木质改良剂可以减少土壤水分处于植物永久萎蔫点以下的天数。其中，木质碎屑覆盖和木质碎屑施用再结合杨树枝条直接覆盖处理的效果最佳，能减少 30 天左右。木质改良剂（肥料）加入沙化后的草地中，能增加小麦和苜蓿产量。

此外，美国加州大学戴维斯分校的专家在中国平罗县开展了盐碱土的修复，在沙化土壤的改良方面亦积累了一些成功的经验，采用的方法主要是先进行垄沟种植，再向土壤中施用碎木屑来修复退化的土壤，同时在沟脊上进行灌溉。通过实践发现，在无法正常生长作物的退化土壤中，使用这些技术后，5 个月内可以成功种植作物，其中向日葵和枸杞长势良好，并可获得较高的产量。目前，正根据研究和示范结果着手评估草原土壤的综合健康水平，为进一步应用该技术提供必要的数据资料。

二、美国大田土壤健康的实践

20 世纪 80 年代后期，康奈尔大学的研究者们在 Chazy 试验农场先期开展了两个对比试验，试验区域的面积均为（6×15.2）m²，土壤类型均为粉砂土；该区域每年种植玉米，播种密度均为 70 000 粒 /hm²。其中，一个试验小区的土壤在采样分析前的 32 年实行传统耕作（深耕和秸秆收割）；而另一个试验小区在前 32 年实行保护性耕作（免耕和秸秆还田）。在传统耕作区每年秋天玉米收获后对农田土壤进行翻耕，翌年春天播种前平整土地，作物成熟后将其地上部分（包括秸秆）全部收割；每年的相同时间对保护性耕作区的农田进行平整、播种和收割，收割时仅收获玉米，秸秆则自然地遗留在土壤表面，经采样分析，两个试验区的农田土壤健康评价结果分别如表 2-8 和表 2-9 所示。研究结果证明，保护性耕作（免耕和秸秆还田）条件下农田土壤健康状况较好，尤其是土壤团聚体稳定性、有机质含量和活性碳浓度三个指标相对于传统耕作（深耕和秸秆收割）条件下的农田土壤均明显提高（分值分别从 1、1、1 提高到 10、6、5）。这主要是因为秸秆还田增加了农田中有机质的含量，尤其是新鲜有机质的含量。土壤有机质的增加，可使农田土壤动物和微生物的数量增加、活性增大，其分泌物、排泄物和被深度降解的有机质所形成的腐殖质等，都是活性很强的胶黏物质，有利于土壤团聚体的形成；而免耕又可有效避免有机质和土壤团聚体被机械破碎，有利于有机质（尤其是新鲜有机质）和土壤团聚体的长时间保存。因此，在实行保护性耕作的农田土壤中，土壤团聚体的稳定性、有机质含量和活性碳浓度三个指标，相对于传统耕作条件下农田土壤的对应指标都有非常明显的提高，农田土壤综合健康状况也较好。

康奈尔土壤健康评价系统从 39 个备选的土壤健康评价指标中，分别选取了有代表性的土壤物理、生物和化学指标各 4 个，用于描述农田土壤中物理、生物和化学三方面的综合健康状况。所选用的评价指标彼此独立，避免重复评价；评价指标对土壤利用方式、气候和管理的变化反应敏感，具有较高的室内和田间测量精度等，确保评价结果的有效性和科学性。此外，各指标的分析测定均无须使用原状土，降低了样品采集和寄送的难度及费用。通过评分函数，康奈尔土壤健康评价系统将采样分析所获得的各指标的指标值转换为相应的分值，在此基础上计算出土壤健康总得分，以定量评价农田土壤的综合健康状况。该测试系统最后以土壤健康评价报告的形式，将检测和评价结果反馈给农民，并对土壤可能存在的受限功能做出相应说明，有利于帮助和指导农民实施农田土壤健康恢复和改善措施。这些理论、方法和技术，对我国开展农田土壤健康管理和评价工作具有十分重要的参考价值，但由于该评价系统相关指标的测定费用等成本较高，在一定程度上限制了该评价系统的广泛使用。

三、加利福尼亚州葡萄园、杏园土壤健康与精准灌溉实践

美国加利福尼亚州葡萄酒产业非常发达，葡萄园占地面积约 22 万 hm^2。加利福尼亚州的主要葡萄酒产区是北海岸、中部海岸、内陆山谷、塞拉山麓和南加州。据加利福尼亚州葡萄研究所的统计数据显示，加利福尼亚州葡萄酒产量从 2000 年的 55 万 gal 增加到 2012 年的 85 万 gal 以上，栽培的葡萄包含多个红葡萄和白葡萄品种，如 '赤霞珠 Cabernet Sauvignon'、'小西拉 Petite Sirah'、'Chardonnay'、'Carignane' 等。但由于加利福尼亚州极端气候如干旱等的影响，给葡萄园生产造成了严重威胁，同时也引起葡萄园土壤质量下降，并影响到葡萄酒产业的可持续发展。因此，美国加利福尼亚州葡萄园精准灌溉从理论、技术与产业应用方面均做到了精准管理。

目前，美国加利福尼亚州葡萄园已开始采用可变速率滴灌（VRDI）技术，如 Colony 农场，该农场位于 Wilton CA（38°21'N，121°15'W，海拔 21 m），葡萄品种为 '赤霞珠'，面积 12.5 hm^2，年均降雨量 500 mm。2012 年的产量不均匀，同一区域不同地点产量差异显著。利用陆地卫星数据将该区域划成 30 m×30 m 的小格，一半采用可变速率滴灌模式（VRDI），另一半采用传统灌溉方法（CDI）。采用两种方法灌溉后，利用可变速率滴灌处理后的葡萄园在 2012 ~ 2015 年产量随着年份的增加趋于均匀化，区域内产量差异不显著；而利用常规灌溉的葡萄园区域内产量差异仍然显著，2015 年与 2012 年区域内产量的差异类似（图 4-5 和图 4-6）。VRDI 与 CDI 相比，2012 ~ 2015 年作物产量平均增加 10%，水分利用率平均增加 12%（表 4-2）。

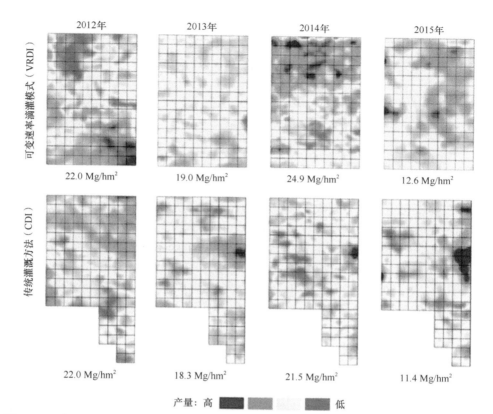

图 4-5　可变速率滴灌（VRDI）对试验区域葡萄产量稳定性的影响（Sanchez et al.，2017）
（彩图请扫封底二维码）

图 4-6　美国加州大学戴维斯分校灌溉工程与农业水管理团队的精准灌溉施肥效果田间评价
（图片由美国加州大学戴维斯分校 Kisekka I 博士提供）（彩图请扫封底二维码）

表 4-2 可变速率滴灌（VRDI）对葡萄产量和水分利用效率的影响

年份	产量 /（t/hm²）		水分利用效率 /（kg/mm）	
	VRDI	CDI	VRDI	CDI
2012	22.0	22.0	5.93	5.93
2013	19.0	18.3	5.63	4.93
2014	24.9	21.5	7.43	7.08
2015	12.6	11.4	4.65	3.97

资料来源：Sanchez et al.，2017

第二个案例应用是杏园收获前与收获后不同时期进行精准灌溉。对成熟杏园不同树种在收获前和收获后进行传统灌溉，主要影响产量、坚果品质、水分利用、水分生产率、开花密度和时间等。该试验地位于 Nickels 的长期实验点，试验选择 3 个杏仁品种、4 个灌溉处理（50%～125% ET、75%～100% ET、75%～75% ET 和 100%～100% ET），总共 15 行。不同灌溉方式对品种内产量的影响不显著，但对不同品种产量具有显著影响；同时，灌溉对杏仁品质性状（粒厚）影响显著。

第三个案例是在美国康宁市一个新的杏园中，利用 ET 通量塔测量作物对水分的利用。通过监测数据研究了蒸散量与作物系数之间的关系。

第四个案例是精准灌溉施肥，评价高频低浓度（HFLC）和低频高浓度（LFHC）施肥对番茄产量的影响，评价不同滴灌策略（调控滴灌 - 成熟后施肥 75%，持续滴灌 - 成熟后施肥 75%）对产量和果实品质的影响，研究发现，精准灌溉能显著提高作物水生产力，水分损失减少 8%～20%，在显著提高作物产量的同时减少了对环境的负面影响。

当然，精准灌溉的应用还存在一些障碍因素，如产量上的收益可能弥补不了技术上的花费；空间上的差异增加了应用的风险性，同时潜在经济效益也不大；且精准灌溉对设备的使用寿命有严重的依赖性。加州大学戴维斯分校的农业科学家们认为，未来围绕精准灌溉可以开展以下方面的研究。

1）技术一体化，如土壤和植物水分状况传感技术与作物模型模拟一体化，系统的驱动和优化等。

2）技术可行性，如精准灌溉的可行性应在概念上利用模型进行评估，在实际上通过田间试验和示范进行评估；

3）经济效益，精准灌溉是否利大于弊，通过种植能保证足够的利润，也要探索部分种植与完全种植相比的优势；

4）开发组件工具和技术，如土壤和植物近端感应系统和遥感、模拟模型、优化算法、执行器和控制器等，因为目前对设备的使用寿命有严重的依赖性。

四、加利福尼亚州核桃园土壤健康实践

美国加利福尼亚州有机核桃综合农场在土壤健康实践方面经验丰富。笔者参观的一个种植面积约 700 acre 的核桃园，其中包括其他所有者种植的 300 acre 核桃，农场主拥有自己的加工农场，目前农场所有的核桃均采用有机栽培技术，地表都覆盖有作物，不使用任何化学物质如除草剂等，通过百分之百附着物覆盖，田间基本上没有杂草生长。目前，采用的覆盖物主要是三种不同的三叶草，以及与禾本科牧草、十字花科作物等混合种植。覆盖物每 5 年要重新播种一次，然后不再翻耕。在采收核桃之前，用割草机将覆盖的作物割掉，不翻耕土壤，因为翻耕会将土壤有机质分解产生的二氧化碳释放到大气中。有机核桃栽培大概从 1990 年开始，通过这种栽培方式可有效维持土壤的健康，减少二氧化碳的排放。通过覆盖作物可减少土壤的过分搅动，保护益虫，节约水资源，保护环境。此外，种植的不同豆科植物开花期很长，可以吸引大量的益虫。禾本科覆盖物生长到一定高度后会结籽，可通过调节割草机的高度去除大部分种子穗，只留大概一尺（约 0.33 m）左右的秸秆。植物在每年的五六月结籽，在夏天干旱的时候干枯，只留下一两寸（3 ～ 7 cm）长干枯的作物，而根会继续留在土壤中保护土壤，地表的这层覆盖物能防止夏天野草的生长，同时保持土壤水分（图 4-7）。

图 4-7　美国加利福尼亚州有机核桃园农场主讲解在土壤健康实践方面的经验（图片由苏世鸣提供）（彩图请扫封底二维码）

美国加利福尼亚州大部分核桃园都需要灌溉。夏天地表覆盖作物干枯时，干枯的地上覆盖物为蜘蛛类捕食型动物提供栖息地，而蜘蛛则会吃掉害虫，这样就

形成一个有益的生态系统。豆科植物的叶片留在地表，其分解产生的营养可以供给核桃树生长，同时还可用于堆肥。而当核桃收获完后再重新启动灌溉系统，留在地上的豆科植物种子会重新发芽。也正因为如此，目前美国加利福尼亚州核桃园内的地皮裸露时间很短，大部分时间都有作物覆盖。有了这些覆盖作物后，冬季降水时地面积水少，还可减少土壤的板结。因此，覆盖作物有益于该生态系统发展。另外，使用植物覆盖后，减少了杀虫剂的使用，有效降低了夏天高温时的土壤温度，还保护了对温度敏感、受全球气候变暖影响较大的核桃树的生长。此外，采收后的核桃壳还可用于制作生物炭，其品质优于其他材料制作的生物炭。经过 800℃高温，核桃壳中大概有 50% 的碳固定在生物炭中，再把生物炭施到核桃树的周边。核桃树固定了大气中的二氧化碳（CO_2），生产的核桃仁可供食用，而核桃壳可制成生物炭再返回土壤，将 CO_2 固持到土壤中，这就是负碳效应，是减少温室气体（CO_2）排放、应对气候变化的有力措施。所以，该方案不但可以用在核桃树上，也可用在其他类型的果树上，如开心果等，其中非食用的部分可制成生物炭，将大气中的 CO_2 转化并储存到土壤中。根据加州大学戴维斯分校的研究，利用农业生产中废弃物产生的能源，可为加利福尼亚州提供 30% ~ 40% 的电。把作物枝条烧成生物炭，既能保护环境，又能将碳固定下来。

此外，民间保育组织等一些相关的组织、一些非营利组织也通过与有机农场合作，致力于保护生态环境。加利福尼亚州政府或者本地的印第安人部落申报经费，同时在本地社区建立志愿者项目，志愿者可利用业余时间来农场种树。民间保育组织工作的主要目的是帮助动植物建立栖息地，因为农田越多、栖息地就越少，而有机农场由于种植植物等原因，地表覆盖物多，因而能更好地为动植物提供栖息地。

五、美国农业机构对土壤健康的支持

美国是支持土壤健康科研和示范推广最早、强度最大的国家之一，每年投入了大量的资金用于支持土壤健康科研和研发成果示范推广。美国对土壤健康的支持最初主要是围绕提升土壤质量展开的，如对侵蚀和地力耗竭的耕地进行修复以保障农作物从耕地中汲取所需的养分和水分，并采取配套措施以保证农作物能够获得更高的单产和收入。美国的土壤健康保护主要是通过两个方面的激励来实现的：一是政府的项目投资，即以科研项目的方式对相关研究予以支持；二是私人或市场的激励，即由企业、农场主或其他社会力量出资开展相关科研和示范推广等活动。政府农业服务部门围绕土壤健康的核心目标，除支持相关单位开展土壤健康研究外，重点是通过现金补贴、提供租金、成本分摊、减免税收、贷款计划等措施激励农场主维护土壤健康。政府的投资项目每年在增加，部分生产者获得了相应津贴的激励，促使他们更积极地开展土壤健康保护；同时，政府还投资建造各种类型的土壤健康维护工程，通过中介机构开展形式多样的示范活动，向农场主们免费培训各种保护性耕作的实施技术，以确保土壤健康。此外，通过私有制的条件、教育程度的提高和环境意识的转变使得许多土地所有者在没有政府津贴的情况下也采用土壤健康保护行动。

（一）制定政策和法规，通过法律法规保障国家对土壤健康的支持

美国土壤健康管理相关政策主要涉及经济激励、技术咨询服务和法律法规等方面。经济激励的主要途径是依靠政府资金组织实施相关项目，同时也有私人激励或通过市场机制形成的激励。由于土壤健康维护行为的外部性很强，而且往往投资较大，见效较慢，回收周期也较长，因此，仅依靠项目实施所获得的利润来激励农场主采取保护措施是很困难的。20 世纪 30 年代起，美国正式提出土壤资源保护政策，这是美国土地政策的转折点。1934 年美国进行了土壤侵蚀调查，1935年颁布了《土壤保护法》，设立了农业部土壤保护局。《土壤保护法》授权土壤保护局通过各种项目激励和支持农民参与土壤保护相关项目，并开展教育、示范及技术咨询服务。根据 1936 年颁布的《土壤保护和国内配额法》和 1938 年的《农业调整法》，美国正式将土壤保护列为一项重要任务，并向农场主提供土壤保护和生产调整双重补贴。1945 年，美国政府改组了生产和保护计划，将土壤保护补贴列入农业保护计划项目中。农业保护计划的目的是：保持和增强土壤肥力，减少土壤侵蚀，保持土壤水分。该计划的土壤保护内容一直延伸到 1971 年的农村环境援助计划和 1974 年的农村环境保护计划。由此，美国的土壤保护措施进一步走向综合治理。

由于 20 世纪 70 年代中期发生全球性粮荒，粮食需求量剧增，同时很多农场主的长期退耕合同到期，美国的农场主几乎在所有的耕地上都种上了粮食，导致了又一轮的耕地质量退化。因此，20 世纪 80 年代中期，美国再次提出了土壤健康保护计划，计划在食品安全法案中用 5 年左右的时间全部退耕被严重侵蚀的土地，如果农场实施退耕并改种覆盖类保护性作物，将获得补偿租金和成本分摊等经济支持。1990 年，美国颁布了《粮食、农业、自然保护和贸易法案》，使土壤休耕计划获得了进一步支持和补助，土壤保护逐渐融入以环境效益为目标的资源系统化管理体系。进入 21 世纪以来，美国通过加大原有项目实施力度并引进新的项目，进一步提高了对土壤健康保护的支持力度，自 2002 年以来，农场主得到的土壤健康保护项目补贴逐年增加。例如，"农场安全和农村投资行动计划"到 2007年累计投资接近 50 亿美元，且这些经费主要用于土地退耕或休耕方面。同时，在投入资金达到 58 亿美元的"2002—2007 环境质量激励计划"中，增设了保护安

全项目和农场耕地保护项目。2002 年 5 月 13 日，美国通过了《2002 年农场安全与农村投资法案》，这个法案显著加大了对农业生态环境的保护力度，推进农业可持续发展，促使许多农场主开始建设以在农业生产中开展保护性技术模式探索为主要内容的生态农场，这在很大程度上推动了对使用有机肥、测土配方施肥等保护性技术措施的集成应用。目前，美国的生态农场已发展到 2 万多个，这些生态农场已经成为美国土壤健康保护的"试验田"，除实施精准农业外，他们在节水、减肥减药、病虫害绿色防控及有机肥制造和利用等方面，也都起到了很好的示范作用。

（二）支持土壤健康技术和产品研发，以科技发展推进土壤健康

美国土壤健康的研究主要在各大学进行，农学院作为综合性大学的一部分，承担着土壤健康的主要科研工作。1985 年前美国农业机构的支持重心集中在提高农产品产量和收入上，1985 年政府出台了综合性的农场政策，将部分农业资金逐步转变为环境资金使用，并通过项目方式支持科研单位和大学开展土壤健康相关研究，这也标志着美国农业机构开始关注土壤健康。

美国农业机构一直将土壤健康技术研发与示范应用作为推动农业发展的重要手段。1980 年的《综合环境反应、赔偿和责任法》（又称《超级基金法》），授权美国环保署创建土壤健康科研及推广项目，根据法案的要求，财政部每年拨付固定金额的经费，用于各个研究机构合作开展土壤健康评估评价及修复等方面的研究。农业部下属的科研单位、各州立大学的农业院系和农业科研机构都可以提交项目申请书，经过评估筛选出土壤健康迫切需要的研究项目后，由国家财政予以资助，通过这些项目的资助，激发了农业科研机构和涉农大学开展土壤健康相关研究的兴趣。此外，美国 2018 年发布的《农业发展法》中，也将土壤健康项目列为长期支持的项目，规定 2019 年该项目的资金为 2000 万美元，2023 年将增长到5000 万美元，以后每年均保持在 5000 万美元。目前，土壤健康科研致力于通过整合研究、教育和推广活动来解决土壤健康的关键性问题或优先事项，土壤健康项目优先考虑的研究领域包括农业科学、生物科学，物理科学和社会科学等。有资格申请土壤健康研究及推广项目资金的机构或个人包括：州农业实验站，学院和大学，大学研究基金会，其他研究机构和组织，联邦机构，联邦实验室，私人组织、基金会或公司，美国公民或国民个人，以及由以上两个或多个实体组成的团队。

（三）加大研发技术示范力度，促进土壤健康技术大面积应用

美国土壤健康技术推广体系由农业部、州立大学、县级推广部门和社会咨询

机构等构成。根据《莫雷尔法案》，州立大学必须设有农业推广机构，这些农业推广机构需要定期举办土壤健康培训班，并邀请专家进行专场技术讲座，为农业从业者、农场主和县级农业技术人员提供实用、针对性强的最新研究成果，用现场面对面交流、互动的新形式替代发放宣传资料的传统方式，并注重双向交流，农民和农业技术人员可根据需要选择合适的地点、感兴趣的作物和主题参加培训，通过培训还可获得这些推广机构颁发的继续教育证书。这些培训不仅包括土壤健康的内容，还包括农业管理措施等。由于有政府财政支持，参加培训的人员只需要交纳少量的注册费用，因而也在很大程度上提高了相关人员参加培训的积极性，使每次培训班都能获得较好的效果。此外，美国的各个州均有农业技术推广专家，这些专家每人或多人负责联系一个县或一个区域的技术推广与咨询，以及与州立大学推广专家的磋商，把县级推广人员和农场主的需求、农业生产实际中的问题反映上来，农民可通过上网或电话等方式，与有关专家联系，及时获得土壤健康方面的技术支持。

　　美国农业机构也通过法案支持土壤健康的技术推广。2002 年农业法案在授权农业部设立土壤健康科研与推广项目时，还鼓励农业服务局开展土壤健康信息数据收集，但并没有针对性地提供研究资金来支持该项目。2008 年农业法案正式向农业服务局拨款 500 万美元作为土壤健康信息项目的经费，调查并分析土壤健康数据，并要求农业部在法案通过 180 天时，以及之后每年定期向国会众议院农业委员会和参议院农业、营养与林业委员会提交项目进展报告。2014 年和 2018 年农业法案均保持对该项目 500 万美元的拨款金额。农业服务局在对土壤健康信息进行收集和分析后，将这些数据发布在农业研究局网站上，便于农业生产者进行决策。此外，联邦农业部官方网站设置了土壤健康专题，包含了详细的联邦土壤健康法规介绍、联邦土壤健康项目的监管框架、土壤健康评价及维护方法等信息。联邦图书馆网站上除了上述信息外，还包括相关科研机构发布的土壤健康科研成果等信息。农民和农业领域的专家学者都可以登录网站免费获取这些资源，这样不仅为农民获取土壤健康信息提供了极大便利，也为农场主、中介机构及时应用科技成果并转化为生产力提供了有利条件。

（四）支持农民承担项目，多措并举维护土壤健康

　　美国农业机构用于土壤健康的投资项目多，且投资量较大，使用范围广。据美国农业部公布的统计数据，2004 年联邦政府投资在自然资源与土壤保护方面的项目资金共 327.22 亿美元，其中用于土壤健康保护的项目资金达 200.5 亿美元，占自然资源环境保护项目总资金的 61.27%。通过大量项目的实施，逐步形成了综合、一体化的土壤健康保护体系。土壤健康保护列入自然资源保护名下，并作为

自然环境保护中规模较大的一部分内容，其被列入环境保护的内容越来越多，项目金额也越来越大。农场主可以依据农场发展和耕地健康管理的需求，与中介机构合作或单独申请承担相关项目；农业服务部门也会依据农民需求进行项目补贴或者指定实施某些项目，如针对土壤健康保护的相关项目。这些项目要求生产者必须按照土壤健康保护项目的要求实施并且达到相应的标准，才能得到所对应的项目补贴。

农场安全和农村投资行动（FSRI）是美国农业机构用于支持农场主或农民承担土壤健康项目的另一类计划。该类计划项目大多数的资金用于土地退耕和休耕，FSRI 不但资助土壤健康维护的资金，而且其资助范围正逐步向环境保护相关方面拓展。到 2007 年时，FSRI 的项目投资水平达到了 10 年前的两倍，从最初的每年约 20 亿美元增加到近 50 亿美元，且增加的资金中有 2/3 是用于耕地保护、作物高产和畜禽循环养殖。

通过多种措施并举鼓励农民自觉维护土壤健康，是美国农业机构采用的另一种方式。首先，鼓励和支持农民种植市场效益好、又有利于土壤保护的农作物；其次，加大土壤健康保护的宣传，提升农场主 / 农民土壤健康保护意识；最后，引导采取免耕、残渣耕作、轮作等有利于土壤保护的耕作方式。在政府的支持和激励下，目前美国农民对土壤健康保护越来越重视，而且，随着美国农业机构对土壤健康投资项目的不断加大，农民也得到了保障耕地健康相关项目实施的经费补贴。

主要参考文献

盛丰 . 2014. 康奈尔土壤健康评价系统及其应用 . 土壤通报 , 45(6): 1289-1296.

张小丹，吴克宁，赵瑞，杨淇钧 . 2020. 县域耕地健康产能评价 . 水土保持研究 , 27(3): 294-300.

Andrea F, Bini C, Amaducci S. 2018. Soil and ecosystem services: current knowledge and evidences from Italian case studies. Applied Soil Ecology, 123(2): 693-698.

Antoniadis V, Shaheen S M, Levizou E, Shahid M, Niazi N K, Vithanage M, Ok Y S, Bolan N, Rinklebe J. 2019. A critical prospective analysis of the potential toxicity of trace element regulation limits in soils worldwide: are they protective concerning health risk assessment? —A review. Environment International, 127(3): 819-847.

Bai Z, Creamer R E, Brussaard L, Sukkel W, de Goede R, Pulleman M, van Groenigen J W, Mäder P, Bongiorno G, Geissen V, Fleskens L, Kuyper T W, De Deyn G, Bünemann E K. 2018. Soil quality—A critical review. Soil Biology and Biochemistry, 120(1): 105-125.

Chen X, Huang S, Xie X, Zhu M, Li J, Wang X, Pu L. 2020. Enrichment, source apportionment and health risk assessment of soil potentially harmful elements associated with different land use in coastal tidelands reclamation area, Eastern China. International Journal of Environmental Research and Public Health, 17(8): 1-19.

Chhipa V, Stein A, Shankar H, George K J, Alidoost F. 2019. Assessing and transferring soil health information in a hilly terrain. Geoderma, 343(6): 130-138.

Edge T A, Baird D J, Bilodeau G, Gagné N, Greer C, Konkin D, Newton G, Séguin A, Beaudette L, Bilkhu S, Bush A, Chen W, Comte J, Condie J, Crevecoeur S, El-Kayssi N, Emilson E J S, Fancy D L, Kandalaft I, Khan I U H, King I,

Kreutzweiser D, Lapen D, Lawrence J, Lowe C, Lung O, Martineau C, Meier M, Ogden N, Paré D, Phillips L, Porter TM, Sachs J, Staley Z, Steeves R, Venier L, Veres T, Watson C, Watson S, Macklin J. 2020. The Ecobiomics project: advancing metagenomics assessment of soil health and freshwater quality in Canada. Science of Total Environment, 710: 135906.

Hussain A, Anwar M, Anwar A, Nadeem M, Hussain N, Universty B Z. 2018. To evaluate efficient use of nitrogen and sulphuric acid application towards increase in seed cotton yield and soil health. Journal of Biology, Agriculture and Healthcare, 8(1): 1-9.

Magdoff F, Van Es H. 2009. Building Soils for Better Crops: Sustainable Soil Managment. Third Edition. Waldorf: Sustainable Agriculture Research and Education.

Odunze A. 2012. Soil quality changes and quality status: a case study of the subtropical China region ultisol. British Journal of Environment and Climate Change, 2(1): 37-57.

Ros M, Hurtado-Navarro M, Giménez A, Fernández J A, Egea-Gilabert C, Lozano-Pastor P, Pascual J A. 2020. Spraying agro-industrial compost tea on baby spinach crops: evaluation of yield, plant quality and soil health in field experiments. Agronomy, 10(3): 440.

Sanchez L A, Sams B, Alsina M M, Hinds N, Klein L J, Dokoozlian N. 2017. Improving vineyard water use efficiency and yield with variable rate irrigation in California. Advances in Animal Biosciences, 8(2): 574-577.

Şeker C, Özaytekin H H, Negiş H, Gümüş Dedeoğlu M, Karaca A E. 2017. Assessment of soil quality index for wheat and sugar beet cropping systems on an entisol in Central Anatolia. Environmental Monitoring and Assessment, 189(4): 135.

Takoutsing B, Weber J, Aynekulu E, Rodríguez Martín J A, Shepherd K, Sila A, Tchoundjeu Z, Diby L. 2016. Assessment of soil health indicators for sustainable production of maize in smallholder farming systems in the highlands of Cameroon. Geoderma, 276: 64-73.

第五章 土壤健康的维护

　　健康土壤是地球上所有生命的基石，可保护生态系统的生物多样性、保障稳定和高质量的粮食和农产品生产、提高有效水过滤和碳的固定；因此，健康土壤关系到人类可持续发展的未来，是土壤学研究的新方向。在过去的一个世纪里，农业技术的进步促进了粮食等农产品的增产，支撑养活的世界人口从过去的不到 20 亿增长到今天的超过 70 亿。然而，在同一时期，美国用于农业生产的土壤逐步退化，土壤中约 60% 的有机碳储量已经丧失。土壤退化破坏了农田的生产力和恢复能力，同时也加剧了环境风险。随着全球粮食需求不断增长，美国农业需要具备竞争力，以提高产量，满足国内和国际市场的粮食需求。土壤健康管理是实现农作物增产的关键，同时还可以降低当前美国作物生产系统产生的不良影响。目前，美国土壤健康的维护主要由政府、科研单位、协会、中介组织和农民共同来进行。其中，美国政府机构主要是保育政策的制定、评估和管理机构，也是土壤健康和保育资金的重要来源，农民完成具体的保育工作，而协会和中介组织在政府及农民之间搭起了桥梁，科研机构进行了许多土壤健康方面的基础研究，并提出新的保育方法（图 5-1）。

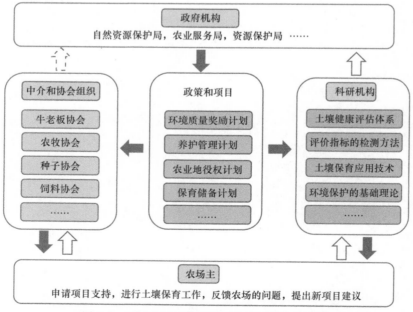

图 5-1　美国土壤健康和保育的相关机构关系图

第一节　政府机构

美国政府的组织结构为 1 个联邦（Federal）50 个州（State）3043 个县（County）19 296 个市（Municipality）16 666 个镇（Township），以及 1 个首都特区（Washington D.C.），政府体系可以简略地分为联邦、州、地方政府三级。美国联邦政府中有 15 个内阁大部，其中美国农业部（U.S. Department of Agriculture，USDA）是主要负责国家土壤健康和保育政策的制定、评估和管理机构。美国农业部成立于 1862 年，其职能随着美国经济发展和农业变化而逐步完善。目前美国农业部下设 19 个局，其中自然资源保护局、农场服务局中有土壤健康和保育的职能。

一、自然资源保护局

自然资源保护局（Natural Resources Conservation Service，NRCS），是土壤健康维护的主要政府机构，其前身为土壤保护局（Soil Conservation Service，SCS），是美国农业部（U.S. Department of Agriculture，USDA）下设的一个机构，主要为农民和其他私人土地所有者和管理者提供技术援助。该机构建立的背景是 20 世纪 30 年代美国大范围出现的沙尘暴，因此 1933 年 9 月 13 日，在科学家休·贝内特（Hugh Hammond Bennett）的努力倡导下，在美国内政部成立土壤侵蚀处。其中休·贝内特担任首任主任。该机构于 1935 年 3 月 23 日转移到农业部，并通过与农业部其他相关部门合并在美国农业部成立了土壤保护局（Soil Conservation Service，SCS）。土壤保护局在 1933～1942 年负责保护了 500 个平民保护团营地（civilian conservation corps camps），这些营地建立的主要目的是控制这些营地上的土壤侵蚀。休·贝内特继续担任首席职务，直到 1952 年退休为止。1994 年，比尔·克林顿担任总统期间，为反映其更广泛的使命，该组织更名为美国自然资源保护局。目前该机构约有 12 000 名员工。它的使命是通过与国家和地方机构的合作来改善、保护和保育私人土地上的自然资源。虽然它的主要关注点是农业用地，但它在土壤调查、分类和水质改善方面做出了许多重要的贡献。

（一）自然资源保护局中的项目

美国农业部自然资源保护局（Natural Resources Conservation Service，NRCS）中的项目主要从土壤处理、土地管理、土地保护三个方面进行。土地处理主要是环境质量激励计划（environmental quality improvement program，EQIP），解决农业经营对自然资源的影响等。土地管理工作主要是介绍养护管理计划（conservation supervise plan，CSP），扩大土地处理的保育效益。土地保护方面主要是扩大土地处理保护效益的农业保育地役权计划（agricultural conservation easement plan，ACEP）、以恢复和管理湿地为目的的湿地保护区地役权（wetlands restoration easements，WRE）、以保护重要农地为目的的农地地役权（agricultural land easements，ALE）。

1）环境质量激励计划（environmental quality improvement program，EQIP）：处理农业经营、环境或对自然资源的遗留影响；应用程序排名基于实力的保护计划；应用程序在资金池中竞争——相似的地理位置、操作类型、资源关注、实践；在完成预定工作后支付财政援助。

2）保护管理计划（conservation stewardship program，CSP）：把保育工作提升至更高水平，CSP 活动建立在安装了 EQIP 的实践基础上。5 年期合同包括全部业务，包括维护管理状况的年度报酬和高保护绩效带来的高奖励。

3）农业保育地役权计划（agricultural conservation easement program，ACEP）：湿地保护区地役权（wetlands restoration easements，WRE）（NRCS 拥有权利）其主要目的是恢复、保护和改善已登记的湿地。NRCS 通过为购买地役权支付地役权价值的 100% 和通过支付 75% ~ 100% 的修复费用得到永久的保护地役权；NRCS 为购买地役权支付地役权价值的 50% ~ 75%，同时支付了修复费用的 50% ~ 75%，得到适用州法律最长地役期的保护地役权。另外，还有农地地役权（agricultural land easements，ALE）（土地信托合伙人持有所有权），其主要目的帮助印第安部落、州和地方政府及非政府组织保护耕地。自然资源保护公司可以贡献农业土地地役权公平市场价值（fair market value，FMV）的 50%，NRCS 确定了具有特殊环境意义的草原——多达 75% 的 FMV 的地役权。

（二）自然资源保护局职责

NRCS 的使命是帮助人民，保护土地，工作人员都是基于自愿而来的，没有监管部门，且工作人员没有自己的土地，他们是应土地私有者的邀请或者需要出现的。而 NRCS 的援助核心是维持规划过程，维持与土地拥有者的农民和农场主之间的关系。

NRCS 规划过程包括以下几点：决策的制定，与生产者一起分析事件，帮助他们做出土地管理的决定，这个过程通常是灵活、动态、持续的；对于问题的出现 NRCS 通常是主动而不是被动面对，但 NRCS 也可以解决现有出现的问题；NRCS 也会帮助私有土地拥有者定义复杂的自然资源问题。NRCS 还会明确土地所有者的目标，对资源进行调查和分析，确定资源问题，开发和评估替代方案，以便土地所有者可以做出明智的决策并实施。而 NRCS 也会对相应的结果做出评估。

　　NRCS 的规划目标主要包括以下几个方面：自然资源不再退化；开发资源管理系统（resource management system，RMS），来解决土壤、水、动物、植物、空气及人类关注的所有资源问题；而这种渐进式的计划一般都是规范的，易被接受的。

　　NRCS 保育计划的原则：①自愿性，NRCS 建立了对员工使用非常规的方法，发展出可以自愿执行资源保护措施的信任程度。建立信任和形成历史记录。②规划属于土地所有者，他们同时也是决策者。（如果客户了解他们的资源、自然资源的关注点及他们的决策的效果，就会做出并实施合理的决策）。③ NRCS 促进了保育过程。这一步的关键是与土地所有者建立并拥有信任关系。④计划的制订考虑了土地的能力及客户的需求和经济状况。

（三）自然资源保护局行使职责的具体实施

　　第一阶段——收集资料和分析，与土地所有者一起明确土地所有者的目标（客户的目标，NRCS 的目标，考虑监管环境），为库存和资源分析收集信息（收集现有信息，包括当前的管理实践），确定资源问题（确定需要更多信息的领域）。

　　NRCS 资源问题：土壤、水、动物、植物、空气、能源、人为因素。通过与州和地方机构建立合作伙伴关系，改善和保护私人土地上的自然资源。虽然它的主要重点是农业用地，但它在土壤测量、分类和水质改善方面做出了许多技术贡献。核心是保护规划过程及与耕种土地的农民和牧场主的关系。

　　实例评估，如何确定某项事情是否涉及资源问题？规划标准是：评估是否涉及资源问题。规划标准可以是对资源的定性描述或定量评价。如果不符合标准，则启动实施或更改管理以解决资源问题。

　　第二阶段——发展和评估替代方案，使土地所有者能够做出明智的决定，开发替代方案以实现目标、解决明确的资源问题、最大限度地利用机会和防止其他问题的发生；另外，替代方案由一系列措施（一套保育措施）组成，努力解决所有资源问题。实践主要包括结构、营养和管理实践。

　　评估备选方案，确保它符合土地所有者的目标；解决资源问题，达到没有危害，不会引起其他资源问题，尽可能减轻损失的目标。

　　保育措施的物理影响（conservation program physical effects，CPPE），是 NRCS 评估的方法之一。主要描述 NRCS 的保育措施如何影响自然资源和人类经济环境，由专业人员进行跨区域评估。通过运行评估工具 / 评估计划标准，将计划系统与基准系统进行比较，发现影响是可以选择的。同时，也会研究在长期和短期的时间尺度上对经济、社会和生态的影响，最后考虑成本因素。而后，讨论替代行动，主要包括管理和设备方面的可能变化。农民拥有最后决定权。所有的决定都被认为是私人信息得到保护。

以上措施的最终结果是一项保育计划，是确定需要做的工作的基础。

保育计划是根据多个专业领域的意见制订的，主要包括农学、作物科学、土壤学、生物学、工程、保护范围、林业、植物科学、保护规划和地理信息系统等。在加利福尼亚州的 NRCS 有 56 个田间办事处，主要负责土壤、水、植物、动物、能源和人类等方面工作。

第三阶段——执行和评估计划。NRCS 实施保护，拥有超过 170 种不同的保护措施，每一项都具有针对性的目标，具有规划制定、设计和实施的标准；目标是建立保护系统，使用多种措施来处理多种资源，如减少土壤侵蚀和改善水质等。

NRCS 实施标准，该标准是针对每一项保育措施制定的。这些方法可根据实际进行调整，以确保它们满足每个州的独特情况。NRCS 实施规范，每个实践都有一个规范，指导我们的技术专家开发特定的实践需求。NRCS 设计及实施要求，特定需求的发展是为了特别向生产者解释需要做什么来实施这个方案。

NRCS 评估计划，评估计划的效果包括：达到的功能效果与计划相匹配吗？实现特定目标了吗？是否根据标准进行调整？另外还需要征求客户反馈的信息及彼此交互式讨论过程。这个过程被作为一种农民和 NRCS 计划者的关系被执行，依旧是要基于相互信任，并且客户的记录是真实可信的。

技术及财政援助。从自然资源保护局获得农场、牧场和森林的援助，主要分 5 步：①计划，就保育计划与当地的 NRCS 办公室讨论目标；②申请，在 NRCS 的帮助下，完成一个财政资助项目申请；③满足条件，找出满足 NRCS 各种经济支援项目的条件；④排序，NRCS 根据本地资源对申请进行排序；⑤实施，通过签订合同和实施保育措施来落实保育工作。

二、农业服务局

美国农业部农业服务局（Farm Service Agency，FSA）是美国农业部（U.S. Department of Agriculture，USDA）的下设机构。农业服务局主要执行农业政策，管理信贷项目，同时通过由 2100 多个办事处（美国农业部服务中心）组成的全国网络，去管理涉及自然保护、商品、灾害和农业市场等方面的项目。农业服务局的愿景是"让美国的农业持续增长"。农业服务局的战略目标，主要包括 4 个方面：①为美国农民和牧场主提供金融安全保障，以维持经济导向的农业运行；②在改善环境的同时加强对美国自然资源的管理；③确保有效采购和分配商品，以提高粮食安全；④通过有效管理人员和完善服务能力去完成使命。农业服务局的项目包括：农业商品项目、直接和担保贷款、农业存储设备贷款、保育与环境保护项目及紧急和灾害援助项目。

（一）农业服务局中的保育与环境保护项目

农业服务局中的保育与环境保护项目主要有以下几个：①生物质作物援助计划（biomass crop assistance program，BCAP）是一项自愿项目，旨在支持生产和利用作物生物质用于转化成生物能源或者开发生物基产品。②保育储备计划（conservation reserve scheme，CPR）是一个自愿提供给农业生产者的项目，旨在环境敏感的农田上种植长期的、资源节约型的牧草或树木。保护储备增强计划（conserve reserve enhancement plan，CREP）是 CRP 的一部分，非联邦合作伙伴与资源和联邦资源相结合，以解决州内高度优先的保护问题。CRP-草原项目是一项帮助土地所有者和经营者保护草原（包括牧场、牧草地和某些其他土地），同时保护这些地区牧场的自愿项目。CRP-美国国家野生动物保育项目（state animal found evaluate，SAFE）是 CPR 下持续获得支持的一个自愿项目。SAFE 旨在保护州和地区高度优先重视的野生动物。CPR-过渡鼓励项目（transition incentive program，TIP）是协助到期的 CRP 项目中的土地从租约到期或即将到期的所有者或经营者过渡成为新的农民或牧场主的土地项目，使土地恢复生产，用于可持续放牧或农业生产。③应急保育项目（emergency conservation program，ECP）提供紧急基金和技术支持用于帮助农民和牧场主可以恢复和重建被自然灾害破坏的农田。④紧急森林恢复项目（emergency forest restoration program，EFRP）向符合条件的农村非工业私有林地所有者提供支持，以便其采取紧急措施。⑤农田湿地计划（farmland wetland program，FWP）是一项自愿项目，旨在减少下游水灾的破坏，同时改善地表和地下水的质量并通过湿地的保护作用实现地下水的补给。⑥水源地保护项目（source of water area protection program，SWAPP）是一项由农业服务局和非营利国家农村水协会共同努力完成的项目。

（二）保育与保护项目的具体实施措施和好处

第一，永久引入草和豆科植物的建立（CP1）。它的好处是可以控制土壤侵蚀，防止土壤因风蚀和水蚀作用而流失；通过截留沉积物和营养物质从而改善和提高水质；为草原和猎鸟等野生动物品种创造栖息地，达到保护野生动物建立其栖息地的作用；同时还有利于土壤的碳储存作用。第二，草地水道（CP8）。它的好处是减少土壤侵蚀，防止峡谷的形成，控制土壤侵蚀作用；通过截留沉积物和营养物质从而改善和提高水质；为传粉者（如蜜蜂）、草原动物和野生鸟类创造栖息地。第三，过滤带（CP21）。它的好处是通过截留沉积物和营养物质从而改善和提高水质；减少土壤的侵蚀作用和捕获沉积物，保护土地；为野生动物提供栖息地和生态栖息走廊；同时还有利于土壤的碳储存作用。第四，河岸缓冲区（CP22）。它的好处是通过截留沉积物和营养物质从而改善和提高水质，冷却水温，稳定河岸，改善野生动物栖息地；有利于土壤的碳储存。第五，边界牧场、野生动物缓冲区。它的好处是通过截留沉积物和营养物质从而改善和提高水质，保护土壤；为传粉者（如蜜蜂）、草原动物和野生鸟类创造栖息地；同时具有防洪作用。第六，边界牧场湿地缓冲区（CP30）。它的好处是通过截留沉积物和营养物质从而改善和提高水质，保护土壤；为传粉者（如蜜蜂）、草原动物和野生鸟类创造栖息地。第七，纽约市自然保护区项目（conservation reserve evaluation program，CREP）。这一项目主要与纽约市、流域农业项目、流域农业委员会、康奈尔大学、纽约市环境保护署和美国农业部（USDA）农业服务机构合作。第八，Skaneateles 湖流域农业项目，这一项目主要与雪城（Syracuse）、Skaneateles 湖流域和美国农业部（USDA）农业服务机构合作。第九，纽约州 CREP。这一项目主要与纽约州政府、纽约土壤和水行政区、Upper Susquehanna 联盟和美国农业部（USDA）农业服务机构合作。

农业服务局提供和支持的保育与环境保护项目及其中的一些具体的实施措施，可以很大程度地提高农民的工作积极性，保证农民的收入，改善农田环境，同时也保证了农田的可持续生产。

三、资源保护局

美国加利福尼亚州资源保护局（https://www.conservation.ca.gov）有四个大处分管不同的工作。第一大处管理石油、天然气等资源；第二大处管理矿业，尤其是开矿等资源；第三大处管理地理调查，主要是地震；第四大处为美国农地保育处。美国农地保育处一个重要的工作就是农地绘图，把每个地方的农地进行定点绘图并标出具体用途。农业政策是要保护农地不被作为其他用途，可通过以下两种方式实现。一个方式是为农民减税，只要该地区一直作为农业用地区，其农民就会享有减税的优惠政策；另一个方式是城市郊区的农地由于城市的不断拓展，不再适应作为农业用地，这时要有导向地实现农地的城市化再利用。基于此，由政府出资购买农地，支持农民继续耕种。目的是让适合于农业生产的耕地一直用于农业生产，不太适合农业生产的土地转为城市发展用地。加利福尼亚州是全美最大的农业州，也是人口最多的州，基于城市发展的压力，城市发展不断挤压农业用地空间。因此，资源保护局的工作要有导向性地告诉美国政府制订哪些保育计划是可行的，哪些是需要做出调整的。一般有两种方式保育农地。第一种，通过股票，发行债券，利用债券募集资金购买农地，保持农业可持续生产；第二种，碳交易计划。一些大公司排放温室气体，需要付费排放。利用这些资金建立相应的基金，其中的一部分用于农地保育，购买农地。另一项重要工作就是寻找可大规模耕作的农地，该农地指的是连片的农地，同时要考虑土壤和水等各种因素。土壤和水是农业不可或缺的两大基质，同时也要综合考虑其他因素的影响。加利福尼亚州资源保护局局长 David Bunn 认为在国际上有十大农业生产区，其中加利福尼亚州是世界举足轻重的农业生产区之一。他认为，农地保育计划不应该只属于加利福尼亚州，而应该推广到世界各地，推进世界农业的可持续发展。

四、加利福尼亚州中心河谷地区水质量管理委员会

加利福尼亚州中心河谷地区水质量管理委员会，是水资源的控制委员会，是加利福尼亚州政府重要的农业机构，主要为农场主提供资金，同时参与水费确定。主要负责灌溉区域的监管，目的就是灌溉水排放后不会产生二次污染。中心河谷地区水质量管理委员会负责的灌溉面积占加利福尼亚州的 75%，总共有 2.5 万 km²，其下设 14 个农业相关的联合会指导不同的农作物参照不同标准进行水分管理。按照相应的政策，任何一个从事商业运作的农场，进行灌溉，都需要申请许可证，并根据相关要求实施管理。

作为中间人的作物联盟主要负责向会员解释与协调，监管机构需要什么样的政策，需要什么样的要求和需要达到什么样的排放标准。农场主加入联盟是需要付费的，但是这个联盟提供很多服务，让整个报告的手续简化。中心河谷地区水质量管理委员会负责监管联盟，了解所在区域水质的状况，监测水质样本，包括地表水和地下水。如果发现问题，需要针对某个或者某些农场主进行问询，例如，排污出现什么问题，要有什么样的整改措施？在何期限内来整改等。

当有违规的情况发生以后，联盟没有执法权，需要向监管机构报告，中心河谷地区水质量管理委员会进行监管和执法。中心河谷地区水质量管理委员会对联盟具有发牌照权利，进而约束联盟。加利福尼亚州中部地带主要的问题就是地下水，因为氮肥用得很多，硝酸渗透到地下水，对人体健康造成影响。地下水作为主要饮用水源，水质至关重要，要优先保护。

对地下水要有针对性的管理计划，根据管理计划来实施保护措施。基于保护性的措施，氮肥的使用要进行量化。地下水质有具体的分析指标，如有潜在的硝酸盐污染，在各区域内均要标识。通过氮平衡的计算确定有多少氮留在土壤里，同时有多少可能渗入地下水中。另外，针对性地设置专门的农田灌溉用氮管理计划，施用氮肥后填表报备，以供联盟和中心河谷地区水质量管理委员会进行信息核查。

农场主在播种前要有具体的施肥计划，将其提交给联盟，后者汇总后报中心河谷地区水质量管理委员会。联盟必须要根据汇总的报告做出系统的总结性分析，根据汇总的资料进行一些技术性的统计学分析。将可能导致水体污染的存在过量

施肥的区域标识，并做相应的处理。在整个过程中，联盟要负责做水质的监测。每一个监测点就是一个代表性的样本，同时监测它的标准的农药残留情况。关于代表性样品点的选择，主要考虑该地种植的代表性作物，及其水文学特征等。

虽然联盟不监管农药，但是农药对于地表水的质量是非常重要的，所以农药的污染在监测范围之内。从 2008 年开始，最初有 27 种登记的农药，到 2018 年，开展新的工作计划形成完整的农药监测和评估程序。不同区域、不同作物使用的农药均有相关数据，明确到具体农药的成分、毒性水平等。

中心河谷地区水质量管理委员会得到了这些资料以后进行评估分析。如果超过标准，就需要采取相应的措施，比如说在三年之内有两年都超过了这个规定的标准，这个时候就要求联盟做出相应的改变，如调整施用农药的方式，或者做出相应的整改措施来满足要求。然后针对该管理计划，中心河谷地区水质量管理委员会相应做出调整，以应对出现的问题。

从 2004～2017 年，中心河谷地区水质量管理委员会的监测样本已有多达 284 000 份分析结果，其中约 8% 的测试样本超过了警戒水平。在 8% 里面进行细分，61% 是物理特性的问题，12% 是农药超标的问题，11% 是重金属的问题，9% 是大肠杆菌的污染，毒性的样本占 6%，1% 是硝酸盐超标的样本。

联盟根据所在区域存在的问题，提出相应的管理计划，然后由联盟和所有的成员来实施这个计划，目的就是针对存在的问题进行整改，希望各种超标的问题得到解决，不管是减少用量还是用替代等相应的措施，都需要有相应的评估标准和评估方式，并列出整改的日期，以及需要达到什么样的目标，最后联盟和成员进行联络交流。

该管理计划的完成决定了整个项目的完整性。通常以三年为周期，确保不同季节采样分析都达标，确保水质安全。在实际过程中，需要与联盟成员进行双向的信息交流，进行有效的整改。由于整改具有针对性，措施达标后，水质安全能持续有效。从 2008 年开始执行计划，共制定了 813 个管理计划，截至书稿完成之时已完成了 202 个。

第二节　科研单位

关于土壤健康，美国康奈尔大学农业与生命科学学院的土壤健康团队对其进行了系统研究。通过对康奈尔大学的 6 个试验农场和与纽约州农民合作建立的 10 个试验农场的长期监测和开展的对比试验，同时在广泛分析纽约州、佛蒙特州、马里兰州和宾夕法尼亚州的农民和农业技术人员送检的大量土壤样品的基础上，于 2007 年提出了土壤健康综合评价体系（CASH）。随后几年，随着研究的深入，该系统得到不断的补充和完善。土壤的健康包括土壤的物理、化学和生物三个方面的指标。为了更好地对土壤健康进行综合评估，在土壤管理评估框架的基础上，测定 12 项指标，从而用于指导管理决策。指标的筛选原则是：与重要土壤过程相关；具有一致性和重现性；取样方便简易；测定成本低。化学的指标包括标准的土壤测试指标加可选部分，主要包括可提取态的磷、钾和微量元素，以及土壤酸碱度。物理的指标包括团聚体的稳定性、土壤中水分的可利用能力和 2 个深度的土壤的穿透阻抗性以用于反映土壤的紧实度。生物学指标包括土壤有机质含量、活性碳、土壤蛋白质、土壤呼吸的生物测定。通过对这些指标体系进行测定，利用广义得分函数计算并与已有的土壤库中的数据进行类比，对土壤健康进行量化评估，最后出具一份土壤健康综合评价报告，有不同测定指标的得分，并被标注成不同的颜色。绿色表示这个指标是健康的，而红色的则表示这个指标需要特别关注，并对不同得分的指标提出短期管理和长期管理的建议，为恢复土壤健康及土壤可持续利用提供指导。

在 2014 ～ 2019 年，美国实际上已经有很多州的土壤都在康奈尔大学的土壤健康实验室进行了土壤健康综合评价指标的测定。他们通过将这些指标与土壤健康得分、土壤健康状况进行分析后，发现土壤的生物学指标是最能够反映土壤健康状况的指标，其中以土壤活性碳指标的相关性最高。换句话说，如果农民的测试资金比较紧张，而且又急需要知道土壤的健康状况，只要测定土壤的活性碳指标就可以大概了解土壤的健康状况。此外，他们还研究了农田和草原、不同耕作管理条件下土壤健康综合评价体系中指标的差异，找出了不同指标与作物产量之间的关系。这些研究结果，为了解土壤的健康和在土壤上开展相应农业生产提供了重要的技术支撑。

康奈尔土壤健康评价系统通过分析测定土壤健康指标来评价农田土壤的健康状况，在此基础上，给农民未来的农田管理方式提供指导和建议，通过改进农田管理方式（耕作方式和种植结构等），来恢复和提高农田土壤的功能和性状，以达到农业生产过程中的低投入、高产出。由于该系统的主要服务对象为农民，研究通过农田管理方式的调整在较短时间内改善农田土壤的动态质量，因此使"土壤健康"这一概念逐步得到人们的认可。

另外科研机构也从事了许多关于土壤健康和保育方面的基础科研工作，如加州大学的 Sanjai Parikh 教授（个人网址：http://parikh.lawr.ucdavis.edu）系统研究了生物炭。生物炭（biochar）是一种作为土壤改良剂的木炭，能帮助植物生长，可应用于农业用途及碳收集及储存使用，有别于一般用于燃料之传统木炭。生物炭与一般的木炭一样是生物质能原料经热裂解之后的产物，其主要的成分是碳分子。土壤中使用生物炭有以下好处：碳捕捉、增强耐旱性、增强土壤肥力、减少营养流失、提高作物产量和质量、减少温室气体、土壤修复、增加土壤 pH、改善土壤微生物的组成等。然而由于不同的生物炭的吸附性质明显不同，应用到的领域也不同。数据库（http://biochar.ucdavis.edu）中对 1500 种生物炭的性质进行了整理和分析，使用者可以根据不同的需求来选择合适的生物炭。生物炭在应用的过程中容易产生污染的颗粒，要注意应用过程中的健康问题。

第三节　中介组织和协会

美国现有 10 万多个行业性质的协会组织，涉及经济、社会的方方面面。涉农行业协会也应有尽有，既有以某行业名字命名的一类行业组织，如食品加工协会、农牧协会、小麦协会、种子协会、杏仁协会、大豆协会、饲料协会等，也有不以协会为名称的行业组织，如美国的世界农业展览中心、世界贸易中心等。尽管名称不同，但其组织模式、作用和性质类同。美国农业社会化服务体系健全，保证了家庭农场的规模性运营。在美国的社会化服务体系中，各种农业行业协会对美国农业的发展起着非常重要的作用。

一、美国农业行业协会

在美国，不论行业大小都有相关的行业协会或联盟等，组织形式健全，功能完善。农业行业协会一般是由从事某些特定生产或经营活动的农户和农产品加工企业，在自愿的基础上共同组织起来的非营利性民间机构，协会通常由理事会负责，下设若干业务部门或专业咨询委员会，会员定期选举在行业内有一定影响、信誉良好的人作为协会负责人。协会相对独立、自主运营、经费自理和具有一定的法律地位，各行业协会均代表会员的利益。主要职能是为会员服务，维护会员的合法权益，保障会员企业正常生产经营，维护行业有序发展，其经费来源主要是会员缴纳的会费。

完善的行业协会组织及各种联盟，是维护美国农业得以稳定发展的重要原因之一。美国农业行业协会对农业发展的促进作用主要体现在以下五个方面。

1. 影响国会及地方立法

维护会员利益是美国行业协会同议会及政府的共识，形成一种互为需求和互相配合的关系，行业协会作为会员利益的代表，非常注重与议会及政府的沟通，进行行业调研，及时将行业的意见反映给立法机关与政府，在一定程度上影响法律的制定和政策的取向，给行业带来实际利益。政府和议会也需要行业协会充分反映情况，为立法和行政管理提供依据，并承担行业管理职能。例如，《美国法典》规定，联邦农业部在进行重大决策时，必须召开听证会，听取有关农业行业协会的报告。行业协会还具有包括提起行政复议和司法审查在内的监督行政机关行政决策的职能。

2. 在国际贸易中维护行业经济利益

当进口商品对相关商品造成严重损害或形成威胁，或者低价销售农产品损害到生产者利益时，协会便会对生产成本进行调查，向商务部提出反倾销诉讼，协会采取联合行动，增强会员对抗反倾销的能力。同时协会代表行业提出报告，建议采取临时性的限制措施来保护国内产业。例如，美国养蜂协会曾多次对中国蜂蜜提起反倾销诉讼，结果，我国蜂蜜被裁决征收平均高达 150% 以上的反倾销税，出口额急骤降低。同时，协会不断加强与国外有关组织的联系，协调国际纠纷，帮助农民开拓国外市场，参加国外反倾销应诉等。例如，美国大豆协会为减少中国大豆进入美国市场，冲击美国豆农的利益，就在中国推广大豆食品加工技术和设备，宣传大豆食品的好处，尽量使中国大豆在中国消费。而且，随着大豆加工能力不断提升，中国不得不从美国进口大豆以维持生产，不但保护了美国大豆生产者的利益，还开拓了中国的大豆市场。

3. 为会员提供各种服务

一是开展劳务、技术、行业标准培训，并介绍业务动态和开展学术交流，提供管理咨询服务，对会员在生产和经营管理中遇到的问题进行调查研究，帮助会员企业改善经营。二是提供海外农产品市场信息服务，美国是一个非常注重信息的社会，为会员提供海外市场信息，并利用海外分支机构，推销本国产品，代表会员利益开展国际贸易，是协会的一项重要职能。例如，杏仁是美国加利福尼亚州最著名的经济作物，加利福尼亚州杏仁协会担负着推广最优质的杏仁产品和提高全球杏仁消费的使命。当人们还不太了解美国杏仁时，杏仁协会通过其在亚洲、欧洲、美洲各大城市的代表处举行各种推介活动，进行普及宣传，广泛开发国际市场、扩大人们对杏仁的了解及需求。当人们接受了美国杏仁后，协会又与多所大学和医疗单位合作，对杏仁的营养及保健功能进行研发，进一步培养市场，在杏仁协会的努力下，中国已成为美国大杏仁销量增长最快的地区。杏仁协会还在食品安全、环境保护及产品质量、种植及采摘技术的改良、行业信息的统计分析、资料分发和行业强制性质量监督等方面为种植商与加工商及时提供各种信息服务。三是提供农产品市场需求信息，迅速反馈给协会总部，据此确定年度种植计划并向会员下达订单。

4. 有效协调机制

例如，价格协调，在国内协调本行业产品价格，在国外市场上保护本国产品的合理价格，以减少国际贸易摩擦。为避免会员采用低价格战略竞争国际市场，从而遭到反倾销或反补贴诉讼，协会通常采取最低限价的保护措施，不但减少了国际贸易中的摩擦，而且维护了会员的基本经济利益。协会始终坚持"价格统一"原则：同一地域根据关税水平实行统一销售价，从而消除了行业内部的恶性竞争。同时协会根据市场供求变化情况，适时进行价格调整，以促进产品的销售。

在美国现实生活中，许多违章与经济纠纷，都是通过行业协会协调处理的。美国行业协会对内注重协调行业规划、业务指导和市场调查等。对外注重协调会员与政府、会员与公众、会员与其他社会团体之间的关系，对政府权力进行一定程度的制约。

5. 制定行业标准

制定行业标准是协会的一项重要职能。行业标准是规范会员生产行为、提高产品质量最有效的手段之一。协会为产品的生产过程和最终质量制定科学的行业标准，从产品的选种、栽培、跟踪、采摘、果品等级筛选和包装等实行一系列标准化生产过程，使产品的质量得到可靠的保证。其中，有不少条款甚至被立法和政府机构所采纳，在客观上起着补充和完善法制的作用。

二、其他协会和中介组织

（一）加利福尼亚州牧场信托基金会（CRT）

加利福尼亚州牧场信托基金会是一个民间组织机构，主要是代表畜牧产业的会员利益，向政府和社会呼吁。

加利福尼亚州的牧场总面积约 15 km^2，约一半为私有，一半为政府公用。放牧对土壤环境有很多益处。放牧对保护野生动物，防火灾，尤其对加利福尼亚州的火灾，有很多积极的影响。对于牧场主，多数时间在私有牧场放牧，在夏季少雨时节，可以获得许可到政府或者其他机构拥有的开放牧场地去放牧。在私人牧场内，主要放牧小牛，待养到 $317 \sim 408 \text{ kg}$ 重的时候就考虑出售。因此，私人牧场内的母牛，目的是繁育，保持牛群的不断扩大。设有专门的机构将小牛养至肉牛，饲料为玉米或各样的饲料，这个饲料主要生产于科罗拉多州，因此加利福尼亚州小牛养育需要较高的成本。在加利福尼亚州，从牛育肥到宰杀、打包和分装，销售到市场，只有两家公司在从事这个行业。故多数私人牧场内的小牛会被卖到其他州。另外，从小牛育大到屠宰会有美国食品药物管理局（Food and Drug Administration，FDA）专门派相应的卫生监察员做肉品的监测，其中屠宰条件严格、成本较大，是开展规模化、集约化屠宰的原因。

对于政府或者其他机构的公共牧场，私人牧场内的牛在夏天可以过境放牧。加利福尼亚州有 53% 的土地是联邦拥有，这些土地多数用于支持放牧。近年来，尽管有养牛者协会、加利福尼亚州的牧场信托基金会支持，但在联邦的土地上放牧的牛的数量在减少。因为人口的增加，城市化的拓展，所以对牧场形成压力，造成养牛成本增加。所以在加利福尼亚州，下一代牧场主的发展是一个关键问题。此外，从美国全国来看，一些监管机构对放牧也造成很大压力。私人牧场内养牛的数量需要达到一定规模才能有经济利润。

养牛者协会还会负责处理对畜牧产业发展不利的社会舆论问题，代表牧场主发言。例如，"牛肉也许会致癌"、"有一天孩子们的午餐就吃素，不吃含任何肉类的提案"、"人造肉"等。养牛者协会进行科学普及，说明人造肉只是植物蛋白，而非真正的牛肉制品，以通过改变外包装等方式来提醒人们。

养牛者协会还会负责维护动物的权益，要求善待动物，并将其反映到生产和品质中。当发现有个别牧场主存在欺凌虐待动物的时候，养牛者协会进行舆论公关，同时要求牧场主按照规程来办。此外，对于抗生素使用也有相应的政策监管，具体到牛产品身上，会进行相应的标识体现。目前正在提倡养牛禁止使用抗生素。

养牛者协会、加利福尼亚州牧场信托基金会通过与政府机构和立法机构的双向沟通，推出更为合适的法案。例如，涉及野生动物的保护方面，协会需要让养牛者知道，这是被保护的品种，不能随便猎杀。养牛者协会、加利福尼亚州牧场信托基金会与立法机构一起运作，将以前的这种对野生动物的保护的法案现代化。

美国牧场的用地保育主要是靠信托基金会进行。基金中的地役权，就是通过基金会向政府申请经费来购买土地的使用权，确保这个土地永远都用于放牧。主要是出于保护土地的目的，保护环境，放牧对土壤的健康环境的保护都有很重要的积极的意义。作为放牧，可以减少火灾，同时减少碳汇从土壤流失，利于改善土壤环境。目前加利福尼亚州牧场信托基金会已经保育了 0.13 万 km^2 的开阔牧场地。土地保育还有一些其他优点。首先，就是要保护野生动物，土地保育以后，保存了牧场的存在，野生动物也得到了保护；其次，适当的放牧改良土壤，能够帮助地下水的恢复；最后，减少温室气体的排放，减少土壤碳汇的流失。

美国有全国性的土地信托基金会，同时每个州也有相对独立的信托基金会，但其都属于民间组织。信托基金会具有专门针对公共用地和私人用地的保育计划。牧场主通过向信托基金会出售牧场的地役权，以地役权为纽带要求牧场主必须将私有土地用于农业或者牧业的经营。地役权的费用大概占到整个土地价值的 75%。

购买地役权资金的来源，绝大部分来自税收。税收来自公众，需要向公众解释为什么要以税收购买地役权。以公众的资金，来保护私人拥有土地的地役权，以实现牧场的最优化，这一措施实现了公众和牧场主双赢。信托基金会发挥政府机构和私人牧场主之间的桥梁纽带作用，以政府的资金，与私人牧场主建立合同。购买地役权的资金一方面需要私人的捐助，另一方面还需向联邦政府和州政府申请项目，以保持信托基金会团队的运作。在加利福尼亚州，农场成为重要的教育基地，并与学校建立交流机制，学校会定期开展农场参观、农业劳务活动，提升学生热爱农业的意识。

（二）加利福尼亚州农地信托基金会

加利福尼亚州总共种植了 400 多种农作物，其中种植了全美 99% 的杏仁、菊芋、桃子和核桃。加利福尼亚州拥有独特的气候、土壤和水，使得加利福尼亚州农场不仅是美国的"粮仓"，也是世界重要的商品粮基地。然而，随着加利福尼亚州人口的激增，为人们提供食物的农场正变成商场、停车场、仓库和其他用途。如果不采取任何措施，将达到一个临界点，人口太多，且没有足够的土地来种植人们赖以生存的食物和纤维。于是在 2004 年 5 月经历了 4 次州合作会议决定成立中央山谷农地信托基金。2008 年 9 月得到了中央山谷农地信托基金土地信托认证委员会认可，2017 年 12 月合并了一些小的基金会并更名为加利福尼亚州农地信托基金会。加利福尼亚州农地信托基金会与期望自己农场永远是农场的农民自愿合作，为他们的财产提供法律保护，这称为地役权。使命是帮助农民保护世界上最好的农田，帮助加利福尼亚州农民永远确保他们的农场不做他用。截至书稿完成之时，在中央山谷有将近 65 km² 的土地被加利福尼亚州农地信托基金会保护着。

农业保育地役权：加利福尼亚州农地信托基金会用来保护农场的机制被称为农业保育地役权。保育地役权是土地拥有者自愿给予的契约限制，契约用来保护土地等生产性农业资源，而不作为非农业用地等开发。在实施地役权时，土地所有者将土地开发权交给加利福尼亚州农地信托基金会，而该基金会无法行使这项权利，结果是农场成为无法开发的财产，必须始终用于农业。作为交换，土地所有人因出售他们的地役权可以获得一定的补偿。保育地役权最重要的就是为了保持农业耕地的永久性。没有两个农业保育地役权是一样的，保育地役权可以根据土地所有者个人的需要制定灵活的文件，即可覆盖整个土地所有权也可以是土地所有权的一部分。出售地役权完全是自愿的，但地役权是永久性的，与土地同时存在。地役权不太可能终止或取消，尽管在特殊条件下可以终止或取消，如征用为公共道路建设，则由征用权终止。

农民选择农业保育地役权的原因主要有以下几方面：①为长期生产目标筹集资金；②为了传承规划，即将农场传给下一代；③永久保护家庭的农业遗产；④偿还债务，这样孩子就可以免债继承土地；⑤购买更多的土地；⑥扩大或改进业务。

　　加利福尼亚州农地信托基金会的重要性：加利福尼亚州农地信托基金会是有资格的、经认可的非营利组织，帮助土地所有者完成地役权交易，并监督和执行协定中规定的限制。董事会成员是农民和有农场意识的个人，且了解农业的日常运作。董事会要从农民的最佳利益出发看待每一笔交易。

　　完成地役权交易有几个重要的考虑因素：①土地必须符合选择标准；②土壤存在潜在的长期威胁如灌溉等，同时已有目标和计划消除威胁；③地役权是永恒的；④长期规划，农田区、未来基础设施；⑤必须包括家庭成员、律师和会计师；⑥过程长，从开始到结束至少需要2年时间；⑦资金来源于赠款和政府配套资金。

　　当加利福尼亚州农地信托基金会签订了地役权之后，他们和农民形成了正在进行的伙伴关系，并完成每年的年度监测，当土地的经营或出售发生变化时，也必须及时通知加利福尼亚州农地信托基金会。

（三）西部植物健康协会

　　西部植物健康协会（Western Plant Health Association，WPHA）代表加利福尼亚州、亚利桑那州和夏威夷的肥料和作物保护制造商、生物技术供应商、分销商和农业零售商的利益。在加利福尼亚州、亚利桑那州和夏威夷销售肥料、土壤改良剂、农业矿物和作物保护产品的所有公司中，西部植物健康协会成员占90%以上。

　　西部植物健康协会的使命：促进农业健康和环境安全，提供并使用植物健康产品和服务，以生产安全和优质的食品、纤维和园艺产品，并同时为会员提供积极的商业环境，在立法和监管事务中促进会员和行业的发展，促进环境管理和良好的农艺实践，促进成员与公众有效地进行沟通。

　　西部植物健康协会的目标：有效地倡导和影响政府，使其成员在一个行业获得最佳利益。保持和提高成员委员会的有效性；培养能够分析并清楚地向成员解释核心问题的工作人员；通过研究和交流，向政府管理层、其他协会和公众清晰地传达会员信息；向协会成员提供项目，并帮助他们解释立法和法规的结果及如何执行法规中新产生的要求，使成员遵守政府法规。

　　在肥料和作物保护产品管理的前沿，西部植物健康协会成员致力于所有植物保健产品的正确使用、搬运、运输和处置。此外，西部植物健康协会的成员支持各种教育和研究项目，以确保所有肥料和作物保护产品以无害环境的方式使用。

　　西部植物健康协会支持的管理计划包括：①加利福尼亚州食品和农业局；②肥料研究和教育计划；③城乡环境管理联盟；④无水氨运输安全方案；⑤职工保护与教育；⑥通信。

　　虽然农业是加利福尼亚、亚利桑那和夏威夷的主导产业，但城市化进程的加快使得餐桌上的食物和种植这些食物的田地之间产生了脱节。为了帮助解决这一问题，西部植物健康协会成员积极参与各种交流项目，以提高对化肥和作物保护行业在环境、经济和日常生活中所起关键作用的认识和理解。

教育活动包括：培训和信息研讨会、公共演讲活动、媒体关系、社交媒体参与教育视频、加利福尼亚肥料基金会校园赠款计划。

通过与联合组织的密切联系，西部植物健康协会监测和指导涉及植物卫生行业的农业和城市问题。西部植物健康协会定期与地方政府、其他农业协会、联盟和国家监管机构等组织和实体进行互动。每年，这些活动为西部植物健康协会和会员公司提供了无数的合作、教育和沟通机会。

西部植物健康协会积极参与地方、州和国家层面的工作，向立法者和监管者宣传准确、科学的信息。通过西部植物健康协会基层项目，成员有机会直接与立法者交谈，并提供行业致力于环保实践的第一手资料。每年，西部植物健康协会赞助许多研讨会、讲习班和会议，帮助会员和非会员就环境、安全和其他问题及时进行培训。虽然西部植物健康协会主要关注国家和地区问题，但也与华盛顿特区的以下组织密切合作：肥料研究所、美国作物协会、农业零售商协会等。

（四）城市 / 农村环境管理联盟

城市 / 农村环境管理联盟（Country Union of Rural Environmental Science，CURES）最初是由作物保护行业发起和资助的，其目的是促进环境管理和作物保护产品的合理应用。由西部植物健康协会与种植者和监管机构合作，制定解决产品非现场移动及产品监测等问题的方案，这使其在评估监测结果和应用培训机构中成为中立的具有较多声誉的机构。随着水资源机构的重点转向植物营养物质，CURES 也已扩大了业务范围，如与种植者联盟及水委员会合作，创建营养物质监测、硝酸盐报告和减缓等计划。CURES 执行主任现在已管理多个种植者联盟集团。

CURES 主要包含以下项目：①内外喷雾漂移技术；②除虫菊酯安全使用规程；③安全新烟碱应用规程；④有机磷地表水监测方案；⑤中央山谷灌溉地土壤养分含量报告；⑥中央山谷地表水监测项目；⑦中央海岸地下水监测项目；⑧国家水资源委员会安全饮用水更换计划。

（五）纽约州水土保持协会

纽约州水土保持协会（New York State Soil & Water Conservation Committee，SWCD）是由农业、环境及相关领域的咨询委员组成，SWCD 代表全州、联邦和地方各机构及公民、私营企业的利益。SWCD 的使命是全面推进水土保持和自然资源管理。

农业环境管理（Agricultural Environmental Management，AEM）：是地区水土

保持协会（SWCD）下属机构，主要负责农田环境管理与水土保持工作（图 5-2）。AEM 根据农业环境可持续发展需求，基于地方保护协会和当地农民之间强有力的技术支持和关系，在保护环境的基础上提高农业的长期经济生存能力。AEM 鼓励农民申请农业环境项目，项目包括：土壤健康、气候适应性，以及农业产品推广等。

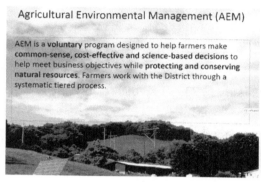

图 5-2　农业环境管理（AEM）简介（图片由田健提供）（彩图请扫封底二维码）

　　AEM 宗旨：长期以来，农民一直被视为土地管理者，农场的长期发展直接取决于土壤和水资源的健康和活力。AEM 旨在帮助农民进一步保护土壤和水资源及其他重要的自然资源。通过参与 AEM，农民提升农田土地管理方法，为农业可持续发展做出了贡献。如果 AEM 在项目评估过程中，发现农业环境问题，农民可以根据 AEM 提出的具体方案，采取措施解决这一问题。AEM 评估、规划和实施过程有助于整合地方、州和联邦的资金和技术，为农民提供最大的经济和环保效益。农民始终是 AEM 服务的主体，AEM 协助农民达成当地、州和联邦的农田环境和水质要求。

　　AEM 的主要目标是保护和改善环境，同时保持纽约州农业的生存能力。

　　此外，AEM 还致力于如下几方面的工作：

　　1）记录农民已经开展的环境保护管理工作；

　　2）根据每个农场的自然状况提出最佳管理实践方案（best management practices，BMP）；

　　3）为农民提供法律、法规咨询服务；

　　4）减少农民承担责任的风险；

　　5）提高非 AEM 会员在农业发展与自然资源保护方面的安全意识；

　　6）提高农民对农田生态环境的认识；

　　7）为农民提供一站式项目服务，了解、申请并整合各种地方、州和联邦援助和奖励计划；

8）有效利用有限的公共资源和财政资金；促进农民、农业服务机构和农业企业之间的合作。

AEM 基金：2004 年，纽约州农业和市场部与美国农业部、纽约州水土保持协会合作，建立了 AEM 基础资金计划，为农民提供非竞争性资助资金，制定了 5 年郡县发展战略规划。AEM 基础资金计划使所有地区都能够参与，增加保护规划活动，并通过保护计划和全州 BMP 评估来保护过去的投资。

AEM 基础项目：为与 SWCD 合作的农民提供技术服务与资金援助。申请到的项目可通过竞争性成本分担计划，得到其他地方、州和联邦的相关配套资金。

2016 ～ 2017 年，AEM 基金项目向农民提供 239 万美元的农业水土保持技术援助资金，同时提供了约为 60 000 h 的技术服务援助，以保护农田土地。同年，AEM 引进了 563 个新农场，进行了 329 次环境评估，制定了 244 份农场计划，实施了 258 项保护措施。

AEM 获奖：位于怀俄明州佩里的 Dueppengiesser 乳品公司获得了 2017 年农业环境管理（AEM）奖。Dueppengiesser 乳品公司属于早期参与 AEM 项目的公司，在 AEM 项目资金和技术支持下，在减少耕作、使用覆盖作物和营养管理方面取得了显著成效，对当地土壤和水质保护起到了重要作用。该农场举办了一个纽约西部土壤健康农场日，其中包括一个示范区的播种间覆盖作物。这使得覆盖作物可以种植在一排直立的作物之间，有助于确保覆盖作物在撒播肥料之前被种植。另外，该农场与怀俄明县水土保持站密切合作，怀俄明县水土保持站开展积极的农业环境管理项目，自成立以来已帮助过 361 个农场。

AEM 项目申请流程：农民自愿申请项目，AEM 会帮助农民做出常识性、经济性和科学性的决策，以帮助实现农业经营目标，同时保护当地的自然资源。

农民与当地 AEM 资源专业人员合作，使用分层流程制订综合农场计划。

第 1 层：分析当地自然状况、未来计划和潜在的环境问题（图 5-3）。

图 5-3　综合农场计划制订流程 1（图片来源于 AEM）（彩图请扫封面二维码）

第 2 层：记录当前的土地管理情况；评估和优先考虑重点领域（图 5-4）。

图 5-4　综合农场计划制订流程 2（图片来源于 AEM）（彩图请扫封面二维码）

第 3 层：制订保护计划，针对农民所关心的目标，提出解决方案（图 5-5）。

图 5-5　综合农场计划制订流程 3（图片来源于 AEM）（彩图请扫封面二维码）

第 4 层：整合各方面的资金、技术等资源援助实施计划（图 5-6）。

图 5-6　综合农场计划制订流程 4（图片来源于 AEM）（彩图请扫封面二维码）

第 5 层：确保环境资源保护和农田利用能力（图 5-7）。

图 5-7　综合农场计划制订流程 5（图片来源于 AEM）（彩图请扫封面二维码）

AEM 郡县合作机构 / 项目：
County Water Quality Coordinating Committees 郡县水质协调委员会；
County Soil & Water Conservation Districts 郡县水土保持区；
NYS Conservation Reserve Enhancement Program 纽约州保护区加强计划。

第四节　土壤健康维护案例
——加利福尼亚州有机综合核桃农场

　　农场是美国农业的微观主体，平均面积 1.6 km²，其中家庭农场占 80% 以上。家庭农场是经营性农场，农场主不仅种植庄稼，还要进行农产品经销，许多农场主既是经理，也是主要的农事工作者。农场主不仅需要考虑土壤健康，还要考虑农作物的产量、质量等。以下是一个关于土壤健康维护和有机核桃生产的经典案例。

　　加利福尼亚州有机综合核桃农场，该农场主大约有 1.62 km² 的核桃，另外还替其他所有者种植核桃 1.2 km²，该农场帮忙采收，他们有自己的加工农场。另外还有 60 家核桃农场主的核桃由这个有机核桃农场帮忙进行干燥等后续处理。

　　与其他果树一样，不同品种的核桃，采收季节不同，每种核桃的品种特征也有所差异。虽然品种和品质不同，但是所有的核桃都采用有机栽培，不使用任何化学物质，如除草剂，以 100% 作物覆盖抑制杂草生长，覆盖物主要由 3 种不同的三叶草及其他的植物混合组成，覆盖物每 5 年要重新播种，然后不再翻耕。在准备采收核桃之前先用割草机将覆盖物割除，使土壤裸露。有机核桃栽培始于 1990 年，通过这种栽培方式维持土壤健康，减少 CO_2 的排放。收获时只需将覆盖物割除而不用翻耕，因为翻耕会促进土壤有机质分解产生碳释放到大气中，该措施可优化土壤多功能生态系统。通过这样的方式减少对土壤的破坏，保护有益的昆虫、节约水和保护环境。以种植不同的豆科植物进行年际品种优选，另外不同品种的豆科植物开花时期不同，错开昆虫的传粉期，以延长结果期。春季，这些覆盖植物生长得非常迅速，仅一个月时间即可长到 50 cm 左右高。等到草本科的覆盖物长到一定高度，在结籽阶段，通过调节割草机的高度，把草本科覆盖物的大部分种子穗去掉，只留 30 cm 左右的高度以抑制草种的散播。豆科植物则继续留在这里进行固氮。冬季一年生的植物，在五六月结籽，在夏天干旱的时候就干枯了，夏天地上会留一两寸干枯的作物，覆盖物的根会继续留在土壤，保护土壤，地上的这一层则能够防止夏天长野草，同时保持土壤水分。大部分核桃园都需要灌溉，但也需要节约用水。冬季种植覆盖作物，因地中海气候冬天降雨多，可促进覆盖作物的生长。夏天作物干枯时，地上的覆盖物会为蜘蛛类的捕食动物提供栖息地，而蜘蛛也会把有害的虫子吃掉，这样就会形成一个物种捕食系统。豆科植物的种子，会散播于土壤中，翌年会继续生长。6 ～ 8 月会逐渐降低剪草机的高度，豆科植物的叶片留在地上，分解所产生的营养物质供给核桃树，同样会用来自后院或者社区有机物做堆肥。在地上 30 cm 左右的地方有灌溉的喷头，当草高于 30 cm 时，喷头的喷水效果会变差并抑制草的生长。

使用这种系统的理由是，节约能源，以灌溉水减少水压，形成大的水滴，形成滴灌。同时也不会影响摇树机对核桃的采摘。在收获核桃时同时收割草，将草叶打碎铺开，灌溉系统也会将水洒在地面，保持地面湿度，以促进叶片的分解。核桃收获时会使用摇树机，核桃会掉在地上，再用刮地机将核桃刮到垄的中央。之后使用风扇将核桃与泥土草屑分开，用拖车对核桃进行精捡。用滚筒把核桃收起来的时候希望尽可能地少带草屑，因为这之后会很难清理。所以会通过冲洗机将草屑等冲洗干净，只留下核桃。湿的核桃需要人工干燥到只剩 8% 的水分。在干燥过程中，未使用节约保育系统的人会使用开放性的干燥系统热空气进行干燥，而该农场用的是一个能够循环热空气的房子，利用甲烷进行干燥。所有的核桃必须干燥到只有 8% 的水分，否则核桃会发霉。清洗干净后放到箱子里，进入加工厂加工后进行外运。当收获完成后就重新启动灌溉系统，豆科植物留在地上的种子会重新发芽。所以只有很短的时间裸露地皮，大部分时间都有作物覆盖地上。覆盖作物需要萌发得早，因为只有这样等到秋冬时才可以长得很高。就因为有了这些覆盖作物，冬季降水时不会有很多积水，可以减少土壤的板结。这个方法可以使降水都保持在覆盖物中，不会损失。但是如果使用化学方法将作物除掉的话，这些水会流到小溪、河流甚至海洋中而损失掉。裸露的土地损失了最珍贵的表土及土壤中的营养物质，也无法维持水分，就会导致加利福尼亚州需要很多水来进行灌溉。当含有土壤的水流到河流中时会对水生生物产生不好的影响，如泥土可能会堵塞鱼鳃。因此在这个系统中覆盖作物发挥了重要的作用，这一套灌溉系统会使用 10 年，是从葡萄园的灌溉设施改造而来的，树上也有向下的灌溉水管，是从温室的系统得到启发后设置的。所以地上地下只需要较小的压力就足够了，也可以节约能源，节约用水包括地下水，同样因为覆盖植物的使用，促使我们不需要杀虫剂来消灭害虫；另外，夏天高温时，土壤温度也不会很高，核桃树对温度很敏感，而通过覆盖植物在全球气候变暖的状态下很好地保护了核桃树。另外，全球气温升高下，对气温的反射率也越高，而覆盖物会降低反射率。比如说，一年温度太高，会损失约 50% 的核桃产量，且核桃质量也受影响。

农场冷藏室的墙很厚，大概有 45 cm，中间夹了很多的泡沫，达到了加利福尼亚州环境委员会的标准 R90，能够节约能源。墙上有太阳能板。在装太阳能板前，屋子的屋顶需要改装，加固、防水、涂成白色，能够接收更多的太阳。安装太阳能板的两个原因，一是土地非常珍贵，一些建筑已经占据了一些地皮，二是装上太阳能板可以遮阴降低屋内的温度，因此装了太阳能板的冷冻室不需要太多的电能降低温度，大概可以节约 40% 的能源，冷冻的核桃不需要化学处理来防止虫害，也就达到生产有机核桃的目的，且使核桃质量好。核桃是需要加工去壳的，可以直接食用。副产品核桃壳也会充分利用起来，产生电能、热能来干燥核桃，核桃壳还可以产生热水，冬天可以用来加热楼房。从总的概念来说，通过核桃壳产生的电能实现 100% 转化，输送给供电设施，一年能产生 160 万 kW 的电。

新建的楼所产生的电能和热能可以抵消在此过程中产生的甲烷，可以产生负碳效应。这些保育措施节约了经济成本，采取这些保育措施之后，减少了向当地供电公司缴纳的费用，减少了支出。还可以用核桃壳做生物炭，生产制造出来的生物炭比大部分的生物炭要好，通过 800℃ 生产出来，生物炭中大概有 50% 的碳以肥料形式释放到核桃树周边土壤中，并结合水分和养分集中区促进核桃的生长，生物炭中保存的碳可以维持 2000 年。核桃树从大气中摄取了 CO_2，积累到核桃中，核桃仁可以吃，而核桃壳用来做生物炭，返回土壤，所以固持大气中的 CO_2 到土壤中去，也就是所说的负碳效应。这可促使温室气体 CO_2 逐步减少，是应对气候变化的有力措施。所以这个方案不但可以用在核桃树上，也可以用在其他的果树上，比如开心果等任何含不吃的核或者壳都可以烧成生物炭，把大气中的 CO_2 转化到土壤中。根据加州大学戴维斯分校的研究，利用农业生产中的废物产生的能源可以提供 30% ～ 40% 的加利福尼亚州的用电量，所以把一些作物的枝条烧成生物炭之后，既能保护环境，又能把碳固定下来。有机核桃产量为三四千磅每英亩。每英亩净赚 1000 ～ 1500 美元。有机核桃比普通核桃贵 30% ～ 100%。400 亩核桃雇用了 10 ～ 12 个人负责耕种，加工厂有 20 人。后院的堆肥氮的含量较低，大概只有 40%，因此每英亩需要放 5 ～ 6 t 的堆肥。

果树一般生长期只有 20 年，之后都会被铲掉。虽然没有使用化学试剂，但是依旧很少发生虫害，甚至少于使用化学药剂的。因为有的虫子是在地下孵化，当它们出来的时候，地上的天敌会将他们吃掉，所以会比使用化学试剂的好，这也是这个系统带来的益处。核桃嫁接，下面是樟木，所有园艺的果树都是这样，但是本农场用的是本地的香竹种做的樟木，因为根扎得比较深，上面是嫁接上的另外一种市场好卖的核桃树。一年大概需要 1200 mm 的水，冬季的雨量大概提供 460 mm，剩下 500 ～ 600 mm 水分来自灌溉，所以大概 50% 的需水量需要灌溉，且需要补充地下水。

这个有机核桃园内全部种植覆盖作物，并采用科学的有机栽培和管理，帮助动植物建立栖息地，增加了生物的多样性、减少了 CO_2 的排放，并且增加了农场主的收入，为现代农业提供了参考模板。

主要参考文献

栗进朝, 郜俊红. 2010. 行业协会在美国农业中的作用及启示. 农业科技通讯, 5: 7-8.

盛丰. 2014. 康奈尔土壤健康评价系统及其应用. 土壤通报, 45: 1289-1296.

Adesina I, Bhowmik A, Sharma H, Shahbazi A. 2020. A review on the current state of knowledge of growing conditions, agronomic soil health practices and utilities of hemp in the United States. Agriculture-Basel, 10(4): 129.

Agricultural Environmental Management. Overview of Agricultural Environmental Management. http://agriculture.ny.gov/

soil-and-water/agricultural-environmental-management.

Bruyn L L D, Andrews S. 2016. Are Australian and United States farmers using soil information for soil health management? Sustainability, 8(4): 304.

Carlisle L. 2016. Factors influencing farmer adoption of soil health practices in the United States: a narrative review. Agroecology and Sustainable Food Systems, 40(6): 583-613.

Magdoff F. 1993. Building soils for better crops: Organic matter management. Soil Science, 156: 371.

Sanderman J, Savage K, Dangal S R S. 2020. Mid-infrared spectroscopy for prediction of soil health indicators in the United States. Soil Science Society of America Journal, 84(1): 251-261.

Streeter M T, Schilling K E, Demanett Z. 2019. Soil health variations across an agricultural-urban gradient, Iowa, USA. Environmental Earth Sciences, 78(24): 691.

Turner B L, Fuhrer J, Wuellner M, Menendez H M, Dunn B H, Gates R. 2018. Scientific case studies in land-use driven soil erosion in the central United States: Why soil potential and risk concepts should be included in the principles of soil health. International Soil and Water Conservation Research, 6(1): 63-78.

Wick A F, Haley J, Gasch C, Wehlander T, Briese L, Samson-Liebig S. 2019. Network-based approaches for soil health research and extension programming in North Dakota, USA. Soil Use and Management, 35(1): 177-184.

第六章 中国的土壤健康

土壤健康（soil health quality）是可持续发展和生态环境安全的重要基础，也是农产品质量安全乃至人类健康的重要保障。改革开放以来，我国农业快速发展，取得了举世瞩目的巨大成就，用不足世界 10% 的耕地养活了占全球 20% 的人口，有效保障了国家粮食安全，成功解决了 14 亿人口的吃饭问题，农村扶贫脱贫工作也取得重要进展，特别是近年全国粮食总产量连续稳定在 6.5 亿 t 以上，这是中国对世界粮食安全所做出的重大贡献。在粮食供应得到基本满足的同时，居民的需求逐渐由"吃得饱"转向"吃得好"过渡，由此也引发了人们对环境问题的进一步重视和关注。因此，工业排放、化肥农药等农业投入品过量或不合理施用等原因导致的部分耕地污染，耕作管理不当等原因导致的耕地质量退化等问题，以及由此导致的农产品质量和品质问题，开始提上了议事日程，土壤健康问题也得到了更多研究者的关注。

第一节 中国土壤健康的缘起

耕地是国土资源的精华部分，也是保障中国粮食安全最为重要的战略性资源，是人类社会生存与发展的物质基础。土壤健康不仅关系到农产品质量安全，而且也通过农产品安全直接影响人类健康，因而受到了广泛关注。自 20 世纪美国和英国等国家提出土壤健康理念并逐步建立起土壤健康评价指标体系以来，土壤健康评价、健康土壤构建等相关研究一直受到许多国家的关注，并且逐步成为相关国家耕地等土壤管理、农业可持续发展和生态安全、农产品安全的重要内容。但是，我国关于土壤健康的理念起步较晚，与之关联的研究大多处于起步阶段，尚缺乏一个全面、完整的认识。

一、土壤健康认识的起源

（一）土壤健康问题的由来

土壤的物理、化学和生物学性质，以及其所具有的功能或用途，在很大程度上决定了其健康状况，而土壤的健康状况又反过来决定其用途。人类为了自己的生存和发展，必须维持并确保土壤健康，以保证农产品数量和质量安全，因此，土壤健康实际上是伴随着人们对农产品安全和人类健康的不断重视而逐渐受到关注的。在人们食物的数量供应得到基本满足后，对自身健康的要求也越来越高，在这种前提下，伴随而来的是对农产品或食物质量要求的不断提高，由此也导致了市场优质农产品不仅价格高，而且畅销，并经常出现供不应求的态势。

20世纪70年代末期改革开放以来，我国农业农村迅速发展，农业生产力水平稳步提高，单位耕地面积的粮食产能不断提升，粮食总产量也持续增加，由1978年改革开放初期的3047亿kg，到1990年达到4462亿kg、2007年超过5000亿kg、2012年超过6000亿kg，2015年以来稳定在6.5亿t以上，人民的吃饭问题得到有效解决，并逐渐由"吃饱"向"吃好"转变，对粮食等农产品的消费要求也从单一的满足数量需求逐渐向优质安全转变。与此同时，应对国际农产品市场竞争，也必须有优质农产品才能保证优价并在竞争中获得优势，而我国前些年由于农产品中有毒有害物质含量超标而被退货的现象时有发生，已严重影响了其国际竞争力的提升。因此，如何获得优质、安全农产品，并能维持较高的产量和效益，已成为当前我国农产品生产的重要目标。

"耕地是粮食生产的命根子"，也是决定农产品质量和安全的基础因子，人类进行农产品规模化生产以获得所需的粮食等农产品，以及用于饲养畜禽的饲料等，都必须依靠耕地。但同时，地球上土地资源又十分有限，且其中仅有一部分可以被开垦为耕地，这也决定了土地是一种十分珍贵的自然资源，需要使用者给予特别呵护，使其始终保持健康。例如，我国目前耕地总面积仅约20亿亩，人均仅1.44亩，在全球200多个国家和地区中排名第126位，人均占有面积不足世界平均水平的40%，无疑对确保粮食有效供给、农产品优质和安全生产提出了十分严峻的挑战。在这个基础上，要确保农业农村实现绿色可持续发展，增加农民收入并实现农村脱贫目标，必须依靠现代科技大幅度提高农作物单位面积产量和效益，而实现这一目标的首要条件则是确保土壤健康。因为，只有在健康的土壤中，才可能生产出优质、安全的农产品。

当前，世界各国许多的土壤耕作管理等方式，不是以保障土壤健康为前提，而是掠夺式的经营，因而大多都是不可持续的，如我国部分地区过度施用化肥和农药，导致耕地酸化、板结和贫瘠化等，使土壤微生物数量和活性均大幅度降低，并由此导致大气氮沉降大幅度增强，严重威胁土壤的可持续利用和农业可持续发展。在这种前提下，围绕保证农产品质量和安全，土壤学研究也从注重土壤质量逐步向关注土壤健康过渡，土壤健康的理念也相应产生并逐步完善，同时在20世纪末逐渐成为一些发达国家研究和评价相对完善、应用也相应较多的土壤学的重要分支，如美国、英国等国家都把土壤健康作为耕地管理的重要目标，美国甚至由农业部组织相关专家制定了一整套的评价方法和评价指标体系，形成了专门的技术规程并编制成册发放到相关农场主，把保障土壤健康作为确保农业发展和农产品安全的重要手段，以保障农产品安全高效生产和农业持续发展。

（二）土壤健康概念的形成与发展

土壤健康概念的发展应该说也经历了一个从最初的朦胧状态到不断完善的过程，实际上与土壤质量概念有许多相互交叉的地方，或者说土壤健康是在土壤质量概念的基础上形成和发展起来的。因为随着人们对粮食和食物的要求得到满足，首先要求产品质量优良，因而会逐渐重视耕地的质量状况，特别是随着对耕地质量认识不断深入，进一步意识到提高耕地质量的同时也大幅度改善了农产品的品质。在这种状况下，耕地质量的认识及研究亦不断深入和发展，并且逐步被管理者和农民所接受，同时也逐步得到政府的认同。但是，随着耕地质量研究等方面不断提升，人们越来越认识到仅有高质量耕地是远远不够的，特别是随着环境问题及由此导致的农产品安全问题的不断加大，研究者们开始意识到满足农产品优质和安全高效生产需求的健康土壤，才是生产者、管理者和研究者所共同需要的，因为只有土壤健康才能保障农产品优质高效安全生产，才能有效降低农业生产成本、提高效益。

土壤健康问题是从对农产品质量和安全要求逐渐发展起来的，特别是对于中国而言更是如此，因为长期以来土壤学研究及相关问题并未引起太多的关注，但近年来随着农产品安全问题开始涌现，才让人们开始关注环境问题，耕地重金属和持久性有机物等污染问题才开始进入居民、决策者、科研人员的视野，才开始得到政府和部门更多的支持和重视，并获得更多的经费支持。而耕地质量与退化等问题，则所受到的关注度却小很多，且至少在部分管理者甚至专家那里是难以得到重视的，而其原因实际上也非常简单，因为通过施用化肥也能够获得较高产量，通过强化管理也能使耕地的生产能力维持到较高水平，尽管这种维持的风险较大、成本也较高，但这的确是最简单、最省事的，但这是以牺牲农产品的品质、以牺牲环境为代价所获得的。而提高耕地质量则需要投入较多的劳动力，需要加强耕地培肥，需要施用有机肥等，尽管有很多肉眼所看不到的优势，但正因为这样，所以才让一些"急功近利"的人放弃对耕地质量的培育，而片面追求作物产量，忽视产品质量等。

之所以说我国土壤健康更多是起源于农产品质量和安全，其主要原因在于农产品安全问题的出现，特别是受土壤污染影响导致部分农产品中重金属等污染物含量超标，严重影响了产品安全，才催生了对土壤污染问题的重视。正是在这种背景下，才引发了国内相关专家对土壤健康问题的关注，并将土壤健康问题逐步提升到与耕地质量、土壤污染等同等重要的高度。2018 年，张福锁院士向中国土壤学会建议设立"土壤健康工作组",并开展相关工作,组织召开了多次学术研讨会,土壤健康问题开始受到学界的更多关注,并成为土壤学的重要组成部分之一,无疑为土壤健康研究的发展带来了新的动力。

二、对土壤健康的再认识

(一)国内学者对土壤健康的认识

土壤是一个包含着十分丰富的生命有机体的集合体,这些生命有机体可以通过复杂的食物网紧密联系在一起。从作物或农产品生产对土壤要求的角度看,按照其管理方式的差别,它既可以是健康的,又可以是不健康的,但显然人们对土壤的要求是健康的、生产力旺盛的,因为健康土壤首先是拥有丰富多样的生物种群,其次是肥力较高(或养分含量较高)。在大多数情况下,研究者更喜欢用土壤有机质的含量来判定土壤的健康状况,因为通常情况下有机质含量高的土壤肥力也较高,作物生长也较好、产量较高且产品质量好,这说明土壤健康首先是取决于土壤肥力的高低。健康土壤往往对病虫害的抵抗能力也较强,因而在一定程度上能够有效防止病虫害暴发,如在肥力高的土壤中,病害往往发生较少且损失较小,而在低肥力的土壤中则较易发生病虫害,且作物所遭受的损失往往也较大。因此,保证土壤健康对农作物生长和产量十分重要。

目前关于土壤健康的较完整定义是:土壤作为一个生命系统具有的维持其功能的能力。健康的土壤能够维持多样化的土壤生物群落,这些生物群落有助于控制植物病害、虫害及杂草;有助于与植物根系形成有益的共生关系;促进基本植物养分循环;通过对土壤持水能力和养分承载容量产生的积极影响,从而改善土壤结构,并最终提高作物产量。这意味着,土壤健康是土壤所具备的一种能力,有生物活力且具有相应功能的土壤才可定义为健康的土壤。而且,健康的土壤一定不会污染环境;相反,它还可以通过维持或者增加土壤自身的碳容量,为缓解气候变化做出相应的贡献。这种定义注重土壤的社会属性,即其对作物生长和生产力的表现,但在其自然属性上似乎缺乏相应的表述或要求。

与发达国家比较,国内学者对土壤健康的认识起步较晚,相应的讨论亦不多,且大多仅限于对国外已有概念的表述等,如梁文举等(2001)、蔡燕飞和廖宗文(2003)、李玉娟等(2005)、韩宾(2007)分别对土壤健康进行过表述,总体看均未突破国外学者的认识,或者仅是对国外现有概念的介绍。在土壤健康涵盖的内容方面,主要集中在土壤理化性质、微生物(含连作障碍病原微生物等)或酶活性等,以及与设施和管理等有关的条件等,尽管包含的因子较多,但实际上仍未超出国外学者的定义范畴,即基本上是仅以土壤来论土壤健康,难免具有较大的局限性。但尽管如此，这些研究或介绍对了解土壤健康，以及今后研究和评价土壤健康等均具有十分重要的作用。

与土壤健康概念相类似，基于对耕地重要性的理解，以及近年来国际土壤科学研究前沿相关研究，有学者将传统土壤质量概念与可持续发展理念相结合提出了耕地健康的概念。例如，郧文聚等（2019）认为：耕地健康是健康的耕作土壤、可持续的耕地利用及稳定的耕地资源利用生态系统，是基于当代人和子孙后代公平考虑的国家粮食安全生命线。耕地健康的本质内涵至少包括以下几个方面：其一，耕地本体健康，土壤肥力和土壤自净能力得以维持。其二，耕地母体健康，即耕地在作物播种期足以支持作物全生命周期健康生长，在作物收获期保证农产品质量安全。其三，耕地受体健康，在农业耕作过程中要保证进入耕地的水、肥、药沉降物不使耕地被污染、被损伤。其四，耕地系统健康，耕地作为一个自然生态系统所排放的物质不致对自然环境造成危害，对系统性的能量残余能够完全消化分解。应该说，关于耕地健康的理解和认识是较全面和系统的，同时这也为今后耕地健康相关研究提供了相应参考。

（二）笔者对土壤健康的认识

实际上，尽管在开展耕地质量、污染农田重金属降活与安全利用等研究的同时，对土壤健康的概念也有过一些接触，但并未太多关注，更未系统了解和学习相关知识。但 2019 年 2 月在美国康奈尔大学、加州大学戴维斯分校培训时，较系统了解了美国关于土壤健康的概念、研究、主要做法，并阅读了康奈尔大学提供的美国农业部关于土壤健康的相关资料，访问了纽约州、加利福尼亚州的相关农场并和农场主交流，加深了对土壤健康的认识和了解。此后，把自己多年的工作与土壤健康直接关联起来，也进一步体会到土壤健康的重要性。2019 年 11 月在英国培训交流时，同样较详细了解了英国、苏格兰关于土壤健康的一些做法，参观了当地的多个农场并与农场主们进行了全面交流，同时对政府、科学家、农场主在土壤健康维护及科研等方面的合作有了更深入的了解。

实际上，我们很多人所从事的研究、推广等工作，其目的都是保障土壤健康，很多工作都是维护土壤健康的一部分，只是我们并没有把自己的工作与土壤健康联系起来，或者没有把相应的工作从土壤健康方面进行系统考虑，主要原因还是对土壤健康的重要性、意义等缺乏必要的认识和了解。同时，尽管英国、美国等国家在土壤健康研究方面起步早，而且已经形成了较系统的理论、评价指标体系、维护技术、管理模式等，但都是基于其国情建立起来的，所提出的指标对我国是否合适尚有待商榷。特别是我国近年来高度集约、高投入高产出的农业发展模式，以及工业"三废"排放等对农业的影响加剧导致土壤污染严重等，不仅土壤健康遭受严重威胁，同时也直接导致农产品品质差、污染物含量超标等问题，甚至威胁到人类健康与经济社会可持续发展。因此，有必要从保障农产品数量和品质、安全等方面来统筹考虑土壤健康，而不是单纯地从生产者或者是研究者或管理者的角度去考虑。

根据已有认识，如果把土壤作为一个独立的系统考虑，则土壤健康可以理解为"保障农产品高产优质安全生产且不对环境产生影响的土壤性质"。要实现这一目标，土壤必须满足实现"四个保障"的基本条件：一是保障农产品产出稳定、足量，即土壤肥沃，能够满足作物生长所需养分和水分等的需求；二是保障农产品质量安全，即土壤未受到外界污染或污染物含量低于国家土壤质量标准（亦即环境质量安全），能满足生产优质、安全农产品所需的条件；三是保障对环境安全、不向系统外排放污染物或对环境不产生负面影响，即在土壤生态系统的物质和能量等循环中，不会产生对外部环境有毒或有害的物质；四是保障有良好的立地条件，所处的环境要素对土壤及其生产功能不会产生负面影响，亦即土壤所处的立地条件健康，水分、地形、气候等要素能够满足作物生长所需的条件（图 6-1）。

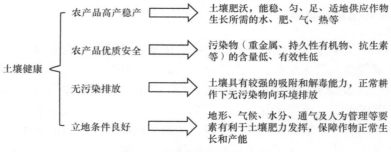

图 6-1　土壤健康的关键要素

上述对土壤健康的理解意味着：土壤健康实际上是比土壤质量、土壤肥力和土壤环境包含内容更广的概念，或者说土壤健康既涵盖了土壤质量的大部分内容，同时也包括了土壤环境、土壤生物的相关内容。因此，在我们的相关研究中，仅利用土壤的理化性质或土壤生物学相关性质来评价土壤健康状况，尽管在特定条件下可能与实际情况会相一致，但从整体看存在很大片面性，或者至少是不完整的。尽管有发达国家的研究可供借鉴和吸收，但如何从整体上来评价土壤健康，使其适应中国国情和实际情况，特别是中国多个气候带且土壤类型复杂的实际情况，建立适合不同立地条件下土壤健康评价的通用指标，可能值得研究的问题还非常多，也非常复杂。

第二节　中国土壤健康研究进展

　　土壤健康实际上在很大程度上与其功能是相互关联的，因此，在了解中国土壤健康研究之前，有必要对土壤的功能进行相应的了解，必须明确土壤尽管是一种自然资源，但同时也是一种在许多功能上不可替代的自然资源，其对人类社会生存与发展的作用也是不可替代的，土壤利用的同时必须加强保护，必须以提高地力、保障土壤健康为前提。

一、土壤的若干重要功能

　　土壤是陆地生态系统的重要组成部分，也是关系到人类生存与发展的历史自然体，在人类生存与发展中具有十分重要且不可替代的功能。曹志洪和周健民（2008）认为土壤具有三个方面的功能：①食物、纤维和可再生生物能源物质的生产基地；②人类生活环境的过滤器、缓冲器和转化器；③人类和大多数生物的居所和基因库。黄昌勇和徐建明（2010）将土壤的主要功能归纳为生产功能、生态功能、环境功能、工程功能、社会功能 5 个方面。龚子同等（2015）认为土壤具有八大功能：①生产功能；②环境功能；③生物基因库和种质资源库；④生物多样性的根基；⑤全球碳循环中重要的碳库；⑥自然文化遗产的保存；⑦景观旅游；⑧材料和支撑。因此，从不同角度来认识土壤，其所具有的功能分类可能会有所差别，但土壤作为一种自然资源，与水一样是与我们的生活密不可分的。从土壤的利用属性等角度分析，其主要功能包括以下几个方面。

（一）生产农产品功能

　　土壤作为耕地的最主要功能就是生产农产品，获得人类生存所需的粮食、纤维等各种农产品，这是人类赖以生存和发展的基础。据估算，全球有 35 万多种植物生长在土壤上，依靠土壤提供其生长所必需的养分和水分，并通过根系在土壤中伸展支撑植物的地上部分。尽管近年来无土栽培等技术快速发展，人类可以通过水培、沙培等方法来获得必需的农产品，但这些方法成本高、技术含量高，对环境和管理的要求更严格，很难实现大规模生产。在当前科技发展水平下，有研究人员初步测算，全球人口消费的 80% 以上的热量、75% 左右的蛋白质和植物纤维都直接来自于土壤，而动物生长所需的能量和蛋白质等亦几乎全部是直接或间接来自土壤。土壤作为植物生产的介质，其主要作用包括：①营养库。植物所需的营养元素除 CO_2 主要来自空气外，其他大、中、微量元素都来自于土壤。②养分的转化和循环。通过土壤中的一系列物理、化学、生物和生物化学作用，使养分元素的形态和结合态发生变化，实现营养元素与生物相互间的循环与周转，维持生物的生息与繁衍。③涵养雨水。通过土壤中孔径不同的孔隙，使雨水在土壤中保存并提供给作物，土壤的储水量为 62 万 km^3，约占地球淡水总量的 1.59%，仅次于循环地下水（95.12%）和湖泊水（2.95%）。④生物的支撑作用。植物通过根系伸展和穿插获得土壤的机械支撑，保证其地上部分能稳定地直立在地表，而且，植物根系扎入土壤越深其支撑力也越大，植物地上部分才能生长得更加高大，此即所谓的"根深叶茂"。

（二）缓冲器和过滤器功能

土壤处于大气、水、岩石及生物四大圈层的交界面，是物质与能量交换、迁移转化等过程最复杂且最频繁的区域。由于土壤胶体具有吸附解吸、氧化还原等能力，使土壤能够缓冲外界温度、湿度、酸碱性、氧化还原等的变化，并使进入土壤中的污染物通过代谢、降解、转化等作用使其毒性降低，或者通过吸附、固定及络合等过程使污染物失去活性等，有效发挥出土壤作为"缓冲器"、"过滤器"和"净化器"的作用，为植物生长提供相对稳定的优良条件。同时，有机质、未分解有机物及 CO_2 等赋存在土壤中，土壤中仅以有机质（SOM）存在的碳即占陆地碳库的 73% 左右，约为大气碳库的 2 倍，因而对全球碳库变化起着重要的缓冲作用，管理好土壤碳库、维持土壤碳库的功能并提升其容量，对缓解全球气候变化意义重大。

（三）生物基因库和多样性保护功能

土壤作为陆地生态系统中最活跃的生命层，是各种生物（如多细胞的后生动物、单细胞的原生动物、大量的微生物等）的重要栖息地，是这些生物的"大本营"。由于土壤条件适合很多生物的生长，使生物能够在土壤中生长和繁衍并得以保存下来，以至于目前人类应用的微生物大多是从土壤中分离、驯化并选育出来的，如青霉素、链霉素、氯霉素、土霉素、四环素等抗生素即是如此。同时，随着地球系统和土壤圈的剧烈变动，土壤和生物间的交互影响加剧，不同类型土壤由于理化性质、植被类型等的差异，土壤中的生物类型和活性等也千差万别，这也是土壤生物多样性的根源，也是生物多样性保护的重要基础。

土壤同时也是生物与环境相互间物质和能量交换的场所。生长在土壤中的植物、动物和微生物，通过土壤这个介质相互关联，其中绿色植物是土壤中主要的生产者，而原生动物、蚯蚓、昆虫类及部分脊椎动物则是土壤中主要的消费者，微生物和低等动物是土壤中主要的分解者。正是由于生产者、消费者、分解者各自的作用，决定了土壤生态系统的结构和功能，也维持了土壤生态系统的稳定性，并使土壤中生物的多样性得到有效保护和不断发展。

（四）工程功能

人类的生产生活均与土壤密切相关，我们居住和从事各种活动的房屋、道路、桥梁、大坝等建筑几乎都建设在土壤上，并与土壤所处的立地条件紧密相连，土壤的性质如紧实度、抗压强度、黏滞性、涨缩性、可塑性及坡度等，均与建筑物的稳定性和结实度等密切关联。而土壤的这些性质，也是我们在工程建筑前进行选点、设计时必须充分考虑并进行评估的，"地基"的性质决定了建筑物的坚实和稳固程度。

土壤的工程功能还体现在土壤是相关建筑工程最基本的原材料之一，几乎90%的建筑材料是由土壤提供的。例如，我们修建房屋用的砖头、盖房屋用的瓦片、公路的路基等，都是以土壤作为主要原料或者直接用土壤作为材料，从这种意义上来说，土壤实际上是支撑了人类生活的方方面面。与我们生活息息相关的陶瓷，亦是以土壤作为最基本原料烧制而成，而且，中国还被认为是"陶瓷的故乡"，陶瓷的发展史同时也是中华文明史的重要组成部分。

（五）自然和历史文化遗产功能

土壤本身是一个历史自然体，在很大程度上是历史变迁的见证者，通过研究土壤理化性质及成土过程等，可以了解所在地区古气候的变迁，以及生物、人类活动等历史。同时，土壤还有保护历史文化遗产的功能，能保护被埋在土壤中的物品使其不受风化或分解、腐烂等，为我们通过文物了解历史提供了前提。不同条件下形成的土壤在颜色及景观等方面具有显著差别，并由此形成了独特的地貌景观，使土壤具有了旅游功能，如我们所熟知的美国科罗拉多大峡谷，以及我国的张掖喀斯特地貌、云南哈尼梯田等（图6-2），都是土壤景观的代表。

图6-2　几种典型的土壤景观（曾希柏 摄）（彩图请扫封底二维码）

二、土壤质量与土壤健康

土壤健康与土壤质量是两个既相互关联，又有所区别的概念。按照曹志洪和周健民（2008）引用了 Doran 和 Pankin（1994）的观点，土壤质量的概念出现在20 世纪 90 年代，是随着人口增长和土地压力增大，人类对土地资源过度开发利用导致土壤资源严重退化并给农业可持续发展带来严重威胁的背景下提出的，土壤质量包括了土壤两个方面的特性，即土壤的内在性质及人类使用与管理决定和影响的土壤动态性质。土壤质量可以认为是"土壤提供食物、纤维、能源等生物物质的土壤肥力质量，土壤保持周边水体和空气洁净的土壤环境质量，土壤容纳消减无机和有机有毒物质、提供生物必需的养分元素、维护人畜健康和确保生态安全的土壤健康质量的综合量度"，这个概念实际上与我们对土壤健康的理解在很多方面是一致的。同时，曹志洪和周健民还认为，土壤质量的含义可以因使用土壤的目的不同而异，而土壤学家的责任是把社会各界所关心的土壤质量的内容有机、综合地表达出来，这实际上是对土壤学工作者提出了新的要求。

有研究者认为，土壤健康和土壤质量两者可以从时间尺度来考虑，即土壤健康是用于描述土壤短时期内"潜在的"和"动态的"状况，而土壤质量则用来描述长时间尺度上"内在的"和"静态的"状况。但这种理解还是不够全面和系统，或者说只是狭义地来理解土壤健康与土壤质量，而没有从广义的角度来看待二者，因为实际上只有质量高的土壤才能够称得上是健康的。例如，处于演替初期的土壤或在不利环境下形成的沙地、荒漠和极地土壤，尚处于自然的发展阶段，生物多样性贫乏、生产力低下，因而质量低，也谈不上是健康土壤；相反，处于热带雨林且生物多样性丰富、肥力和生产力高的土壤，如果受到生态破坏或环境污染等情形，这种土壤也是处于非健康状况的。因此，在受干扰的生态系统特别是在污染条件下，土壤质量与土壤健康并非完全等同，这是我们在研究中必须关注的。一般而言，"健康"是指机体或它的部分可正常执行其生命机能的状态，所以土壤健康必须考虑土壤的生物学组分及土壤生态系统的功能性，特别是在系统中维持能量流动、物质循环和信息交换的功能。

尽管土壤质量与土壤健康在概念上有所差异，但实际上从国外一些学者对土壤健康的命名（soil health quality）可以看出，已经将土壤健康与土壤质量看成是同一个概念。例如，美国农业部自然资源保护局已经把土壤质量与土壤健康画了等号，将其定义为土壤作为维持植物、动物和人类的重要生命生态系统的持续能力，美国康奈尔大学土壤健康团队与农业部合作建立了土壤健康评价系统，其评价指标实际上与我们通常理解的土壤质量评价指标基本类似。此外，欧盟启动的"土壤环境评价健康项目"已在欧盟各国得到普遍应用；加拿大启动实施了"土壤健康"项目，以维持土壤生产力和健康；德国莱布尼兹农业景观研究中心亦提出了土壤质量评估方案，作为对欧盟土壤健康项目的补充，主要用于调查监测评价德国土壤质量和健康状况。因此，在研究土壤健康时，实际在很大程度上仍是在研究土壤质量。

对于中国而言，无论是土壤质量还是土壤健康的研究起步都较晚，相关理论体系实际上尚未形成，特别是土壤健康迄今仍未形成共识，也没有完整和明确的定义，至于土壤健康理论、方法和技术体系的研究则更是尚未起步，即使已有的一些零星研究，亦大多是从某个方面来评价土壤健康，或者是沿用发达国家已有的评价指标和体系开展研究，缺少中国元素，无疑与我国国情可能会存在一定的差距。因此，尽快开展土壤健康原理与技术研究，建立符合中国国情的评价指标和评价技术体系，形成一批土壤健康保育技术及产品，已成为我国当前确保农产品质量安全、农业可持续发展的关键举措。

三、农业活动对土壤健康的影响

农业活动对土壤健康的影响是双向的，如同对土壤肥力、土壤质量的影响一样。合理的施肥、灌溉、耕作栽培等农业活动，有利于确保土壤健康和农产品优质高效安全生产，而不合理的农业活动则往往只能获得相反的结果。近年来，围绕农田土壤健康的研究在我国开展较多，并获得了一些有益结果。例如，焦润安等（2018）研究了马铃薯连作对土壤健康的影响，应用土壤有机质、速效氮磷、碱性磷酸酶、脲酶、蔗糖酶和过氧化氢酶、羟基苯甲酸、香草酸、阿魏酸及总酚酸、真菌、放线菌及细菌等指标，通过对相关指标的系统分析，认为马铃薯连作导致土壤理化性质恶化、碱解氮含量升高但速效磷钾含量较大幅度下降，且主要功能酶的活性降低（图6-3）、酚酸类物质大量累积（图6-4）等，最终导致微生物群系发生变化，从整体上降低了土壤的健康状况。

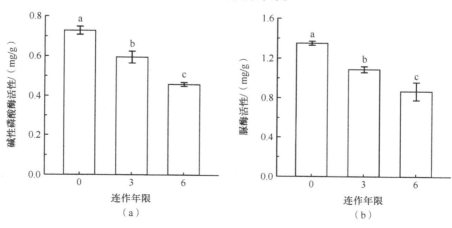

（a）　　　　　　　　　　　　　　（b）

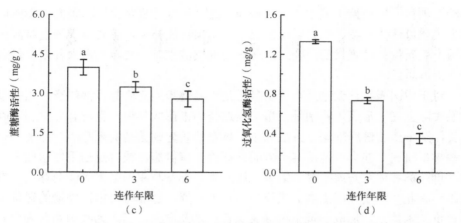

图 6-3　马铃薯连作年限对土壤相关酶活性的影响

不同小写字母表示连作年限间差异显著

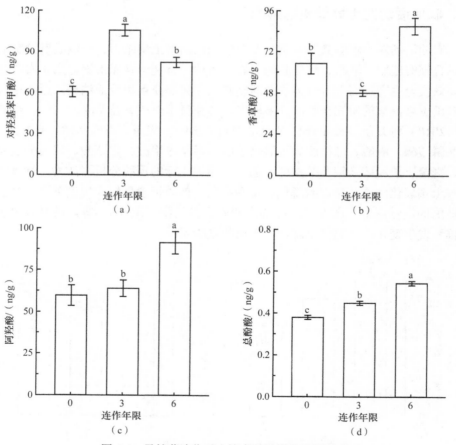

图 6-4　马铃薯连作对土壤中酚酸类物质的影响

不同小写字母表示连作年限间差异显著

陈艺夫（2018）基于辽河流域（辽宁段）寒富苹果园的施肥及管理下土壤理化性质等的变化等，应用土壤有机质、pH、氮磷钾含量、有效 B、有效 Fe、有效 Mn、有效 Zn，以及 Pb、Cd、Hg、As、Cu、Ni、Zn、Cr 等重金属元素的含量，评价了辽河流域（辽宁段）寒富苹果园土壤的健康状况，认为该地区土壤健康整体处于中等偏下状况，36.8% 处于偏低水平、44.6% 属于中等水平，仅 18.6% 处于较高水平。根据评价结果，该地区苹果园的施肥、管理等水平尚待进一步提高，亟待改变当前以产量为主的管理方式，把苹果园土壤健康管理、地力提升等作为重要内容，以保障土壤健康水平不断提升。

在耕作对土壤健康影响方面，韩宾（2007）从土壤的物理、化学和生物学特性研究了保护性耕作对土壤健康的影响，并就不同措施下土壤的健康状况进行了评价。主要评价指标包括土壤容重、孔隙度、土壤温度和含水量、有机质、全量及速效氮磷、耕层土壤脲酶活性、微生物生物量碳及活跃微生物量等，其评价指标相对简单。王明明等（2011）通过田间试验研究了保护性耕作对土壤全碳、有机碳、全氮及微生物生物量碳和氮等指标的影响，研究认为中期尺度下土壤有机碳可以敏感反映土壤健康状况。邢建国和张雪艳（2014）从不同栽培措施对土壤酸化和盐渍化、有机质和养分含量、土壤酶活性、微生物数量和活性、微生物生物量碳和氮、土壤根结线虫等方面，探讨了栽培措施对土壤健康的影响，认为任何对土壤扰动的活动都能影响土壤的健康状况，耕作过于频繁、不合理轮作、施肥施药过量、不合理灌溉等，均可能给土壤健康状况带来负面影响。蔡燕飞和廖宗文（2003）研究认为，植物健康程度是土壤健康状况的一个重要反映，并采用脂肪酸甲酯化提取法（FAME 法）分析土壤微生物，探讨了施用新鲜和腐熟生物有机肥对番茄病害和土壤健康恢复的效果，认为 FAME 生物标记物可作为土壤健康和抑病性的指标，其中奇数脂肪酸组成比例能灵敏地反映新鲜和腐熟生物有机肥对土壤健康的调控效果。

尽管农业活动对土壤健康的影响是多方面的，但迄今国内的研究实际上仍明显不足，特别是目前国内学者对土壤健康的认识尚不统一，部分研究实际上是借用土壤健康的概念，相应的研究也很难全面、系统，因而很难深入并得到同行专家、政府和部门的高度认同。当然，如欧美等发达国家那样从国家层面对相关研究进行系统部署，并组织专门力量开展研究，形成适合中国国情的土壤健康评价因子、评价方法与指标体系，以及健康土壤构建与保护技术体系，这是保障我国土壤健康最关键的工作，也是当前最紧迫的任务。

四、土壤健康评价

我国土壤健康研究起步晚，且始于对发达国家土壤健康相关研究特别是评价指标、评价方法的介绍，并同时加入了一些自己的观点，逐步形成了具有中国国情特色的模糊认识，土壤健康的概念也开始被许多科研工作者所认知，并开始了相关研究。例如，梁文举等（2001）在综述了国外学者关于土壤健康概念的基础上，重点分析了应用土壤动物作为土壤健康指标的可行性，认为可以用土壤线虫群落组成及其多样性和成熟指数来指示农业土壤的健康质量，这是我国最早用生物指标来评价土壤健康的研究，尽管其具体指标体系的完整性有待进一步探讨，但至少已经走出了土壤健康评价的最关键一步。此后，梁文举等（2002）在阐述农业生态系统健康的同时指出，土壤健康是农业生态系统健康的基础，可以用生物指标作为评价的主要依据，包括微生物生物量（microbial biomass）、土壤微生物区系（soil microflora）、根病原菌（root pathogens）、生物多样性（biodiversity）、小型土壤动物区系（soil microfauna）、中型土壤动物区系（soil mesofauna）、大型土壤动物区系（soil macrofauna）、土壤酶（soil enzyme）和植物（plant）等，所提出的这些指标尽管主要参考了发达国家的结果，但其提出的 21 世纪农业生态系统健康研究方向对土壤健康研究亦具有较重要的参考价值。

生物指标最初被用作土壤健康评价重要指标，其研究也相应稍多。例如，李玉娟等（2005）就应用线虫作为土壤健康指示生物做了相关探讨，并认为应用线虫作为土壤健康的指示生物具有几个方面的优势：①线虫具有种群优势，数量庞大，可以较好反映出土壤条件的细微变化；②土壤中线虫的分离和定量方法已十分成熟，分离效率高（97% ～ 99%）；③线虫的科、属鉴定较简单，且相应的群落结构已经可以用于土壤健康评估；④线虫生活与土壤环境直接接触且移动速度慢，可以反映小尺度土壤微生境的变化；⑤线虫的生命周期一般仅数天或几个月，可以快速反映土壤环境的变化；⑥线虫具有多食性，在土壤食物网中扮演着十分重要的角色，其营养类群结构的变化与土壤生态系统过程联系紧密。同时，我们还对成熟指数及基于营养类群的研究方法进行了详细介绍，认为成熟指数比其他指数更能敏感地反映土壤环境的受胁迫程度，基于营养类群的指数和分析方法可以在生态系统功能水平上更好地揭示土壤环境的健康状态。最后我们还就该方法在农业、森林、草地及其他陆地生态系统中的应用进行了分析，指出了常用指数和方法的不足，同时还对其应用前景进行了探讨，认为开展线虫的指示生物作用研究对探明土壤生态系统过程和机制及保持土壤健康状况具有十分重要的意义。段莉丽（2009）选择传统的稀释培养测数法作为土壤健康微生物评价的测定方法，在分析相关指标的基础上，筛选出微生物多样性指数、真菌与细菌数量比值、真菌与放线菌数量比值作为土壤健康程度的微生物评价指标，并评价了未耕作、常规耕作、有机耕作 3 种耕作方式下土壤的健康状况。将土壤微生物多样性指数 ≥ 0.65 时确定为土壤健康状况较好，≥ 0.60 且 < 0.65 时为土壤健康状况一般，而 < 0.60 时则为健康状况较差。毫无疑问，生物能够较好地表达土壤性质、

土壤环境等状况，但在许多情况下并非唯一，如果仅用生物指标来评价土壤是否健康，可能会有失全面性和系统性，因此发达国家亦仅将其作为一个重要的方面，而非全部。

亦有研究者利用相关土壤理化指标、酶活性等指标来评价土壤健康，即在单一的生物指标基础上进行了进一步的补充和完善。例如，敖登高娃（2008）和红梅等（2009）基于在荒漠草原上进行的相关试验结果，应用模糊数学方法，通过土壤机械组成、含水量、pH、电导率、容重、紧实度、有机质、全量和速效氮磷钾及脲酶、蔗糖酶、多酚氧化酶 3 种酶的活性等指标，对荒漠草原土壤的健康状况进行了评价，认为未退化区、轻度退化区土壤为健康土壤，中度退化区土壤为亚健康土壤，而重度退化区土壤为不健康土壤。

在土壤健康评价的方法上，我国亦有学者做了相关研究。例如，赵瑞（2019）以县域为例，采用 DPSIR 模型分析了耕地系统健康运行的机理，构建了基于"结构 - 功能 - 过程 - 服务 - 质量 - 健康"和"活力 - 组织力 - 恢复力 - 贡献力"理论框架的耕地健康程度（静态）和耕地健康趋势（动态）评价指标体系。研究提出了采用修正系数法、最强限制因素法、加权求和法和综合算法分别计算出耕地产能质量、环境质量、健康质量及生态质量指数，对这 4 个维度的评价结果叠加作为耕地健康程度（静态）的评价指标；并通过综合指数法评价耕地的健康趋势（动态）。对河南省温县耕地健康的评价结果认为：该县化肥和农药施用量大、地膜覆盖率增加等，是严重威胁耕地健康的主导因子。该研究中，评价耕地健康主要的指标包括光温生产潜力、产量比系数、剖面构型、土壤容重、有机质和养分元素、障碍层类型及距地表深度、砾石含量、有益微量元素、质地、pH、CEC、耕层厚度、田块规模、道路、林网、灌水方式、田块地形部位、地表岩石、田面坡度、灌溉保证率、排水条件、防灾减灾能力、防洪标准、农机化水平、农艺管理水平、大气沉降量、灌溉水质量、重金属状况、农药残留、农膜残留、产品安全性、产量年际变异、土壤动物、土壤微生物生物量碳、地下水及矿化度、单位面积化肥农药用量、土壤侵蚀模数、土壤入渗率、土壤盐渍化程度等，并将这些指标分别归入前述 4 个维度中。杨晓娟等（2012）对森林土壤健康评价的相关研究进行了系统总结，认为我国目前森林土壤健康研究很少，且土壤健康与土壤质量在概念上既有一定区别又有一定程度的交叉，在森林土壤健康评价方面主要有综合指数法、模糊数学综合评判法、灰色聚类法、层次分析法、主成分分析法、人工神经网络法等，但其评价的指标仍以土壤质量评价指标为主，包括植物生长潜力指标、水分有效性指标、养分有效性指标、根系适宜性指标等类型，但具体指标的选取因研究者、区域等的不同而异。从整体上看，森林土壤健康评价目前在具体指标选取、评价方法选择方面均不够成熟，尚处于探索阶段，有待进一步发展。

此外，还有学者试图通过多类因子整合对土壤健康进行相应评价。例如，叶思菁等（2019）应用地形特征、土壤性状、耕作条件、环境状况和生物特性 5 类指标，整合了影响耕地健康的关键因子并评价耕地健康状况。其中，地形特征指标包括地形部位、田面坡度；土壤性状指标包括必选和备选 2 类指标，必选指标包括有效土层厚度、有机质含量、耕层质地、障碍层距地表深度、土体构型、耕层容重、土壤养分元素、pH，备选指标包括地表岩石露头度、砾石特征、盐渍化程度、黑土层厚度等；耕作条件亦包括必选和备选 2 类指标，必选指标包括灌溉保证程度、排水条件、田块归整度、道路通达度、耕作距离，备选指标有田间输水方式、林网化程度、农田防洪标准等；环境状况指水热等环境因子，包括湿度、温度及含氧量等指标；生物特性指标为每立方米土体的蚯蚓数量。从整体看，本研究中所选择的指标与赵瑞（2019）的研究较接近。在研究中，还通过耦合耕地健康与产能，将 65 个试点县耕地健康产能特征划分为"健康 - 高产能""健康 - 低产能""亚健康 - 高产能""亚健康 - 低产能""不健康 - 高产能""不健康 - 低产能" 6 类，分析结果认为我国"不健康 / 亚健康 - 高产能"区域分布广泛，且主要分布于实施藏粮于地、藏粮于技战略的关键地带，必须同时兼顾耕地健康与产能，并根据所在区域特点制定相应的耕地健康与维持对策，以确保农业可持续发展并确保耕地健康和产能。

尽管土壤健康评价是目前国内研究相对集中的一个重要方面，但在当前缺少国家专门的经费和项目支持、未组织起稳定研究队伍等背景下，要针对不同研究区域、不同土壤类型及利用方式下土壤健康维护技术进行相应研究，并且评价方法、指标体系确立等均存在较大差距，尚难以形成全国统一的评价方法与评价指标体系，未来土壤健康研究的任务仍十分艰巨。因此，当务之急是应该在国家科技计划中组织实施土壤健康专项，组织全国力量开展攻关，并针对不同区域立地条件开展相关研究，在强化研究的基础上组织相关专家开展协作、研讨，不断凝练出共同点，逐步形成全国统一的认识、评价方法及评价指标体系等，构建土壤健康维护与安全生产技术及模式，促进土壤健康研究不断深入，为确保土壤健康提供理论、技术和方法指导。

五、中国耕地的健康状况

根据前述对土壤健康的定义并结合我们近年的调查结果，同时参考国家发布的相关信息、同行的研究结果，从几个方面的实际情况对我国耕地的健康状况进行初步判断，总体看确实不乐观，部分耕地处于亚健康甚至不健康状态，需要强化健康管理、改善健康状况，为农业高质量发展提供有力保障。主要表现在以下几个方面。

（一）耕地质量等级较低

由于复种指数较高、重种轻养等多种原因，我国耕地地力偏低，全国中低产田面积约占耕地总面积的 70%。近年来，国家十分重视耕地质量建设，先后组织实施了耕地有机质提升行动、测图配方施肥工程、东北黑土地保护性耕作行动等一系列行动计划，强化了高标准农田建设等，使我国的耕地质量整体上有了一定幅度的提升，但从总体看中低产田占比仍然较大，耕地质量仍有待提高。据农业农村部《2019 年全国耕地质量等级情况公报》（农业农村部公报〔2020〕1 号），以全国 20.23 亿亩耕地为基数，全国耕地质量等级平均为 4.76 等，仍处于相对较低的等级。其中，1～3 等的耕地面积为 6.32 亿亩，占耕地总面积的 31.24%；4～6 等的耕地面积为 9.47 亿亩，占耕地总面积的 46.81%；7～10 等的耕地面积为 4.44 亿亩，占耕地总面积的 21.95%，这部分耕地的基础地力较差，障碍因子较明显，较短时间内难以得到改善。不同区域比较，1～3 等、4～6 等、7～10 等耕地的面积和比例如表 6-1 所示。

表 6-1　我国各区域耕地地力等级及比例

区域	1～3 等		4～6 等		7～10 等	
	面积 / 亿亩	占比 /%	面积 / 亿亩	占比 /%	面积 / 亿亩	占比 /%
东北	2.34	52.01	1.80	40.08	0.35	7.90
内蒙古及长城沿线	0.17	12.76	0.52	38.79	0.64	48.45
黄淮海	1.29	40.15	1.58	49.22	0.34	10.64
黄土高原	0.22	13.16	0.55	32.08	0.93	54.76
长江中下游	1.04	27.27	2.08	54.56	0.69	18.17
西南	0.69	22.12	1.77	56.21	0.68	21.67
华南	0.31	25.33	0.49	40.13	0.43	34.54
甘新	0.26	22.36	0.63	54.55	0.27	23.08
青藏	0.003	1.65	0.052	32.56	0.105	65.79
总计	6.32	31.24	9.47	46.81	4.44	21.95

从表中可以看出：我国不同区域比较，东北地区 1～3 等即高产田的比例最大超过 50%，达到 52.01%；其次是黄淮海地区的 40.15%，而其他地区则均未超过 30%。总体看，北方地区高产田所占比例相对较高。与此相对应，南方地区中低产田面积相对较大、所占比例较高。当然，从总体趋势看，近年来耕地中低产田的比例也呈总体下降趋势，近 20 年间低产田比例减少了 10 多个百分点。这种结果说明我国实施高标准农田建设、土壤有机质提升行动等的效果已逐渐显现，经过

多年土壤培肥与改良，原来低产田中原生障碍因子已逐渐得到消除，但相应地由于施肥、耕作、管理等问题，耕地中次生障碍有增多的趋势，加快耕地培肥、消除次生障碍等，已经成为我国中低产田改良的重点。

再者，从耕地基础地力对作物产量的贡献率看，欧美发达国家水稻、玉米、小麦三大作物大多在 70% 以上，但我国仅为 50% ~ 60%，较 40 年前下降了 10% 以上，比发达国家低 10 ~ 20 个百分点，培肥耕地、提高地力的空间很大。尽管国土资源部的耕地质量评价方法与农业农村部有所差别，且评价结果，特别是不同区域的评价结果亦有所差异，但其总体趋势应该说是基本一致，且大致上能说明我国耕地的实际情况。

耕地有机质含量较低、养分含量非均衡化也严重制约了其质量提升。土壤有机质和养分含量等理化性质是衡量耕地质量等级的重要指标之一，其含量一直是耕地质量状况的重要指标，但从我国耕地状况看，土壤有机质含量尽管近年来有所提高，但由于有机肥施用量不足、化肥施用偏多等原因，耕地的有机质含量仍明显低于全球土壤平均水平，其中东北黑土有机质由开垦初期的 60 g/kg 以上下降到 40 g/kg 以下、黑土层由 80 cm 以上下降到 60 cm 以下；南方红壤旱地酸化严重、部分 pH 小于 5.0，有机质含量低于 1.0 g/kg。华北地下水超采 30 万 km²，区域地下水大漏斗已经形成，且耕地盐碱化加剧。同时，单一施用化肥及管理不当等原因导致的氮磷含量偏高而钾素及中微量元素不足、土壤板结等问题也开始突出，耕层浅薄也较严重，耕地的基础地力，特别是占耕地总面积的 70.5% 的中低产田的产能堪忧。

（二）部分地区耕地退化较严重

2015 年联合国粮食及农业组织发布的《世界土壤资源状况》报告中指出，各种不合理人类活动已导致全球 1/3 的耕地出现退化，包括土壤侵蚀、沙化、酸化、盐渍化、有机质下降、耕层变浅、板结、养分失衡、生物多样性下降及污染等。其中，因土壤侵蚀每年导致 250 亿 ~ 400 亿 t 表土流失，如不及时采取行动，预计到 2050 年将损失约 2.53 亿 t 谷物，相当于减少了 22.5 亿亩耕地。根据《2018 中国生态环境状况公报》数据，全国土壤侵蚀总面积 294.9 万 km²，占普查总面积的 31.1%，其中，水力侵蚀面积 129.3 万 km²，风力侵蚀面积 165.6 万 km²，水土流失已成为耕地健康退化的关键因子之一。此外，荒漠化与沙化也严重影响土壤的健康，据统计，2018 年全国荒漠化土地面积 261.16 万 km²，沙化土地面积 172.12 万 km²。

实际上，耕地退化也是部分地区高产田变成中产田的重要原因，高产田退化、低产田改良均使耕地向中产田发展，也无疑使中产田的比例大幅度提高。从不同地区的情况看，东北黑土区 60% 以上的侵蚀沟分布在坡耕地中，导致坡耕地支离破碎、水土流失严重，同时也成为黑土有机质含量下降、土层变薄的重要原因。据统计从 20 世纪 80 年代到 21 世纪初，由于长期大量施用氮肥等，除西北地区碱性风沙土外，长期种植粮食作物（水稻、玉米、小麦）的红壤、水稻土、紫色土、黑土、潮土等的 pH 下降了 0.13 ~ 0.76 个单位，种植经济作物的旱地土壤下降了 0.30 ~ 0.80 个单位。2000 年以来，耕地土壤酸化仍在持续，据统计，目前强酸性（pH 4.5 ~ 5.5）耕地面积达 2.59 亿亩，极强酸性耕地（pH < 4.5）达 199 万亩，亟需改良治理的酸化耕地面积约 1 亿亩。

同时，耕地盐碱化也呈现出逐渐加剧的趋势。目前全国可利用盐碱地总面积近 3 亿亩（以下盐碱地均是指可利用盐碱地），其中，盐碱耕地 1.14 亿亩，占盐碱地总面积的 38%，占耕地总面积的 5.6%；盐碱荒地 1.85 亿亩，占盐碱地总面积的 62%。我国盐碱耕地主要分布在新疆（含新疆生产建设兵团）、黑龙江、内蒙古、河北、吉林和山东等省（自治区），根据盐碱地分级标准，轻度盐碱耕地、中度盐碱耕地和重度盐碱耕地占盐碱耕地面积的比重分别为 52%、31% 和 17%。轻度盐碱耕地主要分布在黑龙江、内蒙古、新疆（含新疆生产建设兵团）、河北、山东、吉林 6 个省（自治区），中度盐碱耕地主要分布在新疆（含新疆生产建设兵团）、黑龙江、内蒙古、河北和吉林 5 个省（自治区），重度盐碱耕地主要分布在新疆（含新疆生产建设兵团）、黑龙江和内蒙古 3 个省（自治区）。耕地盐碱化已成为制约区域现实生产力的重要障碍，同时也严重制约农业可持续发展。

（三）重点区域耕地污染物含量超标

耕地中重金属、持久性有机物及农业化学品（农药、抗生素等）超标，不仅导致耕地污染，同时也严重威胁了农产品质量安全和农业可持续发展，无疑也是制约耕地健康的重要因子。被污染的耕地由于所生产的农产品污染物超标风险增加，部分污染较严重的耕地甚至可能失去耕地的属性，因此，必须下大力气确保耕地中污染物不超标，为保障农产品安全生产创造良好的土壤条件。

从我国耕地中污染物含量现状看，部分耕地中污染物超标已经是不争的事实，在一些高风险地区重金属等污染物含量甚至超过国家相关标准的数倍，其健康状况堪忧。但是，对不同的农业区而言，由于污染物来源、数量及农业耕作管理措施等的差异，实际上土壤中污染物含量或超标情况是不一样的，如据我们对近年我国主产区、高风险区农田重金属状况的调查结果，我国主产区农田重金属超标风险不大、超标样本数较少（表 6-2），这些地区基本上是安全的，或者说土壤是处于健康状况的。

表 6-2　我国几个农业主产区耕地表层重金属含量状况

元素	吉林四平（n=147）				山东寿光（n=128）			
	平均值 ± 标准差 /（mg/kg）	超过Ⅰ级 /%	超过Ⅱ级 /%	超过Ⅲ级 /%	平均值 ± 标准差 /（mg/kg）	超过Ⅰ级 /%	超过Ⅱ级 /%	超过Ⅲ级 /%
Zn	74.5±27.9	15.6	0	0	104±55.5	42.2	3.1	0.8
Cu	26.0±14.7	21.8	0	0	28.6±12.6	18.8	0	0
Cd	0.6±0.9	42.2	21.1	7.5	0.4±0.4	59.4	18.0	4.7
Cr	46.9±14.8	0.7	0	0	51.4±9.9	0	0	0
As	8.9±3.0	0.7	0	0	9.7±2.0	1.6	0	0
Ni	21.2±5.6	0	0	0	29.9±7.7	10.2	2.3	0
Pb	15.2±4.0	0	0	0	18.4±4.3	1.6	0	0

元素	河南商丘（n=182）				甘肃武威（n=135）			
	平均值 ± 标准差 /（mg/kg）	超过Ⅰ级 %	超过Ⅱ级 %	超过Ⅲ级 %	平均值 ± 标准差 /（mg/kg）	超过Ⅰ级 /%	超过Ⅱ级 /%	超过Ⅲ级 /%
Zn	70.9±13.4	2.7	0	0	82.3±15.4	11.1	0	0
Cu	22.8±6.6	3.8	0	0	32.1±6.8	23.7	0	0
Cd	0.3±0.2	52.2	17.6	1.6	0.4±0.2	85.9	11.9	0.7
Cr	52.1±11.7	1.1	0	0	53.4±4.1	0	0	0
As	10.9±2.3	4.9	0	0	13.7±2.1	25.2	0	0
Ni	27.2±4.4	1.6	0	0	29.1±2.3	0	0	0
Pb	15.9±3.9	1.6	0	0	20.7±3.6	0.7	0	0

　　如果按照《土壤环境质量标准》（GB15618—1995），所调查的吉林四平、山东寿光、河南商丘、甘肃武威 4 个区域中，土壤中重金属含量超过Ⅱ级的样品比例在 2.3%～21.1%，主要超标的元素是 Cd，此外 Ni、Zn 含量亦有部分样品超标；超过Ⅲ级标准的样品比例在 0.7%～7.5%，全部为 Cd，其他元素没有出现超过Ⅲ级的样品。吉林四平、河南商丘、甘肃武威三个地区部分样品的 Cd 含量超过Ⅱ级标准，其他元素含量未超过Ⅱ级标准。山东寿光的样品中，2.3% 的样品中 Ni 含量超过Ⅱ级标准，3.1% 的样品中 Zn 含量超过Ⅱ级标准。我国农田 Cd 含量超标率较高可能与我国土壤环境质量标准中 Cd 的含量标准划分相对严格有密切关系。

　　与主要农业产区耕地基本健康相对应的是，一些采矿、冶炼等工厂的周边地区，受采矿和冶炼等过程中"三废"排放的影响，不仅大气和水体中重金属含量超标较严重，土壤中重金属的含量亦超标，且部分地区超标比例较大、含量也相应较高（表 6-3），土壤的健康状况已不容乐观。

　　从表 6-3 对湖南株洲某冶炼区、湖南石门采矿区、甘肃白银采矿区、广东汕头采矿区周边较小区域采集农田土壤的分析结果看，这些区域农田的重金属含量较高，单一样品超过《土壤环境质量标准》（GB15618—1995）Ⅲ级的比例也较高，且部分样品存在一定程度的复合超标。湖南石门有亚洲最大的雄黄矿，其开采历史较长，矿区周边土壤重金属中唯 As 含量超标较严重。其他 3 个地区均存在多种重金属含量超标的情况。其普遍的问题是：①每个调查点土壤样品均有 3 种以上元素超过Ⅲ级含量标准，占采集样品的比例达 10% 以上，最高甚至达 91.2%，但不同元素间超标的情况不尽相同。②在所有元素中，超标最严重、超标样品比率最高的是 Cd，除湖南石门外几乎所有地方样品的超标率均较高；其次为 As，在调查的 4 个地区均存在较大程度超标，其超标幅度达 21.1% ~ 62.3%，而 Zn、Cu、Pb 等元素超标样品的比例则相对较低。③由于到采矿中心区或冶炼区的距离不同，重金属向周边扩散的途径不一等多种原因，各地区不同采样点样品中重金属含量变异很大，部分元素的标准差甚至超过其平均含量。

表 6-3　几个典型高风险区耕地表层重金属含量状况

元素	湖南株洲 (n=34) 平均值 ± 标准差 / (mg/kg)	超过Ⅲ级 /%	湖南石门 (n=39) 平均值 ± 标准差 / (mg/kg)	超过Ⅲ级 /%	甘肃白银 (n=57) 平均值 ± 标准差 / (mg/kg)	超过Ⅲ级 /%	广东汕头 (n=69) 平均值 ± 标准差 / (mg/kg)	超过Ⅲ级 /%
Zn	485±487	25.6	73.2±16.5	0	310±638	12.3	249±8.2	0
Cu	54.7±31.3	0	24.9±5.4	0	88.2±132	5.3	179±39.1	8.7
Cd	5.9±8.0	71.2	0.5±0.1	0	5.6±8.9	26.3	0.7±0.1	26.1
Cr	74.4±29.7	0	58.4±9.7	0	50.3±7.3	0	/	/
As	36.8±21.9	35.3	79.0±166	43.6	28.7±33.5	21.1	118±188	62.3
Ni	29.4±7.3	0	30.6±6.0	0	31.7±6.5	0	/	/
Pb	269±232	14.7	29.9±3.9	0	131±341	5.3	125±6.0	0

　　实际上，按照环境保护部、国土资源部 2014 年联合发布的《全国土壤污染状况调查公报》结果，在所调查的点位中，全国土壤总的超标率为 16.1%，其中轻微、轻度、中度和重度污染点位比例分别为 11.2%、2.3%、1.5% 和 1.1%。污染类型以无机型为主，有机型次之，复合型污染比重较小，无机污染物超标点位数占全部超标点位数的 82.8%。从污染分布情况看，南方土壤污染重于北方；长江三角洲、珠江三角洲、东北老工业基地等部分区域土壤污染问题较为突出，西南、中

南地区土壤重金属超标范围较大；镉、汞、砷、铅 4 种无机污染物含量分布呈现
从西北到东南、从东北到西南方向逐渐升高的态势。而耕地的状况更是不容乐观，
根据调查结果，耕地土壤点位超标率为 19.4%，其中轻微、轻度、中度和重度污
染点位比例分别为 13.7%、2.8%、1.8% 和 1.1%，主要污染物为镉、镍、铜、砷、
汞、铅、滴滴涕和多环芳烃，重金属等无机污染物超标点位数占全部超标点位数
的 82.8%。因此，我国耕地土壤的健康状况的确堪忧，值得关注，必须加大力度
进行调控与修复。

（四）农田中氮磷等排放仍不容忽视

随着我国现代集约农业快速发展，近年来单位耕地化肥农药施用量也大幅度
增加，尽管"十三五"初期在国家科技计划中启动实施了减肥减药科技专项，且
农业农村部等部门积极推进相关工作，但因基数较大、作物对化肥依赖性增强等
多种原因，全国化肥农药使用量一直居高不下。据统计，我国 2018 年化肥施用
量为 5653 万 t（折纯），农药使用量为 145 万 t，相当于美国和印度 2 国的总和，
化肥农药的使用量均占世界总量的 1/3 以上，粮食作物当季化肥施用量亩均 25 kg
以上，远高于世界平均水平。我国生产 1 t 粮食所消耗的化肥农药是发达国家的 3
倍以上，化肥和农药利用率仅分别为 39.2% 和 39.8%，比发达国家低了约 15 个百
分点。实际上，不仅化肥农药，即使是农膜等农业化学品的使用量，我国也是远
远高于世界平均水平。同时，我国绿色农药创新尚缺乏原创性结构与靶标，绿色
肥料缺乏高效生物菌种、控释膜材料与绿色抑制剂，肥料农药绿色品种占比仅为
10%，化肥农药使用带来的环境风险亟待降低。化肥农药及农膜等农业化学品的
大量使用，不仅降低了其利用效率，导致土壤残留量大、土壤健康状况严重下降，
同时向环境的排放量也相应增加，并给国家生态环境安全带来巨大压力。

据 2010 年由环境保护部、国家统计局、农业部联合发布的《第一次全国污染
源普查公报》数据，在参加普查的 2 899 638 个对象中，含种植业 38 239 个、畜
禽养殖业 1 963 624 个、水产养殖业 883 891 个、典型地区（是指巢湖、太湖、滇
池和三峡库区 4 个流域）农村生活源 13 884 个，农业源（不包括典型地区农村生
活源，下同）中主要水污染物排放（流失）量为化学需氧量 1324.09 万 t，总氮
270.46 万 t，总磷 28.47 万 t，铜 2452.09 t，锌 4862.58 t。其中，种植业总氮流失
量 159.78 万 t（其中，地表径流流失量 32.01 万 t，地下淋溶流失量 20.74 万 t，基
础流失量 107.03 万 t），总磷流失量 10.87 万 t。种植业地膜残留量 12.10 万 t，地膜
回收率 80.3%。农业既是污染物的汇，同时又是重要的污染物排放源，由农业源排
放的化学需氧量、总氮、总磷量分别占全国排放总量的 43.7%、57.2% 和 67.3%，
农业源氮磷的排放量甚至超过工业源。

同时，从《2018 年中国生态环境状况公报》相关数据看，2018 年，我国监测水质的 111 个重要湖泊（水库）中，Ⅰ类水质的湖泊（水库）7 个，占 6.3%；Ⅱ类 34 个，占 30.6%；Ⅲ类 33 个，占 29.7%；Ⅳ类 19 个，占 17.1%；Ⅴ类 9 个，占 8.1%；劣Ⅴ类 9 个，占 8.1%，水质在Ⅲ类及以下的湖泊占比达到 63.0%。主要污染指标为总磷、化学需氧量和高锰酸盐指数。监测营养状态的 107 个湖泊（水库）中，贫营养状态的 10 个，占 9.3%；中营养状态的 66 个，占 61.7%；轻度富营养状态的 25 个，占 23.4%；中度富营养状态的 6 个，占 5.6%。2018 年，长江、黄河、珠江、松花江、淮河、海河、辽河七大流域和浙闽片河流、西北诸河、西南诸河监测的 1613 个水质断面中，Ⅲ类及以下水质断面占 52.0%，尽管较 2017 年有所下降，但仍不容乐观。河流和湖泊富营养化并非全部是农业面源污染所致，但农业氮磷肥施用的影响确实值得重视，而且，这仅是从面源污染单一角度考虑，实际上近年来因过量和不合理使用化肥农药等农业投入品，其所带来的耕地酸化贫瘠化等质量退化、对化肥依赖性增强等问题，更是与土壤健康直接相关。

此外，多年来我国农业基础设施投入较少，部分地区设施状况堪忧，如耕地灌排设施损坏导致水分保障率低，使土壤退化、地力下降，部分耕地长期处于淹水状态导致潜育化等，也是制约耕地健康的重要隐患。农民对耕地管理粗放、维护耕地健康意识淡薄，则可能是导致耕地健康状况长期得不到提升的关键，由于农业生产效益较低，多数农村青壮年劳动力外出务工，直接导致农村劳动力短缺，留守农村的年老和年幼人员不堪农村繁重的耕作管理等劳动，导致水肥药管理随意性增大、耕作粗放，直接导致部分地区耕地退化、产能下降。如何留住农村劳动力，大幅度提高农业整体效益，是当前和今后一段时间内急需解决的重要问题，也是确保耕地质量健康的重要抓手。

（五）部分耕地的立地条件不良

实际上，高产田之所以高产，除土壤质量（或肥力）较高外，其所处的立地条件良好、施肥和管理措施到位、作物对土壤适应性强等也是其中十分重要的原因。反之，如果立地条件不良，如长期地下水位高、冷浸田、渗漏田，以及由成土母质或条件导致的硬磐层、过沙或过黏等，无疑均将在很大程度上导致作物生长不良、产量较低，也严重制约了土壤的健康状况，使耕地的产能得不到正常发挥。

据相关资料统计，我国目前中低产田中，包括东北瘠薄黑土 2.1 亿亩、白浆土 0.4 亿亩，华北 1.2 亿亩沙化潮土、沿淮地区 0.5 亿亩砂姜黑土，南方酸化红黄壤 2.6 亿亩、丘陵区 0.4 亿亩冷浸田及 0.6 亿亩贫瘠和耕层浅薄水稻土，以及分布在东北、华北、西北和东部沿海的 1.1 亿亩盐碱地。从目前中低产田的类型看，其中很大部分是人为耕作管理不良导致的，也有部分与耕地所处的立地条件不良直接相关，如冷浸田、耕层浅薄水稻土、部分盐碱地、沙化土、白浆土、砂姜黑土等，或者是与所处立地条件不适应的管理方式所致，如瘠薄黑土、酸化红黄壤等。但无论由哪种因素为主所致，其对土壤健康的影响是非常显著的（图6-5）。

图6-5　几种主要由立地条件导致的低产土壤（彩图请扫封底二维码）

尽管从前述描述只能对我国耕地的健康状况做一个定性分析，毕竟定量分析还需要在方法、指标等诸多方面进行系统研究，很难在短时间内获得比较准确的结果。但即使是初步的判断，我国耕地质量不高、地力和生产力较低，部分耕地退化严重或污染物含量超标，立地条件有待改善等，这些问题是影响耕地健康的重要因素，也是必须尽快加以改良的关键因子，这也是我国在当前和今后一段时期内需要予以关注的重要方面。只有不断提高耕地的质量和产能，从根本上遏制耕地退化，大幅度降低土壤中污染物含量和活性，改善不良立地条件，加强耕地质量管理等，才能把耕地保护好，把耕地健康维护好，才能使耕地为保障国家粮食和农产品安全提供更好的支撑。

第三节　土壤健康的政府管理与实践

土壤健康是农产品健康的基础，也是人类健康的必要前提。强化土壤健康管理，保障土壤健康和农产品高效优质安全生产，不仅是农业科技工作者的目标，同时也是各级政府的重要任务。与美国、欧洲等国家和地区由政府、企业、中介组织等多渠道维护土壤健康不完全相同的是，我国土壤健康管理主要是由政府组织、农民实施的，企业和中介组织的参与几乎没有，尽管这种方式具有很多优势，但也导致很多措施不能到位，且农民因为是被动参与且从中获益很少甚至不能获益，因此积极性不高，导致很多措施效果不显著。如何发动企业、中介参与，如何充分调动农民的积极性，并使农民通过维护土壤健康获益，这是当前和今后一段时间内需要认真思考的问题。

一、土壤健康相关政策与支持

进入 21 世纪以来，我国政府更加重视土壤健康相关问题，把耕地质量培育与中低产田改良、土壤重金属污染、退化耕地修复、面源污染防控与化肥农药减量等放在十分重要的位置，习近平总书记、李克强总理等党和国家领导人多次对保护耕地做出重要指示，为国家耕地保护和土壤健康相关政策制定提供了坚实保障。2015 年 5 月 26 日习近平总书记对耕地保护工作做出重要批示，强调"要实行最严格的耕地保护制度，依法依规做好耕地占补平衡，规范有序推进农村土地流转，像保护大熊猫一样保护耕地"。2019 年 3 月 8 日参加第十三届全国人民代表大会第二次会议河南代表团的审议时强调"耕地是粮食生产的命根子。要强化地方政府主体责任，完善土地执法监管体制机制，坚决遏制土地违法行为，牢牢守住耕地保护红线"。

（一）关于耕地质量与地力提升的相关文件

耕地作为农业发展最重要的物质基础，长期以来得到党和政府的高度关注，早在 1954 年 9 月，周恩来在第一届全国人民代表大会第一次会议上所作的《政府工作报告》中就首次提出了建设"现代化的农业"这个概念，毛泽东根据我国农民群众的实践经验和科学技术成果，于 1958 年提出了农业"八字宪法"即"土肥水种密保管工"，把"土"即"深耕、改良土壤、土壤普查和土地规划"放在了农业的第一位，并将与"土"密切相关的"肥"放在第二位，对土壤的重视可见一斑。近年中央 1 号文件均将保护耕地资源作为保障国家粮食安全和农业可持续发展的重要途径，作为农村扶贫脱贫、农业现代化发展、乡村振兴和农村小康社会建设的重要内容，放在重中之重的位置。2018 年中央 1 号文件《中共中央 国务院关于实施乡村振兴战略的意见》中，明确提出要"深入实施藏粮于地、藏粮于技战略，严守耕地红线，确保国家粮食安全，把中国人的饭碗牢牢端在自己手中。全面落实永久基本农田特殊保护制度，加快划定和建设粮食生产功能区、重要农产品生产保护区，完善支持政策。大规模推进农村土地整治和高标准农田建设，稳步提升耕地质量,强化监督考核和地方政府责任。"2019 年中央 1 号文件《中共中央 国务院关于坚持农业农村优先发展做好"三农"工作的若干意见》中,亦明确提出要"加大东北黑土地保护力度。加强华北地区地下水超采综合治理。推进重金属污染耕地治理修复和种植结构调整试点。"2020 年中央 1 号文件《中共中央 国务院关于抓好"三农"领域重点工作 确保如期实现全面小康的意见》中,又进一步提出要"推广黑土地保护有效治理模式,推进侵蚀沟治理,启动实施东北黑土地保护性耕作行动计划。稳步推进农用地土壤污染管控和修复利用。"连续多年中央 1 号文件中,把耕地保护和地力建设均放在十分重要的位置,为耕地健康提供了政策指南。

(二)土壤污染防治相关法律法规

为保障土壤健康、防治土壤污染、保护土壤环境,我国政府制定并发布了一系列与土壤健康相关的法律法规,为确保土壤健康奠定政策保障。2016 年 5 月 28 日由国务院印发了《土壤污染防治行动计划》(俗称"土十条"),该计划明确指出,要"形成政府主导、企业担责、公众参与、社会监督的土壤污染防治体系,促进土壤资源永续利用,为建设'蓝天常在、青山常在、绿水常在'的美丽中国而奋斗"。其工作目标是"到 2020 年,全国土壤污染加重趋势得到初步遏制,土壤环境质量总体保持稳定,农用地和建设用地土壤环境安全得到基本保障,土壤环境风险得到基本管控。到 2030 年,全国土壤环境质量稳中向好,农用地和建设用地土壤环境安全得到有效保障,土壤环境风险得到全面管控。到本世纪中叶,土壤环境质量全面改善,生态系统实现良性循环"。同时,明确了该行动计划的"十大任务",即①开展土壤污染调查,掌握土壤环境质量状况;②推进土壤污染防治立法,建立健全法规标准体系;③实施农用地分类管理,保障农业生产环境安全;④实施建设用地准入管理,防范人居环境风险;⑤强化未污染土壤保护,严控新增土壤污染;⑥加强污染源监管,做好土壤污染预防工作;⑦开展污染治理与修复,改善区域土壤环境质量;⑧加大科技研发力度,推动环境保护产业发展;⑨发挥政府主导作用,构建土壤环境治理体系;⑩加强目标考核,严格责任追究。

在此基础上,2018 年 8 月 31 日,十三届全国人大常委会第五次会议全票通过了《中华人民共和国土壤污染防治法》,并于 2019 年 1 月 1 日开始实施。《中华人民共和国土壤污染防治法》共分 7 章 99 条,从土壤污染的规划、标准、普查和监测,土壤污染预防和保护,风险管控和修复,保障和监督,法律责任等方面进行了全面论述。《中华人民共和国土壤污染防治法》的颁布和实施,为我国土壤污染防治与管理提供了可靠的法律依据,同时也表明了国家对土壤资源保护利用、污染防治相关工作的高度重视。

（三）耕地质量保护相关法律法规

为强化耕地资源利用与保护，我国政府制定了一系列相应的法律法规，包括于 1986 年发布并先后 4 次修订的《中华人民共和国土地管理法》，最后一次修订稿于 2019 年 8 月 26 日颁布、2020 年 1 月 1 日起实行。《中华人民共和国土地管理法》第三十三条规定："国家实行永久、基本农田保护制度。"第三十六条规定："各级人民政府应当采取措施，引导因地制宜轮作休耕，改良土壤，提高地力，维护排灌工程设施，防止土地荒漠化、盐渍化、水土流失和土壤污染。"与此相对应，同时还颁布了《中华人民共和国土地管理法实施条例》，对土地管理法的实施进行了较系统、详细的规定。

与此同时，为强化基本农田保护与利用，1994 年 8 月 18 日国务院发布的《基本农田保护条例》（简称《条例》），并于 2018 年进行了相应修订。《条例》第十九条明确规定：国家提倡和鼓励农业生产者对其经营的基本农田施用有机肥料，合理施用化肥和农药。利用基本农田从事农业生产的单位和个人应当保持和培肥地力。第二十三条规定：县级以上人民政府农业行政主管部门应当会同同级环境保护行政主管部门对基本农田环境污染进行监测和评价，并定期向本级人民政府提出环境质量与发展趋势的报告。第二十五条规定：向基本农田保护区提供肥料和作为肥料的城市垃圾、污泥的，应当符合国家有关标准。同时，对耕地质量保护、耕地污染物管理等均进行了相应的规定，可以说是对耕地健康管理全面、系统的法规。

国务院 2017 年 1 月 3 日印发的《全国国土规划纲要（2016—2030 年）》（简称《纲要》），部署了全面协调和统筹推进国土集聚开发、分类保护、综合整治和区域联动发展的主要任务，是我国首个国土空间开发与保护的战略性、综合性、基础性规划，对涉及国土空间开发、保护、整治的各类活动具有指导和管控作用。《纲要》明确提出，要"严守耕地保护红线，坚持耕地质量数量生态并重"。要"实施耕地质量保护与提升行动，有序开展耕地轮作休耕，加大退化、污染、损毁农田改良修复力度，保护和改善农田生态系统。加强北方旱田保护性耕作，提高南方丘陵地带酸化土壤质量，优先保护和改善农田土壤环境，加强农产品产地重金属污染防控，保障农产品质量安全"。在此基础上，对不同区域实行耕地分类管理与保护，促进耕地质量提升，主要包括"强化辽河平原、三江平原、松嫩平原等区域黑土地农田保育，强化黄淮海平原、关中平原、河套平原等区域水土资源优化配置，加强江汉平原、洞庭湖平原、鄱阳湖平原、四川盆地等区域平原及坝区耕地保护，促进稳产高产商品粮棉油基地建设"。

国家一系列耕地资源利用与保护相关法律法规的制定和颁布，为耕地资源利用保护、耕地地力培育与退化耕地修复、污染耕地安全利用等提供了法律支撑，同时也为耕地资源合理开发利用提供了行动指南。

二、土壤健康管理的实践

近年来，我国政府围绕土壤健康相关的耕地质量提升、中轻度污染耕地修复等工作做了大量努力，如组织实施了"农业面源和重金属污染农田综合防治与修复技术研发"科技专项，以及"长株潭地区重金属污染耕地修复""东北黑土地保护"等行动，并在相关方面取得了显著成效。

（一）"农业面源和重金属污染农田综合防治与修复技术研发"科技专项

实际上，农田面源和重金属污染相关科技工作从"十一五"以来就得到了科学技术部等部门的高度关注，并组织实施了一系列科技项目（专项），为污染修复治理等提供科技储备和支撑。"十三五"期间，在"十二五"及之前重金属污染农田修复与安全生产、农业面源污染防控等项目的技术上，通过对相关内容有机整合，组织实施了"农业面源和重金属污染农田综合防治与修复技术研发"重点研发专项。该专项以蔬菜、粮食、果园、主要经济作物种植区为对象，以农业生态系统面源污染物、重金属、农业有机废弃物等污染物防控为目标，按照三个层次全链条设计、一体化实施的指导思想，遵循"保护优先、综合治理、改善质量、安全利用"的原则，从农业面源和重金属污染防治与修复的基础理论、关键技术及集成示范等方面全方位部署，形成农业面源和重金属污染系统解决方案。

通过专项实施，力争在农田氮磷和重金属迁移转化机制、污染负荷与区域环境质量、农产品质量关系等理论方面取得进展。强化基础理论研究，提升我国农田氮磷、农药等有毒有害化学品、内源性和外源性重金属、农业有机废弃物污染防治标准化、定量化关键技术；提升农业面源和重金属污染综合防治与修复技术装备与产品水平，使之接近国际先进水平；制定相对完善的农业面源和重金属污染综合防治与修复标准，提升农业面源和重金属污染综合防治与修复管理水平。通过建设技术研究与集成应用示范基地，促进主要农业区域氮磷和农药等污染负荷降低 20% ～ 50%、农药等有毒有害化学品残留率降低 30% ～ 50%，污染农田重金属有效性降低 50% 以上、农产品质量符合国家食品卫生标准，农业有机废弃物无害化消纳利用率达到 95%。

（二）东北黑土地保护性耕作行动计划

长期以来，受翻耕、旋耕等传统耕作方式的影响，东北部分地区的黑土地长期裸露，风蚀、水蚀加剧，土壤结构退化，对东北农业可持续发展和保障国家粮食安全形成严峻挑战。2017 年 6 月，针对长期高强度利用及土壤侵蚀等影响下，黑土有机质含量下降、理化性状与生态功能退化，严重影响东北地区农业持续发展的严峻现实，农业部会同国家发展和改革委员会、财政部、国土资源部、环境保护部、水利部编制了《东北黑土地保护规划纲要（2017—2030 年）》，旨在通过该纲要实施，保护和提升黑土耕地质量，综合治理东北黑土区水土流失，为守住"谷物基本自给、口粮绝对安全"战略底线提供重要保障。该纲要发布以来，按照相关部署，国家相关部门对黑土地保护相关工作进行了专门部署，并实施了一系列行动计划，有效提升了黑土地力和生产力，为保障黑土健康奠定了坚实基础。为进一步强化黑土地保护，2020 年，农业农村部与财政部启动了《东北黑土地保护性耕作行动计划（2020—2025 年）》，中央财政安排 16 亿元（人民币）资金，支持东北四省黑土区每年实施保护性耕作面积 4000 万亩，主要用于补贴秸秆覆盖免耕作业等方面，力争通过该行动的实施，到 2025 年实施面积达到 1.4 亿亩，有效遏制黑土地退化，促进农业可持续发展，确保"藏粮于地、藏粮于技"战略落到实处。

（三）长株潭地区重金属污染耕地修复治理

基于 2013 年以来媒体对湖南省个别地区稻米镉超标事件的报道并引起社会广泛关注的实际，我国政府高度重视，国务院召开专题会议进行深入研究，对相关工作进行了全面部署，提出了工作措施，并要求有关部门会同湖南省抓紧制定落实方案。2014 年，为强化重金属污染耕地修复治理和农产品安全生产，财政部、农业部联合启动了"重金属污染耕地修复综合治理"专项，并先期在湖南省长株潭地区开展试点，旨在加强耕地质量建设和污染修复治理，实现该地区重金属污染耕地的稻米达标生产，确保国家粮食安全和人民群众"舌尖上的安全"。试点工作按照"因地制宜、政府引导、农民自愿、收益不减"的基本思路，根据污染轻重程度将土地划分为三类，包括污染较轻的"达标生产区"、中度污染的"管控生产区"和严重污染的"替代种植区"，根据土壤的污染程度，科学合理确定技术路线及配套措施，通过修复技术、低镉品种选育、农艺措施调控等方式，有效降低水稻农作物对重金属的吸收和积累，确保稻米重金属含量不超标。对其中的 14 万亩划分到"替代种植区"的污染较严重的耕地，通过调整农作物种植结构，不再种植水稻，改种棉花、蚕桑、麻类、花卉等，并对残余物去向进行监控，不得再回流进入耕地。通过试点工作，探索总结出标准化的技术路线和操作程序予以推广，促进全国重金属污染耕地修复治理和农产品安全生产。

试点工作实施以来，系统开展了重金属低积累型与强耐性农作物品种筛选及应用、削减农作物重金属积累的农艺调控技术、阻控农作物重金属吸收的原位钝化技术，以及替代种植作物的耐受性及其修复潜力等研究，构建了较完整的以"轻度污染农艺调控—中度污染钝化降活—重度污染断链改制"为核心的重金属污染耕地农业安全利用综合技术与多种模式，在试点专项实施区内得到了广泛推广应用，农产品镉超标问题得到显著改善，产生了较大社会反响。例如，通过水稻"VIP+"降镉技术模式，试点专项实施区内 68 个"VIP+"验证试验田早晚稻米镉达标率由试点前的全部不达标提高到连续 3 年达标率在 90% 以上、36 个"千亩"标准化示范片的早晚稻米镉达标率亦提高到全部超过 80%，取得了较显著的效果。

第四节　保障中国土壤健康的若干建议

针对当前我国土壤健康相关理念尚待进一步完善，耕地地力偏低、部分耕地污染物含量超标、部分地区耕地水土流失等威胁土壤健康的实际，从构建健康土壤、保障国家粮食和农产品安全、促进农业农村可持续发展、构筑农业生态环境安全保护屏障等迫切需求出发，亟待强化土壤健康相关理念与技术、方法研究，大力加强耕地土壤健康管理，完善政策体系，逐步形成全社会关注土壤健康，把土壤健康与人类健康当作当前发展重要内容的良好氛围。

一、加强研究，提升健康土壤构建的科技保障能力

尽管土壤健康在发达国家从 20 世纪末就开始研究并已经形成了较完整的评价指标体系，构建了较完善的健康土壤技术体系，并且相关理念已得到了政府、科学家和农场主的一致认同，可以说土壤健康问题已深入人心。但是，土壤健康在我国还是新生事物，至少在目前还未受到广泛关注，当然与土壤健康相关的研究也未展开，因此，当务之急是要有序组织开展土壤健康研究，在充分发挥我国科学家联合攻关优势的基础上，围绕土壤健康的主要关联因子开展研究。在已有部署的基础上，建议针对土壤健康问题，强化土壤健康指标选择、土壤健康评价方法和评价指标体系、区域土壤健康评价的差异性，以及土壤健康指标实时监控技术与设备、土壤健康与农产品质量及安全、土壤健康与环境等研究，逐步形成具有中国特色的不同区域或立地条件的健康土壤构建技术和模式。同时，继续强化耕地质量培育、中低产田改良、耕地退化防控等技术和模式研究，加强重金属及持久性有机物污染耕地修复与农产品安全生产研究，以及化肥农药减施、农业面源污染防控等相关技术研发，为实现土壤健康提供有效技术储备；创新农作物秸秆、畜禽粪便等有机物料高值循环利用技术，以及农田残留农膜高效回收与多级降解等技术，促进农业废弃物高效利用；创制具有自主知识产权的中低产田障

碍因子消减、土壤重金属等污染物原位降活、有机污染物原位降解等制剂，以及具有原创结构的绿色农药、绿色缓控释肥（或稳定性肥）包膜材料等，大幅度降低农业化学品对土壤健康的风险。

二、加快技术示范，促进研发成果推广应用

针对当前我国研发技术示范推广困难、效益低下等问题，在充分发挥公益性推广机构作用的基础上，应进一步强化产学研结合、强化企业和社会组织及科研教学单位在科技成果转化应用方面的作用，逐步构建多途径、多渠道示范推广科技成果的良好局面，使研发成果及时得到推广应用并产生出应有的经济和社会效益。当前，一是应进一步完善科技成果转化示范推广政策体系，调动社会各界参加科技成果示范推广的积极性，形成全社会关注科技成果、关注成果转化推广的良好氛围，促进科技成果在第一时间内转化为生产力，发挥出其最大效益。二是应鼓励研发单位，特别是成果持有人参与成果转化与推广，通过建设试验示范基地等方式推动成果示范推广，或者通过利益分成、成果占股、政府奖励等多种方式，使成果研发人员获得相应的利益，以最大限度发挥成果的效益，并使成果持有人在推广中不断完善、优化成果的内容。三是充分发挥科技特派员、农业专家大院等中介的作用，鼓励成果持有人或其课题组成员以科技特派员等身份参与成果转化，在相关地区建设"星创天地"、"众创空间"等硬件载体及示范基地，着力打造满足农业农村创新创业需求的支撑平台，强化科技特派员与成果持有单位、成果持有人合作，将研发成果在基地示范、转化和推广，使科技特派员成为科研成果研发者和农民之间联结的纽带。四是充分发挥农业高新技术产业开发区、国家农业科技园区、县域科技创新等科技成果示范转化平台的作用，以培育和壮大新型农业经营主体为抓手，探索现代农业机制创新，集聚优势科教资源，培育科技创新主体，发展高新技术产业，将示范区（园区、县域）打造成为现代农业创新驱动发展先行区、农业供给侧结构性改革试验区和农业高新技术产业集聚区，打造中国特色农业自主创新的示范区，成为所在区域现代农业科技成果示范转化的中心，引领区域土壤健康等相关成果转化推广。

三、强化宣传，提高公众对土壤健康的认识

由于我国土壤健康相关研究尚未或刚刚起步，相关概念、指标、评价等体系尚未建立，民众对土壤健康的认识尚未到位甚至尚不理解，因此，在加快研发的同时，应强化对土壤健康的宣传，让公众充分认识到土壤健康的重要性，将维护土壤健康放在与维护自身健康同等重要的位置，提高其维护土壤健康的自觉性。

当前，最基本也是最重要的是让公众把土壤健康与农产品质量和安全、与人类自身健康作为一个整体来对待，让公众明白，保障土壤健康实际上就是保障了农产品质量和安全，而农产品质量与安全则是人类健康的根本，只有民众保护土壤健康的积极性、主动性和自觉性提高了，民众能根据土壤健康的要求耕种、管理土壤，才能使土壤真正实现健康、常保健康。

在此基础上，还应提高公众对当前农业生产实际中与土壤健康相悖的一些做法的认识。实际上，以高投入高产出为主的农业发展方式浪费和损害了大量的化肥农药等投入品，使单位面积效益不断降低，耕地质量整体衰退，因此，必须扭转当前对耕地"只用不养"的观念，采取循环利用的种植结构、施肥施药和管理等方式，因地制宜走产出高效、产品安全、资源节约、环境友好的现代农业发展道路。要让民众正确认识过量和不合理施用化肥、农药的负面效应，逐步降低化肥农药等农业投入品用量，提高其利用效率，促进农药、化肥用量实现零增长。同时，要结合国家相关工程如前述东北黑土地保护、长株潭地区重金属污染耕地修复试点及农业农村部一系列耕地质量提升等的实施，做好宣传发动工作，提高民众对实施这些工程的认识，使国家有限的补助资金发挥出最大的效益，并通过国家投资的作用逐步将相关工作变为民众的自觉行动。

四、加强监管，建立土壤健康监测预警机制

尽管土壤健康指标、评价等技术体系尚未建立，但实际上土壤质量、土壤理化性质、土壤环境相关指标已基本得到认可，而且这些指标的监测技术也较完善，实际上生态环境部、农业农村部等部门也在全国各地建设了一批监测基地，形成了较完善的监测网络体系，因此，可以先期对已经认定且监测技术和方法相对成熟的指标进行监测。在此基础上，可参照国外已有研究结果，增加土壤质量属性、健康水平等状况的监测，如将土壤微生物、农产品品质、土壤恢复力等作为监测指标，并在典型区域进行试点，以此为基础集成全国耕地健康指标评价技术体系，制定相关标准和技术规程。

要强化土壤健康相关指标实时、快速诊断技术和方法研究，特别是强化在线检测仪器设备开发，促进相关指标实现实时监控，保持对耕地质量、健康动态变化相关指标的常年有效监控，通过"互联网+"信息网络及时发布土壤健康相关监测结果，开展自上而下的耕地土壤健康监测数据更新评价，做到"早知道、早预防、早防控"，及时分析了解对土壤健康产生影响的不当因子并尽快予以纠正。同时，通过强化相关法律法规执行力度，及时宣传好的典型、宣传总结维护土壤健康的经验和做法，及时发现并纠正危害耕地土壤健康的行为，逐步使维护土壤健康成为每个公民的自觉行动。

五、建立考核机制，把土壤健康管理纳入政府工作考核目标

第二次全国土壤普查至今已将近 40 年，尽管此次普查规模宏大，几乎涵盖了全国所有耕地土壤，资料齐全且相关数据获得了广泛应用，但受当时对土壤质量认识等的局限，普查时主要关注了土壤的基本属性和肥力指标，没有包括土壤的环境和健康等指标。而且，目前距第二次全国土壤普查已过了快 40 年时间，这期间农业生产经营、施肥与管理等方式发生了很大变化，土壤的很多性状甚至利用方式等都发生了巨大变化，这些数据很难用来说明土壤的现状。因此，近年有专家呼吁尽快开展第三次全国土壤普查，进一步明确我国土壤，特别是耕地土壤的特性，并据此强化耕地土壤的健康管理。尽管第三次全国土壤普查尚未正式开展，但当前应充分利用开展第三次普查的空档期，尽快研究明确土壤健康指标、评价方法，研发与土壤健康相关指标的实时监测技术和设备，形成较完善的土壤健康监测体系。同时，根据监测结果，对土壤健康状况进行合理评价，对不同健康等级的土壤实行分级分类管理，确保构建健康土壤。

根据不同行政区土壤健康状况制定管理措施和目标，并建立定期考核机制，按照目标任务完成情况进行奖惩。对目标任务完成良好并在维护土壤健康、使区域内土壤健康状况得到改善或维持的单位和个人，按照考核要求予以表彰和奖励，对未完成目标任务的单位和个人按规定予以相应处罚。各级政府要把保障土壤健康列入相关部门的考核指标中，每年度根据监测结果对各行政区域内土壤健康状况进行专项评价，以此作为部门及相关责任人年度考核的重要依据。对土壤健康指标不达标的单位和个人，建议像环境考核指标一样实行一票否决制，通过这种方式，使维护土壤成为各级政府和部门的自觉行动，逐步构建全社会像关注自身健康一样关注土壤健康的良好氛围。

六、加大执法力度，促进法律法规保障体系建设

尽管在土壤健康维护等方面我们可以要求政府和部门重视，但实际上对普通公众，特别是土壤健康深度参与者——农民，似乎缺乏相应的约束机制。实际上，农民承包耕地后，作为耕地使用权的拥有人，在几十年的经营管理中应该对耕地的健康承担起相应的责任，使耕地能够维持在较高的生产力水平、保持"地力常新"，并对地力较低、健康状况较差的耕地采取必要的改良或地力提升等措施，这样才能保证我国所有耕地健康、肥力和产能稳定提高。但是，我们也注意到，当前许多地方还存在很多与用地养地、耕地健康等不协调的现象，一些人只用地不养地，单位面积耕地投入少、不科学，导致耕地地力和产能下降、健康状况恶化甚至部分耕地失去其使用价值等，这些现象已严重制约了一些区域现代农业发展

和农产品质量安全。因此，必须在立法已相对完善的基础上，进一步加大执法力度，对相关现象应坚决予以处罚，杜绝其发生。

建议借鉴国外相关的立法经验，在《中华人民共和国土壤污染防治法》《中华人民共和国土地管理法》《基本农田保护条例》《全国国土规划纲要（2016—2030年）》的基础上，相关部门积极配合，修改完善我国耕地保护相关条款，增加耕地地力、耕地污染和退化等与土壤健康相关的内容，为土壤健康保护提供法律依据。在此基础上，进一步完善耕地健康保护绩效评价体系和责任追究制度，上下联动，逐级落实耕地健康保护责任。同时，定期（如每10年）组织开展一次全国土壤健康状况普查（含土壤普查、土壤污染普查等），为中国耕地健康保护提供法律依据。积极学习发达国家在土壤健康管理、土壤健康技术普及等方面的经验和做法，将相关责任落实到人，确保损害土壤健康的事件不再发生，形成人人重视、关注土壤健康的良好局面。

主要参考文献

敖登高娃. 2008. 荒漠草原土壤健康状况研究. 内蒙古农业大学硕士学位论文.

蔡燕飞, 廖宗文. 2003. FAME 法分析施肥对番茄青枯病抑制和土壤健康恢复的效果. 中国农业科学, 36 (8): 922-927.

曹志洪, 周健民. 2008. 中国土壤质量. 北京: 科学出版社.

陈艺夫. 2018. 辽河流域（辽宁段）寒富苹果园土壤健康评价. 沈阳农业大学硕士学位论文.

段莉丽. 2009. 土壤健康微生物多样性评价指标体系的研究. 河北科技大学硕士学位论文.

龚子同, 陈鸿昭, 张甘霖. 2015. 寂静的土壤——理念·文化·梦想. 北京: 科学出版社.

韩宾. 2007. 保护性耕作措施对农田土壤健康状况的影响及作物响应研究. 山东农业大学博士学位论文.

红梅, 敖登高娃, 李金霞, 韩国栋, 赵萌莉. 2009. 荒漠草原土壤健康评价. 干旱区资源与环境, 5: 118-122.

黄昌勇, 徐建明. 2010. 土壤学. 第三版. 北京: 中国农业出版社.

焦润安, 徐雪风, 杨宏伟, 冯焕琴, 张舒涵, 张俊莲, 李朝周, 李健. 2018. 连作对马铃薯生长和土壤健康的影响及机制研究. 干旱地区农业研究, 36 (4): 94-100.

李玉娟, 吴纪华, 陈慧丽, 陈家宽. 2005. 线虫作为土壤健康指示生物的方法及应用. 应用生态学报, 16 (8): 1541-1546.

梁文举, 葛亭魁, 段玉玺. 2001. 土壤健康及土壤动物生物指示的研究与应用. 沈阳农业大学学报, 32 (1): 70-72.

梁文举, 武志杰, 闻大中. 2002. 21 世纪初农业生态系统健康研究方向. 应用生态学报, 8: 109-113.

王明明, 李峻成, 沈禹颖. 2011. 保护性耕作下黄土高原作物轮作系统土壤健康评价. 草业科学, 6: 8-12.

邢建国, 张雪艳. 2014. 栽培措施对土壤健康影响的研究. 宁夏农林科技, 55(2): 27-30.

杨晓娟, 王海燕, 任丽娜, 于洋, 刘玲. 2012. 我国森林土壤健康评价研究进展. 土壤通报, 4: 210-216.

叶思菁, 宋长青, 程锋, 张蕾娜, 程昌秀, 张超, 杨建宇, 朱德海. 2019. 中国耕地健康产能综合评价与试点评估研究. 农业工程学报, 35 (22): 66-78.

郧文聚, 靳全斌, 杨新民. 2019. 多种创新手段促进土地开发高质量发展——对河南省资源统筹开发的调查分析. 中国土地, (7): 45-48.

赵瑞. 2019. 县域耕地健康评价理论与实证研究. 中国地质大学硕士学位论文.

Dalsgaard K. 1995. Defining soil quality for a sustainable environment. Geoderma, 66 (1): 163-164.

Doran J W, Pankin T B. 1994. Defining and assessing soil quality. Special Publication of the Soil Science Society of America, 35: 3-21.

第七章　土壤健康大家谈

文章 1　我所理解的土壤健康

一、对土壤健康的认识

土壤是地球表面具有肥力并能生长植物的疏松表层。土壤健康通常被定义为特定类型土壤在自然或农业生态系统边界内保持动植物生产力，保持或改善大气和水的质量，以及支持人类健康和居住的能力。土壤健康是土壤维持其生产力、改善环境质量及促进动植物健康生长的一种机能和状态；健康的土壤具有良好的结构、功能和缓冲性能，并始终能够保持这种良好的结构和功能状态及维持土壤生态系统的动态平衡。土壤健康是有机农业生产的必要条件，只有健康的土壤才可以培养出健康的植物，从而保障动物和人类的健康。土壤健康主要表现在土壤理化性状优越、土壤营养丰富、土壤生物活跃、土壤水分和空气含量适宜和生态系统健康稳定等方面。

（一）土壤理化性状符合高产稳产农田要求

土壤理化性状是指土壤物理性状和土壤化学性质。土壤物理性状主要包括土壤质地和土壤结构等，土壤质地是按土壤中不同粒径颗粒相对含量的组成而区分的粗细度，土壤结构是指土壤颗粒的排列与组合形式。土壤化学性质主要包括土壤吸附性能、表面活性、酸碱性、氧化还原电位和缓冲作用等。健康的土壤是具有一定的表土层厚度和结构良好的土体，土壤固、液、气三相比例适当，土壤质地较疏松，有较高的水稳性团聚体含量、良好的土壤孔隙性，保水保肥性好，透气性良好，土壤温度较适宜，酸碱度适中，缓冲环境变化的能力强，耕性良好，能够为作物根系的生长提供相对稳定的环境。

（二）土壤养分丰富

土壤营养健康主要体现在土壤养分含量较高，土壤肥力强劲。土壤肥力是土壤提供植物生长需要及协调营养条件和环境条件的能力，是土壤各种基本性质的综合表现，是土壤区别于成土母质和其他自然体的最本质特征，也是土壤作为自然资源和农业生产资料的物质基础。按照成因，土壤肥力可分为自然肥力和人为肥力。前者是指在气候、生物、母质、地形和年龄这五大成土因素影响下形成的肥力，主要存在于未开垦的自然土壤；后者是指长期在人为的耕作、施肥、灌溉和其他各种农事活动影响下所表现出的肥力，主要存在于耕作土壤。

土壤矿物质是构成土壤肥力的重要因素，一般占土壤固相部分重量的 95%～98%。土壤矿物质种类很多，化学组成复杂，它直接影响土壤的物理、化学性质及生物与生物化学性质，是作物养分的重要来源之一。营养健康的土壤是矿物质种类齐全、比例适宜、含量丰富的土壤。

土壤有机质是指土壤中由生物残体形成的含碳有机化合物，是土壤肥力的核心组分。按分解程度，有机质分为新鲜有机质、半分解有机质和腐殖质，其中腐殖质是新鲜有机质经过微生物分解转化形成的非晶体高分子有机化合物，呈黑色或暗棕色液体状，是土壤有机质的主体成分，具有吸收性能、缓冲性能及络合重金属的性能等，对土壤的结构、性质和质量都有重大影响。它与土壤矿物质紧密地结合在一起，既可以为植物提供大量的营养物质，又可以吸附大量微量元素，而且有利于土壤生物的存活。在一般耕地耕层中有机质含量只占土壤干重的 0.5%～2.5%，耕层以下更少，但它的作用却很大。富含有机质的土壤生物多样性高，缓冲能力高，抗污染、抗干扰的能力强，健康指数高。

（三）土壤生物多样性丰富，代谢活跃

土壤中生活着丰富的生物类群，是一个重要的地下生物资源库，它除参与岩石的风化和原始土壤的生成外，对土壤的生长和发育、土壤肥力的形成和演变及高等植物的营养供应状况均有重要作用。土壤生物尤其是微生物对陆地动植物残体的分解、土壤结构的形成、有机物的转化、有毒物质的降解等至关重要，同时对环境起着天然的过滤和净化作用。有机农业充分肯定土壤活性的重要性，土壤活性主要体现在土壤生物的活性和多样性。健康土壤的土壤生物种类丰富、动植物和微生物多样、土壤生物代谢活跃且功能强劲、土壤酶及其活性高、土壤生物生物量丰富、食物链结构合理，能够有效维持土壤的生态系统的能量流动、物质循环和信息交换。

（四）土壤水分和空气含量适宜

土壤是一个疏松多孔体，其中布满大大小小蜂窝状的空隙。直径 0.001～0.1 mm 的土壤孔隙称为毛管孔隙，存在于土壤毛管孔隙中的水分能被作物直接吸收利用，同时，还能溶解和输送土壤养分。土壤空气对作物种子发芽、根系发育、微生物活动及养分转化都有显著的影响。生产上应采用深耕松土、破除土壤板结

层、排水、晒田等措施，以改善土壤通气状况，促使土壤水分和空气含量保持在适宜水平。

（五）土壤立地条件与生态系统健康

健康的土壤来自一个健康的发育环境，不存在严重的环境胁迫，如水分胁迫、温度胁迫、酸碱度胁迫、盐度胁迫，没有水土流失、人类开采破坏、地质灾害等现象；并且健康的土壤不存在污染或含有污染物极少，而其自净能力、抗污染能力强。当土壤被污染，有害物质超过土壤自净能力时，就会引起土壤组成、结构和功能发生变化。土壤污染程度与土壤健康状况息息相关，土壤污染程度越大，土壤的健康就越差，土壤健康可以从土壤的污染状况上首先反映出来。

健康土壤不仅需要各个组成部分的健康，而且土壤生态系统在整体上也是健康的，即各类组成比例恰当、结构合理、相互协调，才能完成正常的功能，而且土壤肥力、作物生产力、土壤发育与演替、土壤环境变化、土壤环境容量等适宜且协调。过去几年，人们侧重于通过土壤的理化性状来诊断和评价土壤健康，忽略了土壤的生物学特性，近几年人们加大了对土壤生物学特性的研究。

二、土壤健康的评价指标

土壤健康评价是保障土壤健康最重要，也是最关键的一环，只有明确了某种土壤的健康状况，才能采取相应的耕种、管理措施，以保障土壤健康。而土壤健康评价的第一步则是确定评价的指标。在诸多的土壤性状指标中，需要找出相对独立且与土壤健康关联较大的最少的指标，使土壤健康评价客观但又较简单。康奈尔大学等确定的土壤健康指标大致包括以下几个方面。

（一）物理指标

土壤有效含水量、表层土壤紧实度、亚表层土壤紧实度、团聚体稳定性。

（二）化学指标

土壤 pH、速效磷、速效钾、微量元素。

（三）生物学指标

有机质、土壤蛋白质指数、土壤呼吸、活性碳。

比较奇怪的是土壤全氮含量并未包括在土壤健康指标中，或许这主要是因为土壤氮素含量在很大程度上取决于有机质含量。关于土壤健康评价的方法，尽管美国等国家目前已经有了许多相应的方法，但我国尚处于起步阶段，未来是针对不同地区、不同类型作物需要，还是其他因素分类，估计还需要一段时间来探讨。但是，希望这段时间不会太长，毕竟我们现在与发达国家相比在这方面的研究已经落后了，时不待我，必须奋起直追。

三、保障土壤健康的对策和建议

尽管我国土壤健康研究尚处于起步阶段，但基于当前土壤健康的实际状况，加强土壤健康管理、维护土壤健康是十分必要的，而且也是十分紧迫的。为此，必须从以下方面努力。

（一）合理使用化学肥料

合理使用化肥可以达到增产的目的，但是，化肥的过量使用对土壤的危害也是很严重的，因此，化肥的合理使用需注意以下两点。

1）施用化肥时要注意根据土壤、作物的缺肥情况来定，缺什么补什么，缺多少补多少，不能为了产量过度施肥。

2）底肥、追肥、喷施等不同情况，施肥的种类与使用量、浓度等也不同，需要种植户根据情况合理使用。

减少化肥施用还可以防止土壤板结、酸化、面源污染等，是维持土壤健康的基本方法。

（二）加大有机肥投入量

土壤的肥力与土壤中有机质的含量有密切的关系，而有机肥可以为土壤补充丰富的有机质及养分。使用有机肥需注意以下三点。

1）有机肥要经过彻底腐熟才能杀死原材料中的虫卵、病菌等，未经腐熟的农家肥不宜使用。

2）要选用正规厂家的有机肥，或者采用如金益生菌自主发酵有机肥，防止不良厂家使用重金属等物质超标的原料生产有机肥。

3）自主发酵有机肥时要注意发酵原料应无毒无害，含有重金属、抗生素残留的原材料不能发酵有机肥，容易对土壤造成二次污染。

有机肥可以培肥地力、增加土壤团聚体、改善土壤结构、增加土壤微生物多样性。

（三）补充有益菌（微生物菌剂）

相对于需要大量投入的有机肥，微生物菌对土壤可以起到四两拨千斤的作用，微生物菌可以活化土壤有机和无机养分，提高肥料利用率，改善土壤团粒结构，降解重金属残留，抑制土传病害的发生，微生物的代谢物中含有多种天然的植物激素和氨基酸等有益物质可促进植物健康生长。但是，微生物要更好地发挥作用，还是得建立在土壤有机营养充足的基础上。

（四）适当使用土壤调理剂

随着土壤酸化、次生盐渍化等各种问题的发生，尤其是在经济效益高的大棚蔬菜和果树区，土壤问题更重，近几年土壤调理剂在这些区域也开始升温，土壤调理剂对土壤主要有疏松土壤、改善土壤团粒结构，保水保肥，缓解土壤酸化、盐碱化等方面的作用。

（五）秋 - 冬季秸秆覆盖

秸秆覆盖对旱地起到显著的作用，可以起到增肥、改土、保墒、压草等作用，可有效协调耕地土壤水肥气热状况，改善生态环境，是集节水农业、有机农业、覆盖农业和生态农业于一体的综合性实用新技术，对土壤健康具有重要的作用。

（六）减少土壤扰动（免耕）

免耕可减少耕作机械多次作业而压实、破坏土壤结构；降低成本和能耗；地面保存残茬覆盖，有利于蓄水保水、防止水土流失和土壤风蚀，减轻环境污染，提高土地利用率，对土壤健康起到重要作用。

张　青
福建省农业科学院土壤肥料研究所
曾希柏
中国农业科学院农业环境与可持续发展研究所

文章 2　浅析土壤健康

一、认识土壤健康

土壤在常人看来，其颜色可以深浅不同，湿度也会有高、中、低之分，但土壤肯定是没有生命的。其实不然，土壤自身极富生命力。在我们肉眼所不能及的地方，多种物质间的相互作用无时无刻不在进行，这就使土壤成为名副其实的营养品生产厂。土壤与水相互作用，就可以为土壤中的食物提供生长所需的各种维生素、矿物质及其他营养素，而这些食物则为人类提供了健康所需的各种营养成分。然而，如今农业中的许多惯例却忽视了土壤健康及其对人类健康所起的重要作用。日常使用的杀虫剂、除草剂、化肥及其他诸如污泥利用等种种广泛采用的方法，都会削弱土壤和食物的健康营养作用。

我们也许会认为：土壤能够一成不变地吸收无限量的毒素，其实并非如此。20世纪，化学制品的应用给千年不变的农耕体系带来了天翻地覆的变化，因为化学制品能够使土壤肥沃，能够抑制毁灭性害虫的繁殖。于是，农民们放弃了传统的动植物肥料，对这些新生化学品情有独钟。可是，土壤随即便开始丧失其健康的体质和有机物再生能力。土壤的退化速度超过了其流失速度。宝贵的表层土被破坏，土壤流失大范围迅速蔓延。20世纪早期的风沙灾害和如今频发的沙尘暴就是这一变化的后果。在农民们欢迎这些新的耕作方式的同时，却全然没有注意其令人头疼的后果。如今，我们可以在远离原发地数千千米的地方探查到存活的微生物、病毒、放射性物质的副产品、固体排泄物或残渣。科学家已经证实土壤及其污染物是导致哮喘、呼吸道疾病等世界性健康问题的原因之一。

因此，改革目前这种有失明智的农业行为是一项艰巨任务，必须对这些耕作方法实行改革，以便让我们的土壤焕发生机，重新为人类健康提供营养丰富的动植物产品。

《约伯记》曾建议人们："与大地说话，它定能教会你许多。"那么，我们能从土壤那里学到什么呢？土壤又能教会我们哪些东西？

传统意义上，人们用"好"、"坏"、"贫瘠"、"沃"、"不肥沃"等形容词来评价土壤。近年来，科学家和土地管理者需要新的工具，以便能够更好地理解和评价那些提高或降低土壤质量的过程，包括可选的管理措施对土壤健康的影响。他们也意识到，必须寻找简单而综合的方式，把这些影响传达给农民和土地所有者。

为了协助土壤改良或者退化的整体性观点的讨论，土壤学家提出了土壤质量和土壤健康的概念，尽管很多情况下这两个词被用作一个意思，但是实际上，它们包含了两种不同的概念。土壤健康指的是土壤的自动调节性、稳定性、恢复力和土壤作为一个生态系统不存在胁迫症状等。土壤健康描述了土壤群落的生物完整性－土壤生物体之间及土壤生物与环境的平衡。土壤质量更多的是将土壤作为一个支持植物生长、调节水循环等更大生态系统的组成部分，因此，土壤质量描述了适合其发挥6种生态角色的功能所应具备的性质。高质量的土壤到底由什么构成取决于其所扮演的角色，换句话说，需要考虑到其使用目的和管理目标。例如，一种土壤可能是一种很好的建筑工程材料，但不一定适合植物的生长。

　　如果把一小块土壤弄碎，拿在手里，看它沉重坚实还是松软易碎，再看它的颜色是深是浅。土壤的外观就可以让我们了解它的某些特性。然后，再用铁锹翻一锹上来，你是否会发现土壤上面还有透着丝丝甜味儿的腐殖质？要么就是浅色的沙土？也有可能像黏土？你是否还看到了不停蠕动着的蚯蚓呢？

　　土壤的外部特点表明了它的某些物理特性，其结构、质地、密度、孔隙度、颜色等构成了土壤的某些基本特性，如果进行化学分析，你就会发现土壤还有更多的特性。

　　土壤因时间、地点的变化而发生变化，甚至不同地块的土质都会有所不同。土壤的构成是动态的生物过程。园丁和农民可以改变土壤中有机物、矿物质、水、空气等各种成分的比例，从而改变土壤的内部结构。即便是贫瘠的土壤，也可以通过施肥得以改良，变成肥沃的土壤。

　　在自然界中的原生草原和原始森林环境下，有机物由土壤中动植物源源不断地提供，土壤中获得营养的有机体继而将枯叶残枝转化为腐殖质，维系着土壤肥力的持久性。

　　然而，在农业环境下，原来的动植物因种植新的农作物而被清除。为了保持土壤的肥力，必须提供原有机质，让土壤自身生成腐殖质，或通过外部堆肥制造腐殖质，然后再将堆肥施入土壤。

　　封闭式农耕制度中，全部秸秆还田，保证了土壤的高肥力。但是，伴随化肥和杀虫剂的介入，农业革命使我们的农田发生了巨大变化。从前的废料还田制度废止了。农作物的加速成长也加快了腐殖质的消耗速度。由于土壤贫瘠速度的加快，农作物开始出现病虫害。土壤中的有机物继续丧失，其速度远远高于有机物的更替速度。病虫害对农作物的大量侵袭与农耕制度不无关系。

　　密苏里大学实验站土壤系 William A. Albrecht 博士曾经指出："对于一些严重的农作物害虫来讲，其害虫数量与土壤肥力有直接关系，土壤越贫瘠，害虫则越严重。我们过去几年的实验和研究已经证实了这一点。由过分耕种（密集耕作）、单一种植（单作）及对土壤流失的放任，如今所种植的农作物，遭受害虫侵袭的情况越来越多。"

　　生长在健康土壤中的植物比生长于贫瘠或成分比例失衡土壤中的植物更具有抗病能力，人们对这一发现未免会大惊小怪。还有一些人则会很难理解以下现象：为什么昆虫有时专门攻击弱小的植物，反而放着健康强壮、郁郁葱葱的美餐不去享用呢？以上两种情况有着直接的联系。当土壤处于营养平衡的良好状态时，通常病虫害的发生率低。实际上，土壤的抗病虫害的能力可以看成是土壤自身的免疫力。当土壤缺乏必要的营养或者营养失衡时，植物病虫害的侵袭就会猖獗起来。

　　由此人们不难得出如下结论：这种关系很像人类的健康。当身体处于良好的平衡状态、免疫系统健全时，就能够成功抵御许多疾病，如普通感冒；而当身体疲惫、劳累、虚弱时，就很容易染病。那么，怎样才能让身体保持良好的平衡状态，具备较强的免疫能力呢？食用正常成熟与均衡营养土壤上的、益于身心健康的食品与此密不可分。因此，土壤健康与农作物的健康、土壤健康与农作物的消费者——人类的健康息息相关。土壤健康与人类健康的关系已经显而易见。还是密苏里大学的 William A. Albrecht 博士表达得最简洁明了："食物由土壤捏合而成。"

二、保障土壤健康的若干对策和建议

（一）培肥型化学品的应用

土壤碳是构建土壤结构、发挥土壤肥力的最重要指标，而土壤退化的过程主要是土壤碳损失而引起的一系列变化。以往化学品的施用（主要是肥料）主要是氮磷钾及微量元素等营养成分，忽略了碳的输入。未来土壤修复或维系土壤健康的策略应包括含有碳的培肥型化学品的使用。

（二）保护性耕作

保护性耕作的基本原则就是在土壤表面留有足够的植物残体以便有效减少土壤侵蚀。如果主要问题是水侵蚀，那么，农民只要将 30% 或以上的土壤表层用植物残体覆盖就可以满足保护性耕作的最低需求。如果主要问题是风侵蚀，那么关键时刻，在土壤表层留有约合 1000 lb 重量的小粒谷物余料或植物残茬即可满足保护性耕作的需求。收割后留下作物残体覆盖，只是保护性耕作的第一步。但是，到第二年春耕开始时，那些覆盖物往往所剩无几，无法满足保护性耕作的需要。

在美国，保护性耕作的研究和发展早在 20 世纪 30 年代初期就开始了。但是，其研究结果的推荐利用一直到 60 年代中期才得到广泛重视。当时，美国大平原遭受重创，经历了数次极为严重的旱灾和沙尘暴袭击。政府开始认识到保护性耕作在农业操作中的重要性，土地使用者也开始接受保护性耕作这一理念。他们不仅是为了节约燃料、时间和金钱，更是为了减少土壤侵蚀。截至 1990 年，全美 26% 的耕地均采取了这样或那样的保护性耕作措施。后续的一系列农耕法案，进一步刺激了保护性耕作的实施和操作。保护性耕作包括免耕种植、垄埂种植和覆盖种植。免耕种植指的是在留有先前农作物旧茬的地里种植新的作物。垄埂种植中的垄埂是栽培前一季作物时留下来的，收割后再在垄埂上种植新的作物。覆盖种植则是指将整个土壤表层完全翻耕后的耕种方式，但是栽种后土地表面起码需要最低限量的残余物覆盖。采用保护性耕作措施的地方，许多地块的植物残茬都会超过表层覆盖所需的最低限量，因此对减少土壤侵蚀会有更大帮助。尽管保护性耕作措施各有不同，但还是引起了一些争议。批评者担心保护性耕作措施的实行会降低农作物产量。批评者关心的另外一个问题就是保护性耕作所使用的杀虫剂比传统耕作多。美国农业部的研究表明：在保护性耕作的前几年，对除草剂的使用有可能增加，但是随着土地使用者对这一耕作制度日趋熟悉，除草剂的使用量会逐渐减少。农民需要学会的是如何变换杀虫剂种类或喷洒时间，而不是增加使用剂量。随着该制度应用经验的不断积累，保护性耕作比传统耕作所使用的杀虫剂量小，保护性耕作的益处就显而易见了。

张丽莉

中国科学院沈阳应用生态研究所

文章 3　种植绿肥，保障土壤健康

一、对土壤健康的认识

土壤健康（soil health）是有机农业生产的必要条件，只有健康的土壤才可以培养健康的植物，从而保障动物和人类的健康。它不仅决定着农田环境质量和农业可持续发展，也深刻影响植物、动物和人类健康。有机农业积极致力于利用天然物质和施用有机肥料培育肥沃土壤，使农业生产回归健康本源。土壤健康的具体表现：土壤理化性状优越（土壤质地疏松，保水保肥性好，透气性好，土壤温度适宜，酸碱度适中，耕性良好，为作物根系的生长提供相对稳定的环境）、土壤营养丰富（土壤营养健康主要体现在土壤养分丰富，土壤肥力强劲）、土壤生物丰富，代谢活跃（健康土壤的土壤生物种类丰富、动植物和微生物多样、土壤生物代谢活跃，功能强劲，土壤酶及活性高，土壤生物量丰富，食物链结构合理等，能有效维持土壤生态系统的能量流动、物质循环和信息交换）、土壤水分和空气含量适宜（生产上采取深耕松土、排水、晒田等措施，以改善土壤通气状况，促进土壤水分和空气含量保持在适宜水平）、土壤环境和生态系统健康（健康的土壤来自一个健康的发育环境，不存在严重的环境胁迫，如水分胁迫、温度胁迫、酸碱度胁迫、盐度胁迫，没有水土流失、人类开采破坏、地质灾害等现象，并且健康的土壤不存在污染或含有污染物极少，而其自净能力、抗污染能力强）。

二、保障土壤健康的若干对策和建议

（一）果园种植绿肥，创造优越的土壤理化性状、改善土壤环境、促进生态系统健康

首先，绿肥种植后，土壤质地疏松，保水保肥性好，透气性好，土壤温度适

宜，酸碱度适中，耕性良好，为作物根系的生长提供相对稳定的环境。绿肥能固定、活化、富集养分供作物使用，增加和改良土壤有机质、保持水土、改善生态环境，能减少化肥投入、提高产量带来直接效益。绿肥还可以作饲料、蔬菜，部分绿肥还能起到生物防治病虫害的作用等，综合效益明显。绿肥在农业生产中的作用是多方面的，种植绿肥作物具有以下突出作用。绿肥具有提供养分、合理用地养地、部分替代化肥、提供饲草来源、保障粮食安全等方面的作用。化肥的合理使用是在有限的元素间搭配，难以解决作物的所有需求，特别是对于土壤综合肥力的需求，绿肥则可以弥补这些不足。绿肥能提供大量的有机质，改善土壤微生物性状，从而改善土壤质量。发展绿肥是实现有机无机配合的重要措施，不仅如此，绿肥还是最清洁的有机肥源，没有重金属、抗生素、激素等残留威胁，完全能满足现代社会对农产品品质的需求。在连作制度中插入一茬绿肥可以大幅度减少一些作物的连作障碍，减少病虫害的发生。绿肥鲜草和干草都是优质饲草原料，可以解决大量青饲料来源，替代饲料粮，进一步保障粮食安全。

2019 年 2 月 26 日参观美国加利福尼亚州果园（核桃园）种植绿肥（彩图请扫封底二维码）

其次，绿肥能有效改善生态环境。我国水土流失面积达 356 万 km²，其中，水蚀面积 165 万 km²，风蚀面积 191 万 km²，且有不断加剧之势。如果能种植绿肥，就可以有效减少裸露土地面积，大幅度减少雨水和暴风对土壤的侵蚀，减少沙尘暴发生的频率及强度。种植、利用绿肥，可以减少化肥使用并培肥地力，进而提高肥料利用率、减少肥料进入水体，大大缓解江河湖泊的富营养化问题。种植、利用绿肥后，可减施氮肥至少 150 kg/hm²，使氮肥利用率提高至 40% ～ 50%，可减少向水体流失氮肥 45 kg/hm²。种植利用 0.15 亿 hm² 绿肥，我国每年估计可减少流入水体的氮肥相当于 67.5 万 t 尿素。

再次，绿肥固氮、吸碳，节能减耗作用显著。种植 0.15 亿 hm² 的绿肥，每年的养分生产能力相当于 500 万 t 尿素、410 万 t 硫酸钾，可节约大量煤炭和电能。因为我国钾矿资源缺乏，吸收固定 410 万 t 硫酸钾意义十分重大。在一些土质较差的地区，缺氮往往是作物生长的最大限制因素，所以，作物（包括一些树木）往往难以生长或生长不良。绿肥多数是豆科作物，具有固氮特性，直接固定空气中的氮，在同样的条件下，一般可以比其他作物获得较好的生物产量，从而能够固定较多的氮和碳，这也是一些绿肥作物常常可以作为改良瘠薄土壤的先锋作物的原因。绿肥干草含碳量一般为 48%，据推算，0.15 亿 hm² 绿肥每年可以固定 1.13 亿 t 二氧化碳，同时放出 0.97 亿 t 氧气，对于我国履行减排二氧化碳等国际公约具有重大意义。理论上，若将我国无林地全部绿化、50% 左右的潜在农区面积、30% 左右的荒漠化土地和沙化土地都种植绿肥，绿肥总面积可达到 2.1 亿 hm²。即使按照较低水平，以一般紫云英产量（干草产量 4.5 t/hm²）计算，每年也可以增加净生物量 9.5 亿 t，年吸收二氧化碳 16.7 亿 t（约相当于我国二氧化碳总排放量的27%）。与森林不同的是，豆科作物还可以固定十分可观的氮，理论上，2.1 亿 hm² 绿肥固定的氮肥可超过 7000 万 t 尿素，大约相当于全国氮肥年施肥量的 1.9 倍。可见，绿肥不仅具有传统意义上的作用及地位，对于现代社会同样意义重大。而且随着社会的发展和人民生活水平的提高，人们更注意食品的营养和安全，因此，绿色食品（无污染、安全、营养类食品）在国内外深受欢迎。生产绿色食品要求减少（或控制）化肥、农药的使用，绿肥、有机肥成为生产绿色食品的主要肥源，因此，种植绿肥对改善我国人民的食品安全也有重要意义；并且绿色食品的价格一般比同类普通食品高 50%，有的甚至高 1～2 倍，在一定程度上也可以增加农民收入。可以说，绿肥是传统与现代的有机结合体，是协调人与自然、消耗与保护的纽带。近年来，绿肥在乡村振兴、旅游观光等现代农业中发挥着重要作用。值得注意和强调的是，所有这些作用实际上都是利用空闲土地产生的。因此，发展绿肥生产，对地少人多的中国意义特别重大。

（二）稻田秸秆、绿肥还田，培肥地力

绿肥及秸秆还田后土壤营养丰富，主要体现在土壤养分丰富，土壤肥力强劲。据研究，绿肥和稻草是重要的有机物料，两者还田可对稻田土壤进行培肥，对于提高土壤有机质和营养元素含量、改善土壤物理结构、提升土壤生物学活性具有重要作用。早稻稻草还田替代部分化肥可稳定晚稻产量水平及提高养分利用效率。绿肥稻草联合还田效果可发挥各自的培肥优势，从而优于两者之一单独还田。

中国农业科学院祁阳红壤实验站 2012 年开始的绿肥、稻草还田定位试验
（彩图请扫封底二维码）

文石林　高菊生
中国农业科学院祁阳红壤实验站

文章 4　微生物与土壤健康

　　土壤是地球表面一层疏松的物质，不仅由各种颗粒状矿物质、有机物质、水分、空气等非生物因素组成，还包含着细菌、真菌等生物因素；简而言之，土壤的各种物理、生物和化学部分之间的积极相互作用，最终构成了土壤本身及其所拥有的特性，并且实现土壤具有的能力——支持植物的生长。Doran 等（1990）认为土壤是一个动态的生命系统，是农业生产力和生态系统功能的基础，因此可以认为土壤是岩石圈（岩石）、大气圈（空气）、水圈（水）和生物圈（生物）相互作用的共同区域。

　　在丰富的物质基础条件下，土壤就具有产生化学反应的基本条件，并且土壤中的氧化还原反应不仅是纯化学反应，而且很大程度上是在土壤微生物参与下完成的。微生物具有悠久的进化史，因此土壤微生物能够进化出多种多样的生理生化反应来应对不同的土壤环境，能够通过向胞外分泌不同功能的蛋白质（酶）等来改善自身所处的土壤环境，而这些反应往往能够使土壤变得更加适宜植物的生长，即土壤更加健康；因此在土壤定植的植物能够主动地"招募"有益的土壤微生物，然后在这些土壤微生物的作用下，提高了土壤质量，最终植物从中获得更好的生长环境。

在理解土壤微生物与土壤健康相互关系的研究中，Doran 等（1990）认为广义上的土壤健康能够理解为物理、化学和生物特性的组合，这些特性促进土壤有能力满足植物、人类及其他动物需求，同时保持或者提高环境质量，在生物特性中，那些微小但种类丰富的微生物具有举足轻重的作用，土壤微生物与土壤健康息息相关，如果将土壤的整体健康比作生物机体，那土壤微生物就是免疫系统，土壤微生物通过降解土壤中有害与难分解的物质，并且通过土壤微生物自身的合成代谢及菌体的裂解来释放那些有益且易吸收的物质来不断地调节与保卫土壤健康的指标。

Pepper（2013）提出健康的土壤能够促进土壤提供更好的生态位的服务，但也要认识到土壤退化可能导致环境紧张和生产力损失，他们明确地指出土壤健康的重要性，一个良好的土壤环境能够更好地为其他生物提供适宜的生态环境，这也包括人类本身。因此如果能够利用与土壤健康密不可分的土壤微生物来改善并且提高土壤的健康，这对于攻克粮食增产及农作物减产等问题都具有重大的意义。

一、土壤微生物

微生物可以说是地球上最多样化、最丰富的生物群体。而生活在土壤中的细菌、真菌、放线菌、藻类可以统称为土壤微生物。其种类和数量随成土环境及其土层深度的不同而变化，如细菌一般不具有地理位置的特异性，细菌的分布受到土壤酸碱性影响，Fierer 等（2005）发现细菌多样性在中性土壤中最高，在酸性土壤多样性中最低；而真菌存在地理的特异性。但是不论分布如何，土壤微生物在悠久的进化历程中，演化出了许多人们难以想到的代谢与催化途径，它们在土壤中定殖、生存并不断在土壤中进行着各种生理生化反应，如氧化、硝化、氨化、固氮、硫化等，随着这些过程的进行，最终促进土壤有机质的分解和养分的转化。

土壤微生物一般以细菌数量最多，真菌及其他微生物类群较少。在细菌类群中，人们将能够提高土壤质量且增强植物长势的细菌称为土壤有益细菌，主要有固氮菌、硝化细菌和腐生细菌，在它们的代谢作用下，土壤能够增加养分，促进植物生长；而将那些降低土壤质量甚至能够危害到植物生长的细菌称为土壤有害细菌，像反硝化细菌、土传病菌等。而且 Doran 等（1990）发现分离到的根系真菌会抑制植物生长，这也说明真菌类群种类的存在也会影响土壤健康。因此土壤中的微生物能够有效地调控土壤的健康状态，并且也直接或间接地影响到植物的生长。

二、健康的土壤

遍历土壤形成的过程，不难认识到土壤以土壤母质为基础，是气候风化、生物构建、地形分配和时间综合作用下的产物。这五大形成土壤的因素相互影响，相互制约，共同作用形成不同类型、质量不一的土壤。为了评估土壤状态，需要考核土壤的一些指标，如果一块土壤的理化性状优越、营养丰富、生物活跃、水分和空气含量适宜，生态系统健康稳定等就可以认为土壤处于健康的状态，适合耕作或绿植。

随着人类对土壤状态的关注与耕作土质需求的提高，"土壤健康"和"土壤质量"这两个术语让人越来越熟悉。现代对土壤健康的一致定义是"土壤具有维持植物、动物和人类生命力的重要生态系统的持续能力"。而 Doran 和 Parkin' 在1994年将土壤质量定义为"土壤具有在生态系统和土地利用边界内发挥功能，即维持生产力、维持环境质量和促进动植物健康生长发育的能力。"因此一般来说，土壤健康和土壤质量被认为是同义并且可以互换使用，其中关键的区别是土壤质量包括固有质量和动态质量。固有土壤质量是指与土壤的自然组成和性质有关的土壤质量方面，受自然长期因素和土壤形成过程的影响，这些通常不会受到人为管理的影响。而动态土壤质量是指随着人类对土壤利用和管理的变化而发生变化的土壤性质。

土壤健康不仅是定义上陈述，应当更具体，这里列举了健康土壤应该具有的特征：有良好的土壤结构；土层足够深；良好的储水与排水能力；土壤养分充足但不过量；植物病原菌及害虫少；丰富的有益生物；没有对作物有害的化学物质与毒素。具有这些特征的土壤，可以认为土壤具有优良的质量，能够很好地给这块土地中的生物提供生存所需求的条件，是一块健康的土壤。健康的土壤就应当在它的边界内发挥其应有的功能：维持作物的生产力、维持当地的环境质量并促进动植物健康生长发育。

三、土壤微生物与土壤健康的关系

土壤是一个巨大的微生物库，并且土壤微生物的种类繁多，加之微生物有着悠久的演化史及快速进化的能力，说明微生物具有丰富的多样性，也具有巨大的生理生化潜能。微生物在土壤中起到重要的作用，不仅是作为分解者而存在，并且还有其他重要的功能，就此通过以下几个方面来论述土壤微生物与土壤健康的关系。

（一）土壤微生物作为土壤有机物的分解者

　　虽然环节动物和节肢动物能够消化分解土壤的有机物质，但是其代谢产物往往还具有许多大分子有机化合物，还能被微生物利用并最终彻底分解。这是由于细菌和真菌都能产生相应的消化酶，并将其释放到周围环境中，将大分子有机物降解并吸收或者释放降解产物于土壤溶液中，从而增加了土壤的营养成分，改善了土壤的健康状态。例如，纤维素是植物细胞壁的主要成分，也是自然界中分布最广并且含量最多的一种多糖。然而这种聚合度大且分子量高的化合物由于其独特的化学交联方式，被认为是一种较难直接利用与降解的多糖；但是在细菌和真菌产生不同的和互补的纤维素降解酶的作用下，纤维素能够被顺利地降解成较小的分解产物，才能被微生物群落吸收并用作能量来源。不仅如此，土壤中其他的较大的化合物，如蛋白质、脂肪酸等也需要微生物酶的进一步分解。在土壤微生物的作用下，土壤中的有机营养物质将越来越多。

（二）土壤微生物作为土壤养分的提供者

　　土壤微生物作为养分的提供者，不论是通过固定养分、与植物交换养分还是溶解与富集养分，都是直接或间接改善了土壤的状态，土壤更有能力完成作为健康土壤的职责。具体来说，在当土壤中拥有过多的营养元素时，微生物能够降解大分子有机物并且进行吸收同化，它们就像营养储存库一般，积累了总体碳源的一部分能量。土壤生物群中储存的营养物质虽然不能立即提供给植物利用，但是这种"固定化"的营养能够维持土壤质量并保护植物免受环境急剧变化情况下导致的生长抑制，甚至是死亡。当然，菌体的生长及富集虽然固定化了部分富余的土壤养分，但是这只是它们作为养分固定者的一方面，更多的可能是微生物的固氮作用。气态氮（N_2）占大气总量的78.08%，但植物不能直接利用这些氮元素。因此需要通过土壤中的固氮微生物将大气中的氮气转化并利于植物吸收。例如，固氮的根瘤菌与豆科植物相互作用，豆科植物为固氮根瘤菌提供糖分，作为回报根瘤菌进行固氮提供给宿主；以及亚硝化细菌及硝化细菌，也可以固定氮营养形成植物方便利用而且易于溶解的硝酸盐。有时固氮微生物"固定"的氮比植物摄取的氮更多，那些过量的氮营养就被释放到周围的土壤中，成为土壤中营养的一部分，提高土壤质量。

　　在多种多样的环境中，并不是所有的土壤都富含充足的营养物质，尤其是磷元素、铁元素等对植物重要且不可缺少的矿物元素，土壤微生物能够与植物交换养分及溶解与富集土壤中的养分来提高土壤的健康程度，这样即使土壤质量较差的土地也能如健康土壤一样维持植物的生长。土壤中存在溶解与吸收养分的微生物，如菌根真菌中的一个主要的类群——丛枝菌根真菌能够和植物形成一种叫菌根的结构。植物宿主为真菌提供糖分,真菌利用糖分进行生长和新陈代谢,然后在土壤中广泛地生长,覆盖更多的土壤空间及吸收更多的营养物质,其中特别是在土壤中溶解性很差且植物难以吸收到的磷元素,微生物用矿物质磷与植物"换取"营养。细菌也能够分泌有机酸来溶解不溶于水的磷酸盐矿物,从而提高土壤中植物可利用的磷元素含量。并且 Pii 等(2015)证明细菌能分泌铁载体(siderophores)来吸收并且富集土壤中微量的铁元素,进而有利于植物对微量元素的补充,解除微量元素缺乏对植物正常生长发育的限制。因此,在土壤施肥容易导致土壤板结的大背景下,更适合在贫瘠的土壤环境中利用土壤微生物改善土壤质量,促进植物正常生长发育。

总体而言,土壤微生物在土壤中起到重要的作用,不论是作为养分的分解者,分解大分子的有机物,加快养分及元素的循环;还是作为养分的固定及交换者等,都是增加植物对土壤营养获取的途径,发挥健康土壤应有的职能。

(三)土壤微生物作为土壤健康的救援者

人类活动范围的扩大及人口的快速增长,导致了众多的环境问题,土壤更是被种种原因影响已经不再健康,土壤健康的问题给植物生长带来了巨大压力。例如,可利用水资源急剧减少、干旱地区的扩大及干旱化程度的加重,这期间植物受到巨大的影响,因此解决干旱导致的减产问题已成为全球关注的问题。由于重金属矿物的开采和冶炼,像镉(Cd)等重金属离子污染大量耕地,导致耕地作物生长不良及粮食重金属含量超标等问题,最显著的例子就是我国长江流域水稻籽粒的重金属污染问题。微生物具有多种多样的代谢途径,能够缓解土壤质量差带来的问题及恢复土壤的健康状态。就如在干旱的土地中,在微生物的帮助下植物能够加快对土壤水分的吸收,Marulanda 等(2006)发现在接种丛枝菌根真菌后增加了植物对土壤剩余水分的快速吸收。还有在重金属毒害的土地中,微生物能够富集并降低土壤的重金属浓度,改善土壤质量从而间接促使植物更好地生长繁殖。因此在降解土壤重金属污染的毒害过程中,土壤微生物具有巨大的潜力。Ka等(2001)在植物与丛枝菌根共同存在的情况下,发现丛枝菌根可以在植物根系中固定镉离子来减少镉离子的易位,最终减少镉离子在土壤中的毒害作用,保护了植物的正常生长发育。

四、展望

一些土壤科学家认为土壤里充满了生命,一铲子花园土壤里的生物种类可能比整个亚马孙雨林地面上的生物种类还要多。因此土壤具有丰富的微生物多样性,但是目前由测序探明的众多的微生物还难以通过单菌落培养得到，应有更加完善且合理的筛选方案进行微生物筛选，得到重要并且丰度低的微生物群落。

事实上，正是由于土壤中种类众多的微生物及它们丰富多样的代谢，所以在整个微生物库中也具有人们所追求的各种催化酶，如人们正在探索用于纤维素乙醇生产的酶，在纤维素乙醇生产中，植物的纤维素被酶分解成糖，再经过细菌培养发酵产生酒精，最后将催化产物作为一种理想的液体燃料。

健康的土壤，它不仅仅是能够支持作物的生长生产，最重要的是能够生产出大量且安全的粮食，从而解决粮食产量及粮食安全问题；但是在实际生产中，人们却通过密植等方式来增加产量，但是这往往导致土壤营养的衰减，为了应对营养的匮乏，又不断人工施加化肥，会加剧土壤生物种类的下降及土壤的板结情况，最后导致土壤荒废，不能再耕作。因此要土壤保持质量，持久健康，就应该合理管理土壤，如合理的轮作与休作，从而使土壤微生物有时间再定殖并恢复土壤的肥力等；还能通过增加土壤的生物炭，利用生物炭的多孔、低密度的特性，改善土壤结构与微生物群落，并且合理地使用生物炭能够吸附有机和无机污染物，从而降低了污染土壤的污染物迁移率，保护土壤的健康。

最后，土壤微生物在调节土壤健康中起到重要的作用，它们通过吸收分解大分子物质并释放营养离子供植物吸收，这个过程对碳、氮和营养等循环很重要。因此在关注土壤健康的时候也要了解土壤微生物，不论微生物是作为分解者还是固定者等，对土壤的稳定与健康都起到不可替代的作用，而且它们是土壤的"原住民"，对土壤健康来说是更安全绿色的，希望将来人们调节土壤健康更多依靠土壤微生物，依赖土壤微生物提高与土壤质量改善，稳定与增强土壤健康。

许国顺　田　健
中国农业科学院生物技术研究所

参 考 文 献

Doran J W, Werner M R, Francis C A, Flora C B, King L D. 1990. Management and soil biology. Sustainable Agriculture in Temperate Zones, 13: 205-230.

Fierer N, Jackson J A, Vilgalys R, Jackson R B. 2005. Assessment of soil microbial community structure by use of taxon-specific quantitative PCR assays. Appl Environ Microbiol, 71(7): 4117-4120.

Ka J, Yu Z, Mohn W. 2001. Monitoring the size and metabolic activity of the bacterial community during biostimulation of fuel-contaminated soil using competitive PCR and RT-PCR. Microb Ecol, 42: 267-273.

Marulanda A, Barea J M, Azcón R. 2006. An indigenous drought-tolerant strain of *Glomus intraradices* associated with a native bacterium improves water transport and root development in retama sphaerocarpa. Microb Ecol, 52: 670.

Pepper I. 2013. The Soil Health-Human Health Nexus. Critical Reviews in Environmental Science and Technology, 43: 2617-2652.

Pii Y, Mimmo T, Tomasi N, Terzano R, Cesco S, Crecchio C. 2015. Microbial interactions in the rhizosphere: beneficial influences of plant growth-promoting rhizobacteria on nutrient acquisition process. Biol Fertil Soils, 51: 403-415.

文章 5　基于东北黑土地保护的健康土壤

　　土壤健康是近年来土壤学研究的一个热点和重要研究方向，其不仅关系到土壤生产力高低，也是决定农产品质量的关键因素，对农业可持续发展等具有决定作用。2019 年 3 月，我作为"农业资源环境领域科研杰出人才培训团"成员，在康奈尔大学土壤健康测试实验室系统学习了土壤健康概念、指标体系、标准、评价、影响、土壤健康监管与健康土壤培育等方面的知识。结合目前我国开展的东北黑土地保护工作，让我深刻认知到我国土壤安全方面存在的严重问题和保护土壤健康所具有的重要意义，明确了在农田污染治理问题上，不单单只是要做到土壤修复，更是要让土壤健康。

一、世界农业发展曾经付出了极其沉重的代价

　　"先污染，后治理"，英国的工业革命形成的工业化发展模式，同样也成为世界农业发展过程中绕不开的怪圈。早在 18 世纪，英国由于只注重工业发展，忽视了水资源保护，大量的工业废水废渣倾入江河，造成泰晤士河污染，基本丧失了利用价值，从而制约了经济的发展，同时也影响到人们的健康、生存。之后经过百余年治理，投资 5 亿多英镑，直到 20 世纪 70 年代，泰晤士河水质才得到改善。20 世纪 30 年代，美国大平原由于无序的农牧生产及对水资源的过度开采，出现了土地退化问题，发生了一连串大规模沙尘暴，即著名的"黑风暴"，酿成巨大的生态灾难。1962 年，《寂静的春天》发表，蕾切尔·卡逊以严肃的笔触，描写了 20 世纪 50 年代，美国农业过度使用化学药品和肥料而导致的环境污染问题，最终给人类带来了不堪重负的灾难。《寂静的春天》的发表，是开启世界环境运动的奠基之作。促使联合国于 1972 年 6 月在斯德哥尔摩召开了人类环境会议，并由各国签署了《人类环境宣言》，开始了全世界的环境保护事业。

　　"万物土中生，有土斯有粮"，土壤是作物生长的物质基础，健康的土壤，不仅决定着农田环境质量和农业可持续发展，也深刻地影响着植物、动物和人类的健康。土壤也是不可再生的环境资源，一旦破坏和污染，其修复所要花费的时间和金钱是昂贵的。"所谓的控制自然，乃是愚蠢的提法"，我们应该牢记世界农业发展史上人类因为破坏自然所付出的极其沉重的代价。因此，我们要与自然和谐共处，敬畏并尊重自然。

二、我国农业土壤保护工作任重而道远

我国作为人口大国，解决 14 亿人的吃饭问题一直是头等大事。改革开放后，我国粮食总产量从 1982 年的 3.54 亿 t 增长到 2017 的 6.18 亿 t，增长了 75%，远超了同期人口 34% 的增速。我国粮食生产取得的巨大成就，很好地回应了"谁来养活中国"的疑问，然而，用世界 7% 的耕地养活了世界 22% 的人口，在实现这一宏伟目标的同时，我国也付出了极为沉重的代价。

据《全国土壤污染状况调查公报》（2014 年）显示，我国土壤污染问题是非常突出的，全国土壤总的点位超标率达到 16.1%，耕地点位超标率达 19.4%。主要表现为，一是重金属污染严重，毒大米造成民众对食品安全的恐慌。据农业部进行的全国污灌区调查，在约 140 万 hm² 的污水灌区中，遭受重金属污染的土地面积占污水灌区面积的 64.8%。二是有机污染严重，且对人体健康的影响已开始显现。有机氯农药已禁用了近 20 年，但土壤检出率仍很高。例如，广州蔬菜土壤中"六六六"的检出率 99%，DDT 检出率为 100%。太湖流域农田土壤中"六六六"、DDT 检出率仍达 100%，一些地区最高残留量仍在 1 mg/kg 以上。同时，随着城市化和工业化进程的加快，城市和工业区附近的土壤有机污染日益加剧。三是土壤的放射污染要引起重视。近年来，随着核技术在工农业、医疗、地质等领域的广泛应用，越来越多的放射污染物进入土壤中，进而通过生物链和食物链进入人体，引起肿瘤、白血病和遗传障碍等疾病。例如，氡子体的辐射危害占人体所受的全部辐射危害的 55% 以上，我国每年因氡致癌约 5 万例。

我国人多地少，如何实现粮食安全与资源、环境和可持续农业之间的平衡，是摆在中国面前的一项刻不容缓的战略议题。放眼未来，提高粮食产量必须更多地依靠技术进步而不是资源投入。因此，我们必须加速推进土地流转，孕育大型现代农场，以规模种植效应来进一步提高农业生产效率。要积极着手土壤改良、降低耗水量和控制化肥施用量，实现优质高效与绿色发展。或者更进一步，考虑部分转基因作物（主要是玉米和大豆）商业化种植，将会为粮食增产和提高资源利用率提供保障，同时减少化肥和农药的使用量，减轻环境压力。

三、东北黑土地土壤退化严重

东北平原黑土区是世界仅存的三大黑土区之一，集中分布在松嫩平原中部，具有黑土土层深厚、结构良好、营养丰富的特点，是我国重要粮食产区和主要商品粮生产基地。东北粮食产量占全国的 1/4，商品量占全国的 1/4，调出量占全国的 1/3。长期以来，东北为保障国家粮食安全做出了巨大贡献，但同时长期的掠夺

性经营，对土壤高压力的索取，已经造成了东北黑土区严重的土壤退化，农田生态系统遭到严重破坏。

（一）地变薄了

目前东北黑土腐殖质层厚度在 20 ～ 30 cm 的面积占黑土总面积的 25% 左右，腐殖质层厚度小于 20 cm 的占 12% 左右，完全丧失腐殖质层心土裸露的占 3% 左右。据测算，形成 1 cm 的黑土层需要 300 ～ 400 年的时间，而目前平均流失掉 1 cm 黑土层只需要 1 ～ 3 年的时间。因此，黑土层一旦流失，便很难恢复。有关土壤侵蚀遥感调查数据显示，东北黑土区侵蚀面积 4 万 hm^2，其中，水力侵蚀面积为 3.63 万 hm^2，风力侵蚀面积为 0.37 万 hm^2。

（二）地变瘦了

目前黑土区土壤有机质含量显著下降，耕层有机质含量以平均每年 0.08% 的速度下降，由开垦前的 3% ～ 6%（高的达到 8%）降低到当前的 1.5% ～ 3%（重者不足 1%）。吉林公主岭国家黑土监测基地土壤长期定位监测表明，黑土耕层土壤容重由 20 世纪 80 年代的平均 1.15 ～ 1.08 g/cm^3 增加到目前的 1.21 ～ 1.27 g/cm^3，总孔隙度由 44.5% ～ 49.4% 下降到 38.7% ～ 47.1%，田间持水量由 21.5% ～ 25.1% 下降到 18.8% ～ 20.5%。理化性状的恶化导致了黑土区土壤保水保肥性能减小，抗御旱涝能力降低。

（三）地变硬了

东北地区大马力机械少，一般使用小马力拖拉机作业，翻耕深度只有 15 cm。加之受水蚀风蚀和农机具碾压等因素影响，犁底层上移，致使土壤结构退化、土质硬化，蓄水保墒能力下降，农作物根系难以利用土壤深层水分和养分，降低了土壤、水、肥、气、热协调能力。

四、东北黑土地保护措施

2016 年 5 月，习近平总书记在黑龙江考察时强调，要采取工程、农艺、生物等多种措施，调动农民积极性，共同把黑土地保护好、利用好。保护东北黑土地是历史使命、系统工程，要强化土壤健康理念，按照绿色发展要求综合施策、形成合力、久久为功。东北土壤肥沃、雨热同季，是我国著名的优质粮食产区。做好黑土地保护必须坚持科学施策，用养结合，强化污染管控，把东北黑土区打造成为绿色农业发展先行区。

（一）用养结合，探索新型耕作制度

实施种地、养地相结合的合理轮作耕作制度，实行少耕、免耕和深松耕作等保护性耕作方法。开展土壤有机培肥工程，采用增施有机肥、秸秆还田或过腹还田、有机肥和无机肥配合使用等措施来培肥地力、提高土壤有机质含量；合理施用化肥农药，进行测土配方施肥。

（二）积极探索，建立黑土补偿基金机制

政府应设立黑土补偿资金和土壤保护基金，加大对耕地的保护性投入，以鼓励用地养地的机制和对从事水土流失防治和土壤质量保护的单位和个人的扶持、激励的政策。加大保护性耕作和深松整地的补助政策，对深松整地补助进行全额配套，加大奖励。同时有关部门要尽快制定对黑土进行保护性开发利用的相关法律和政策措施，以调动全社会力量参与黑土及土壤保护的积极性。

（三）加强科技扶持力度，积极开展黑土资源研究

通过研究尽早查明黑土资源数量和时空变化，并深入开展相关基础研究。要对东北三省土壤进行普查，尤其对黑土这一宝贵资源进行全面、系统、深入的调查研究。建议有关部门设立黑土专项研究基金，通过立项研究，提出防止黑土退化、水土流失和增加黑土有机质含量的有效工程措施及对黑土进行保护性开发的相关政策和措施。

侯立刚

吉林省农业科学院

文章6　对土壤健康的初步认识

健康的土壤是在其生物、化学和物理条件都最佳的情况下形成的，是作物高产的基础。在这种情况下，根系能够很容易地延伸，大量的水进入土壤中并储存，植物养分供应充足，土壤中没有有害的化学物质，而且有益生物非常活跃，它们能够控制潜在的有害生物，同时促进植物的生长。土壤的各种性质往往是相互联系的，应该厘清它们之间的相互关系。例如，造成 N_2O 含量增加的主要原因就是含氮化肥的大量使用，在世界范围内，氮肥的施用呈现显著上升的趋势，其中亚洲上升最为明显，其他地区缓慢上升。氮素进入土壤后，由于其循环转化过程由微生物过程控制，故影响各种参与氮素转化微生物活性的环境因子都会影响 N_2O

的排放。即使等量的氮肥以相同形态施入土壤，在不同土壤类型、不同气候条件、不同的作物和不同的田间管理措施下，产生 N_2O 的过程或途径存在很大的差异，其 N_2O 排放量也极不相同。由于一般施入的氮肥以铵态氮肥或产生铵态氮的氮肥为主，铵态氮肥在有氧气的微区发生硝化作用，产生的硝态氮通过扩散过程进入周围厌氧区域而发生反硝化作用，释放出 N_2O、N_2 等气体。改善土壤有机质管理是土壤健康的核心，创造一个适合于最优根系发育和健康的地下生境，好的土壤有机质管理办法将提供更多活性强的有机质，这些有机质可以为复杂的土壤生命网络提供"燃料"，有助于形成土壤团聚体，并提供植物生长刺激剂及降低植物虫害压力。健康的农田土壤应该具有如下特征：包括易于农业耕作，具有足够的土层厚度以支撑植物生长，足够但不过量的养分，病原菌和害虫较少，排水优良，有益土壤生物数量较多，杂草较少，无有害和有毒物质，可减小和防止土壤退化，对不利环境具有一定的抵抗性。如果农田土壤不具备健康土壤的以上特征，则必须通过一些农田管理措施（如深耕、施肥、喷洒农药等）来恢复和提高土壤的耕作性能和生产能力，而这必然增加农业生产的投入，也将污染和破坏农田生态系统和环境。为了有效管理和利用土壤、减少农业生产投入、保护和改善农田生态环境，必须进行土壤健康评价，以此作为调整和改善农田管理方式的依据。

第一，建立由农业、环境及相关领域的咨询委员组成的保持协会。主要负责农田环境管理与水土保持工作。第二，根据农业环境可持续发展需求，基于地方政府和当地农民之间的联系，在保护环境的基础上提高农业的长期经济生存能力。第三，鼓励农民申请农业环境项目，具体包括土壤健康、气候适应性，以及农业产品推广等。主要目标是保护和改善环境，同时保持农业的生存能力。第四，记录农民已经开展的环境保护管理工作，根据每个农场的自然状况提出最佳管理实践方案，为农民提供法律、法规咨询服务，减少农民承担责任的风险，提高农民在农业发展与自然资源保护方面的安全意识，增强农民对农田生态环境的认识，为农民提供一站式项目服务。第五，了解、申请并整合各种地方援助和奖励计划，有效利用有限的公共资源和财政资金，促进农民、农业服务机构和农业企业之间的合作。

通过分析测定土壤健康指标，建立土壤健康评价系统以此来评价农田土壤的健康状况。在此基础上，给农民未来的农田管理方式提供指导和建议。通过改进农田管理方式（耕作方式和种植结构等），恢复和提高农田土壤的功能和性状，以达到农业生产过程中的低投入、高产出。土壤健康指标包括，物理指标［容重、大孔隙率、中孔隙率、小孔隙率、剩余孔隙率、有效含水量、贯入阻力、土壤表层硬度、土壤亚表层硬度、饱和水力传导度、团聚体（< 0.25 mm）含量、团聚体（0.25～2 mm）含量、团聚体（2～8 mm）含量，团聚体（0.25～2 mm）稳定性、团聚体（2～8 mm）稳定性、田间入渗能力］、生物指标（根系健康等级、

有益线虫、寄生线虫、潜在可矿化氮、活性碳、颗粒有机物、有机质含量、分解速率、微生物呼吸速率、球囊霉素、杂草种子库）、化学指标（磷、硝态氮、钾、pH、镁、铁、钙、铝、交换性酸度、锌、铜、锰）。

　　减少耕作强度可以在多方面改善土壤。地表保留更多残留物可以减少径流和侵蚀，而减少土壤扰动允许蚯蚓孔洞和旧的根系通道快速地将来自强暴雨的水导入土壤。减少耕作制度有许多选择，而且有许多可用设备帮助农民取得成功。使用覆盖作物和减少耕作是一个成功组合，它能够提供快速的表面覆盖并有助于控制杂草。

郭　瑞

中国农业科学院农业环境与可持续发展研究所

文章 7　认识土壤健康，保障农业安全

一、对土壤健康的认识

　　土壤是发育于地球陆地表面，能够为植物生长发育提供必需养分和水分的疏松多孔表层，是陆生植物生活的基质。土壤健康（soil health）是农业可持续发展的必要条件，只有健康的土壤才可以培养出健康的植物，从而保障动物和人类的健康。

　　随着人类活动引起的环境污染和生态破坏问题日益突出，诸如土壤侵蚀、盐碱化、酸化、过度放牧、土地开垦、沙漠化、重金属污染等导致的土壤退化或污染现象严重，土壤健康已经成为农业能否可持续发展的关键因素。

　　土壤问题的出现导致"土壤健康"研究也逐渐兴起，目前国内外还没有明确的定义，但总体而言土壤健康实质是土壤作为一个动态生命系统具有的维持其功能的持续能力，同时还认为有生物活力的和具有功能的土壤才可定义为健康的土壤，即各类组成比例恰当、结构合理、相互协调。土壤健康的概念可以理解为采用生物、物理和化学方法相结合实施的土壤管理的综合措施，在最大限度地防止生产对环境有负面效应的前提下，使作物生长达到长期的健康发展。

　　土壤健康概念与土壤质量的概念不同，在研究中应加以区别。研究土壤健康，首先着眼于土壤物理、化学和生物学特性，众多学者已经由单一的土壤物理性状来诊断和评价土壤健康，逐渐转向通过土壤物理、化学和土壤生物学综合效应来评价土壤是否健康。

　　土壤健康主要表现在土壤理化性状优越、土壤营养丰富、土壤生物活跃、土壤水分和空气含量适宜及环境与生态系统健康稳定等几个方面。

（一）土壤理化性状优越

健康的土壤具有一定厚度和结构的土体，固、液、气三相比例适当，有较高的水稳性团聚体含量，良好的土壤孔隙性，保水保肥性好，透气性好，土壤温度适宜，酸碱度适中，缓冲能力强，能够为作物根系生长提供相对稳定的环境。

（二）土壤营养丰富

健康的土壤是矿物质种类齐全、比例适宜、含量丰富，抗污染、抗干扰的能力强。

（三）土壤生物活跃

健康土壤生物种类丰富、动植物和微生物多样、土壤生物代谢活跃、功能强劲、土壤酶及其活性高、土壤生物量丰富、食物链结构合理等，能够有效维持土壤生态系统的能量流动、物质循环和信息交换。

（四）土壤水分和空气含量适宜

土壤是一个疏松多孔体，其中布满着大大小小蜂窝状的孔隙，存在于土壤毛管孔隙中的水分能被作物直接吸收利用，同时，还能溶解和输送土壤养分。

（五）土壤环境与生态系统健康

健康的土壤来自一个健康的发育环境，不存在严重的环境胁迫，如水分胁迫、温度胁迫、酸碱度胁迫、盐度胁迫，没有水土流失、人类开采破坏、地质灾害等现象；并且健康的土壤不存在污染或含有污染物极少，而其自净能力、抗污染能力强。

二、土壤健康评价指标

（一）土壤肥力

水、肥、气、热四大肥力因素，具体指标有土壤质地、紧实度、耕层厚度、土壤结构、土壤含水量、田间持水量、土壤排水性、渗滤性、有机质含量、养分总量和速效养分含量、土壤通气、土壤热量、土壤侵蚀状况、pH、盐基代换量等。

（二）土壤环境质量

土壤背景值、盐分种类与含量、硝酸盐、碱化度、农药残留量、污染指数、植物中污染物、环境容量、地表水污染物、地下水矿化度与污染物、重金属元素种类及其含量、污染物存在状态及其浓度等。

（三）土壤生物活性

土壤微生物多样性、微生物生物量、土壤氮碳比、土壤呼吸、土壤酶活性等。

（四）土壤生态质量

土壤节肢动物、蚯蚓、种群丰富度、多样性指数、优势性指数、均匀度指数、杂草情况等。

三、保障土壤健康的若干对策和建议

虽然我国相继实施了"中低产田改造工程""测土配方施肥"等重大工程及项目，在土壤分类、地力提升、肥料研制、土壤修复等领域取得了一系列研究成果，为我国农业土壤健康发展提供了理论依据和技术支撑。但是，这些专项的、局部的、单一的措施相对零散，形不成整体架构，在保证和提高土地质量上难以形成合力，与发达国家相比，依然有较大差距。

目前，解决土壤健康问题已经刻不容缓，应该将其纳入国家战略层面统筹安排，完善法律法规并强化管理，进一步细化农业土壤环境保护制度。除了政策等因素的影响外，更应该在技术层面有所创新，针对我国不同的生态类型区构建不同的土壤健康技术模式，并大力推广，确保我国土壤健康可持续发展。笔者结合自身工作提出三点保障土壤健康的技术对策和建议。

（一）构建合理的种植制度

种植制度是在同一块田地上有顺序地在季节间和年度间轮换种植不同作物或复种组合的种植方式，是用地养地相结合的一种生物学措施。有利于均衡利用土壤养分和防治病、虫、草害；能有效地改善土壤的理化性状，调节土壤肥力。例如，豆科禾本科轮作、粮草轮作、豆科禾本科间作、果粮间作、水旱轮作等提升地力、保障土壤健康的种植制度和模式在我国早已广泛分布。

辽宁省农业科学院耕作栽培团队针对东北不同生态类型区构建了不同的种植模式，对区域保障土壤健康起到了积极的促进作用。例如，在东北北部地区构建了以原垄卡种为技术核心的玉米大豆轮作模式，在西部生态脆弱区，创制了玉米（谷子）‖花生间作不同田间配置种植模式，充分利用豆科作物固氮能力，增加农田生物多样性，有效提升了地力水平。

（二）建立合理的土壤耕作制度

美国大力推行的免耕耕作制度，不仅节省劳力和能源，还有助于提高土壤的物理肥力和生物肥力，从而提升土壤的化学肥力。美国土壤学家认为，土壤是岩石的风化物，旧的成土观念认为土壤形成需要数百年或更长时间才能形成 1 in（2.54 cm）厚的土壤。而免耕、地表覆盖和轮作等措施可以在几十年内加速形成土壤。

关于免耕的推广应用，需要具有一定的条件，美国的耕地土壤有机质含量很高，在这种条件下实施免耕确实有一定的优越性，而我国旱作农业区多为贫瘠土壤，研究基本局限于单一的旋耕、深翻、深松、免耕等耕作技术，在生产上往往也是采用单一耕作技术，这直接导致了旱地耕层出现了"浅"、"实"、"少"、"薄"问题，使得作物单产低而不稳。应该把土壤耕作技术作为一个系统来研究，建立科学的土壤耕作制度，通过确立主要作物高产需要的土壤肥沃耕层标准参数阈值，以保证土壤主要指标始终处于耕层阈值内为目标，建立一系列土壤耕作技术优化组合，如我们在辽西半干旱地区建立的 3 年免耕 +1 年深松 +1 年旋耕的轮耕技术体系；在辽北半湿润区建立的 1 年深翻 +1 年旋耕 +3 年免耕的轮耕技术体系，均取得了蓄水、保肥、护土的效果，从而为作物生长发育提供了良好的土壤环境，实现了土壤健康和作物高产。

（三）确定合理的施肥制度

确定合理的施肥制度一是要合理使用农资，提高化肥、农药、农膜的利用效率和农产品质量，健全化肥、农药、农膜等的使用标准，防止农田污染，保障土壤健康。二是要积极推行秸秆还田培肥地力技术，增施优质有机肥料，增施有机肥是培肥地力最直接、最有效的方法，有机肥料含有作物生长发育所必需的氮、磷、钾、钙、镁、硫等大量营养元素和多种微量元素，同时有机肥料具有改善土壤理化性质的作用。三是要大力推广生物肥料，生物肥料含有有益微生物，可促活土壤中原有的有益微生物和原生物，增强土壤净化、解毒缓冲功能，消解由于滥用化肥和农药对土地的掠夺性破坏，增加土壤的腐殖质、有机质含量，调节土壤的肥、水、气、热的作用。

辽宁省农业科学院耕作栽培团队针对东北地区地力持续下降的问题，进一步完善了旱地施肥制度，确定了不同生态类型的适宜秸秆还田技术，明确了秸秆还田最佳方式、周期及秸秆和氮肥配合施用的最佳数量等科学技术难题，如在辽西半干旱区建立的免耕覆盖秸秆还田技术；在辽北半湿润区建立的深翻秸秆还田技术，均实现了地力提升，保障了土壤健康发展。

四、结语

土壤健康是事关我国能否能够实现农业现代化和农业高质量绿色发展的最重要一环，保障土壤健康需要技术层面的支撑，需要农业生产主体思想上的转变，更需要国家政策的保障。回顾历史，我国土壤出现的结构不合理、地力下降、土壤污染等问题已是不争的事实，展望未来，如何加快技术创新保障土壤健康，促进农业可持续发展，是农业管理者、科技工作者和农业生产主体的共同责任所在。

白　伟

辽宁省农业科学院耕作栽培研究所

文章 8　从污染土壤修复到健康土壤培育

有机农业先驱，英国植物学家艾尔伯特·霍华德说过："有了健康的土壤，就会有健康的植物，也就有了健康的动物和人类。"近年来，土壤健康问题持续受到国人的高度关注，人们也越发认识到土壤健康不仅直接关乎人体健康，更直接影响我们赖以生存的农业生产的可持续。2019年2月17日至3月9日，有幸参加"农业资源环境领域科研杰出人才培训团"一行，于美国伊萨卡和戴维斯参加了为期3周的培训，特别是先后在康奈尔大学和加州大学戴维斯分校学习了土壤健康方面的内容，感触颇深。现结合自身从事的污染土壤修复工作，谈谈对土壤健康的认知。

针对土壤污染，开展污染土壤修复与治理是实现土壤健康的必要前提。土壤污染是工农业等活动造成土壤中过量累积重金属、有机污染物等，造成土壤质量下降，农作物生长受影响，最终影响农产品质量和人体健康。污染土壤中污染物的过量累积及可能造成的土壤物理、化学及生物学功能的改变是导致土壤质量下降、土壤健康恶化的重要制约因素，但并非唯一因素。因此，在污染土壤上开展健康土壤构建与培育，不能仅以污染物的去除效果作为唯一的途径，更应该从土壤健康的全评价体系进行考虑。

土壤健康的定义是在自然或管理的生态系统边界内，土壤具有动植物生产持续性，保持和提高水、气质量及人类健康与生活的能力。判断土壤健康的指标主要有：丰富的有机质和矿质元素、疏松透气、良好的团粒结构、保水保肥、有丰富的微生物和小动物（蚯蚓、蜘蛛等）等。其中，有机质和矿质元素是植物生长必需的营养基础，种地过程施入的有机肥和化肥就是为了补充土壤里面的有机质和矿质元素；疏松透气是指土壤含有适宜的空气，有利于动植物的生长。耕地、秸秆还田等农事操作，都有提高土壤疏松透气的效果；土壤的保水保肥能力与土壤类型和有机质含量密切相关。土壤的类型一般与地理环境有关，不好改变，但是土壤有机质的含量可以通过人为施肥不断增加。增施有机肥，有利于提高土壤的保水保肥能力。健康土壤的生物活性是其非常重要的内容，而在以往的认知中往往忽略土壤生物对土壤健康的贡献。土壤有机质是土壤健康的关键。土壤有机质是食物链中许多有益微生物的"食物"，也是土壤生物指标中非常重要的内容。通过土壤有机质含量状况，可以有效地评价土壤生物丰度，进而对土壤健康水平开展评价。

在美国培训期间，康奈尔土壤健康团队的工作最为令人深刻。该团队主要开展土壤健康综合评价方面的研究，通过与纽约州农民合作建立了长期观测站，建立了康奈尔土壤健康评价系统。康奈尔土壤健康评价系统通过分析测定土壤健康指标来评价农田土壤的健康状况，并在此基础上，给农民未来的农田管理方式提供指导和建议，其目的是恢复和提高农田土壤的功能和性状，以达到农业生产过程中的低投入高产出。由于土壤质地对土壤所有的功能和性状都有显著的影响，并且同一指标值在不同质地土壤中指示的健康状况不同，因此所有的土壤样品都必须测定土壤质地。秋-冬季秸秆覆盖、作物轮作、减少土壤扰动（免耕）、直接向土壤中添加有机质和其他土壤改良剂（有机肥、生物炭）成为构建健康土壤的4种方法。

通过上述土壤健康的定义、评价体系等可以看出，土壤健康是对土壤物理、化学及生物学功能的综合性评价，其强调的是土壤生产的可持续性及人体健康。而传统的土壤污染是指单一或复合的污染物在土壤介质中的含量超过土壤环境质量标准，进而影响农产品品质，对人体健康造成影响。从关注内容来看，土壤污染仅关注污染物的含量状况，而对土壤物理、生物学等功能造成的影响很少关注。对照土壤健康研究内容，从土壤污染修复走向土壤健康的构建与培育需关注以下内容。

污染土壤中关键污染物的去除是关键，但降低至何种程度取决于此时土壤的健康程度水平，而非现有土壤环境质量标准中污染物的限量值。污染土壤要实现向健康土壤的转变，如何降低污染物的活性或毒性水平是关键。因此，通过污染物移除或钝化等调控措施均具有一定的可行性，但健康土壤培育的目标并非污染物含量处于限量值以下，而是以土壤的物理、化学及生物指标为依据。因此，污染物含量水平与土壤理化性状、生物学功能之间的关联亦是需要重点考虑的内容。对于某些土壤而言，污染物含量虽然降低至限量值以下，但其微生物多样性和丰富度仍受到污染物暴露的影响，仍不能称之为符合土壤健康的要求。因此，在污染土壤上构建或实现土壤健康的过程中，应该从土壤健康的角度实行全面评价，而非仅关注污染物的去除。

健康土壤的构建和培育与土壤利用方式和作物种植类型等密切相关。健康土壤并没有统一界定的标准，是科学家对土壤质量状况的一种认识。因此，不同区域土壤质地条件、土壤的利用方式、种植的作物类型均存在差异。例如，对于砂土、壤土和黏土而言，其物理、化学及生物学指标状况应该存在较大差别。同样，对于林地土壤、旱地土壤或水稻田土壤而言，亦应有不同的评价指标体系。因此，土壤健康与评价及培育是一个大工程，需要针对特定类型土壤做较为广泛的调研与分析。总体而言，健康土壤的构建与培育要考虑其质地类型、土壤利用方式等，切实地因地制宜地开展健康土壤培育与评价。

健康土壤的构建与培育需要政府、科研机构、地方农业推广中心等多部门的组织与协调。此次美国培训感触较多的一方面是非常多的中介组织与机构。例如，在相关研究得到立项后，美国大学或科研单位在科研工作中还十分注重与中介组织、农户及企业的合作，强化与中介组织、农户间的互动，并通过一系列活动及时宣传、推广研发的技术和成果，使其尽快产生效益。例如，关于土壤健康的相关研究得到了美国农业部的长期资助，在研究中还有相关中介组织人员参与，研发的相关技术在推广应用时也得到了农户的参与和支持，并针对农户需求编辑出版了一系列相应的资料，在实际应用中不断根据用户需求进行补充和完善，使最终形成的成果具有很强的实用性、可操作性，得到了各方面的高度认可和广泛应用。因此，在我国土壤健康体系构建过程中，美国在这方面的做法和经验值得我们学习和推广。

苏世鸣

中国农业科学院农业环境与可持续发展研究所

文章 9　对土壤健康的认识及构建健康土壤的若干对策建议

一、对土壤健康的认识

土壤是维持植物生活的主要支撑系统，能为植物根系提供固定场所，也能为植物提供生长所必需的养分和水分；土壤也为土壤微生物提供生活场所，反之微生物通过自身代谢促进土壤完成生物化学转化过程；土壤也是蚂蚁和蚯蚓等动物的生活场所，这些动物自身能疏松土壤，促进土壤物质的转化，动物粪便还能提高土壤有机质含量，最终可提升土壤的结构和肥力水平。土壤不仅为植物、动物和微生物等提供良好的生存场所，也为人类提供良好的生活环境，这意味着土壤的健康决定着人类的生存和健康状态。万物土中生，有土斯有粮，土壤是万物之本、生命之源。土壤是人类赖以生存的基础资源，是保障国家粮食安全与生态环境安全的重要物质基础。据统计，人类消耗的75%以上的蛋白质和80%的热量，以及绝大部分的纤维，均直接来源于土壤。中国人口众多，土壤资源极其紧缺，中国用世界7%的耕地面积，养活了世界22%的人口，因此，对中国来说，土壤健康则显得尤为重要。

土壤健康至少包含以下几方面的内容。一是健康的土壤首先是有生命的生态系统，含有一定量的有机质，能维持丰富且多样化的土壤微生物菌群，这些微生物有助于控制植物病害、虫害、杂草等；健康的土壤中含有部分抗生性微生物，它们能够分泌抗生素，抑制病原微生物的繁殖，这样就可以防治和减少土壤中的病原微生物对作物的危害；健康的土壤中微生物群落丰富的多样性能提高微生物生态系统的稳定性，提高土壤自身调控有害病菌、害虫、杂草等的能力。二是健康的土壤含有大量的有益微生物群落和蚯蚓等益虫，促进土壤有机物质、矿物等转化为植物生长所必需的养分。作物秸秆、残留根系、枯枝落叶等及施入土壤中的各种有机肥源，均必须经过土壤微生物的腐解，才能腐烂分解，释放出营养元素，供植物吸收和利用。三是健康的土壤有助于与植物的根系形成有益的共生关系。健康的土壤能促进植物形成庞大根系，促进植物吸收和固持土壤中的养分，另外，植物形成的庞大根系能够控制土壤中泥沙移动，能将流沙固定在土壤中，进而保护河流、湖泊等堤岸，并防止或减缓水土流失。此外，植物根系与土壤微生物之间也存在交互作用，如树根和菌根，能形成菌丝套或菌丝，菌根上形成的庞大菌丝积聚起来形成菌丝体，菌丝体则能包住许多幼嫩的植物小根，并能侵袭进入根的皮层系统的细胞间隙中。幼小的植物根系受到真菌入侵的刺激而促进根系形成分枝，进而变成珊瑚状根系。菌根及其植物根系均能从这种共生关系中获得利益，植物根系能通过增加的数量吸收菌丝传递的养分。四是健康的土壤具有良好的土壤结构，以及良好的保肥、保水能力，能够调节影响作物生长的水、肥、气、热四大因子，并最终提高作物产量。例如，土壤中团粒结构较多，团粒结构具有多级孔性，使土壤形成了不仅孔隙度高，而且具有大小孔隙比例适当的孔隙性；团粒结构内部的毛管孔保持水分的能力强，团粒之间的大孔隙是良好的通气透水的通道，水分和空气在土壤孔隙中可各得其所，从而能协调水、气之间的矛盾；团粒结构之间氧气充足，好气微生物相对活性强，这有利于储存土壤养分；团粒结构由于水气协调，比例适宜，进而使得土壤温度变化较小，土温相对较稳定。可见，团粒结构是土壤水、肥、气、热的"调节器"。

土壤健康受多种因素的影响，其中最主要是受人类活动的影响。人类活动对土壤健康有有益的方面也有有害的方面。有益的方面比如我们的祖先，根据土壤的地形地貌特征和相对适宜的地下水位条件，在南方山区的坡地上，改坡地为梯田，进而蓄水并种植水稻。在长江中下游地区，由于地势低洼且平坦，通过圈地造田，可以种植水稻和其他作物。而在地势低洼的湖畔区，则通过挖土进行堆叠，形成垛田，亦能种植水稻或其他作物。有害的方面主要体现在农业生产中过量施用化肥，导致大量养分残留在土壤中。一方面，土壤中部分养分盈余会破坏土壤结构；另一方面，虽然土壤在一定程度上可以容纳这些盈余的养分，但土壤自身的容纳能力是有限的，当盈余的养分超过土壤自身容纳量时，这些盈余的养分则会进入水体，导致地下水或地表水中硝酸盐含量超标，而最终进入江河湖泊等，导致水体富营养化，影响水生生物的生存，进而影响人类生存的生态环境。此外，人类农业、工业、道路建设、城市建设等活动也会破坏土壤原有的生态系统并可能会产生一定量的污染物进入土壤，当污染物积累到一定程度时，则会超过土壤自身缓冲性引起的土壤污染，从而对土壤生物、水体环境、空气或人体健康产生危害。人类活动往往忽视了土壤的健康，认为土壤是一种无限的自然资源，在毫无节制的开发利用过程中，常常无视土壤质量的降低。

二、保障土壤健康的若干对策和建议

只有健康土壤才能产出健康的农产品，健康土壤与粮食等农产品的数量安全和质量安全息息相关，也事关生态安全和农业可持续发展。培育健康的土壤，提高土壤有机质含量和生物活性，不但具有提高农产量数量和质量的经济价值，而且具有减少化肥农药施用、增强土壤保水保肥能力、提升固碳减排能力的生态涵养价值和生态服务价值。

（1）建立土壤健康标准体系

土壤是人类的重要资源之一，既给人类的生存提供了必要的保障，也是自然环境的重要组成部分。土壤健康不仅与农产品产量及安全息息相关，还会间接地影响人类的健康及社会的发展。我国在过去对土壤健康重视程度不足，长期的不合理利用导致土壤质量退化较为严重，给我国农业的发展带来了不利影响。统计表明我国有40%以上的土壤健康在不断退化，因此，构建完善的土壤健康标准体系有助于改善我国对土壤健康的重视程度，并能促进土壤保护的发展，为实现农业可持续发展提供保障。

此外，土壤健康标准体系中应包括土壤肥力水平，如土壤有机质含量、土壤酸碱性、土壤速效氮、土壤速效磷、土壤速效钾含量；土壤保持水分和有机质的能力；土壤消解有毒有害物质的能力。为了达到土壤健康的目的，则必须提升当前的土壤质量。但土壤改良或质量提升具有特殊性，对广大老百姓来说难以独自完成，此时政府的主动引导就非常重要。同时，政府也应主动引进国际上先进的经验和技术，结合我国国情，通过有规划的管理和系统性的引导，实现土壤健康，并实现经济效益和环境效益的统一。

（2）增施有机肥，提高土壤肥力

我国土壤资源具有以下特点，一是山区土壤资源占比大，山地丘陵和高山土壤面积约占全国土壤面积的65%，而平原土壤仅占35%。二是土壤资源地区分布不平衡，东部地区占全国土地总面积的47.6%，然而却是中国90%左右的耕地和95%的农业人口所在地；西北干旱区占有全国土地总面积的30%左右，而只占中国10%左右的耕地。三是人均耕地面积小，宜农荒地土壤资源不多，现有耕地的30%左右为低产田。当前，全国土壤有机质平均含量为2.5%，其中，42%的土壤有机质含量大于2%，58%的土壤有机质含量小于2%，21%的土壤有机质含量小于1%。土壤有机质含量与30年前相比虽有提高，但还有较多土壤有机质含量属于低下肥力水平。因此，通过增施有机肥提高土壤有机质含量、提升土壤肥力水平和作物产量，对保证国家粮食安全至关重要。同时，提升土壤肥力水平有利于促进和推动绿色循环低碳农业发展。土壤是陆地最大的碳库，农田土壤固碳可以抵消13%以上的温室气体，碳汇效应明显，且畜禽粪便和秸秆等农业有机废弃物可以高效还田利用，既能降低环境污染，又能提升土壤有机质。因此，建议将各种有机废弃物，如畜禽粪便、秸秆等还田施用，并制定相应的有机肥质量标准及还田施用规程，以避免有毒有害物质进入农田。

（3）合理施用化肥农药

在过去的100年里，世界人口增长了4倍，这就意味着需要从根本上改变土壤和作物的管理方式，投入大量的化肥和农药，以生产充足的粮食。近40年来，无机化肥使用带来了大约40%的粮食增产。然而，化肥在对粮食生产做出贡献的同时，也带来了巨大的环境成本，如土壤和水质酸化，地表和地下水资源污染，温室气体排放不断增加。研究表明在欧盟地区过度使用化肥已导致氮大量沉积，这将威胁大约70%的自然生态环境的可持续性。当然，施肥不足也会导致土壤健康恶化，如在撒哈拉以南非洲的大部分地区，化肥施用不足意味着随作物一起输出的土壤养分不能得以重新补充，进而引起土壤退化，导致产量降低。因此，合理地施用化肥并同时配合施用有机肥对保持土壤健康、维持土壤生态可持续发展非常重要。

（4）修复退化土壤

当前，我国土壤退化非常严重，几乎涉及土壤退化的所有类型，包括土壤侵蚀、土壤污染、土壤盐化、土壤沙化、土壤性质恶化及耕地的非农业占用。已有研究表明，我国土壤在 1980 ～ 2010 年整体 pH 下降了 0.13 ～ 0.81 个单位，如长三角地区有些土壤在 20 年间酸度增加了 10 倍，珠三角地区 30 年间耕地土壤 pH 从 5.7 下降到 5.4。相反若是自然界自身的变化，达到这个酸化水平大约需要几万年的时间。

20 世纪 70 年代之前，我国土壤污染只存在于局部地区且主要是点源污染。但随着我国经济快速发展，大量工业区、工业城市的出现，废弃物越来越多，并且不断累积到土壤中，久而久之，土壤环境的压力愈加严峻，甚至土壤环境中出现了大面积的区域性污染状况，严重影响了土壤的健康。我国土壤污染类型较多，如有机污染物、重金属污染物、固体废物和放射性污染物等。因此，修复已污染的土壤，能显著地改善当前土壤健康问题。同时，需要注意的是，控制污染土壤的最佳和最有效的方式是防止土壤污染。国家应制定严格的污染物排放强制标准，政府执行部门必须严格要求和监督有关企业实施污染物排放标准。社会也要做好监督，要学会合理利用社会舆论，切实做到预防土壤污染。此外，公民应树立保护土壤的意识，为防止土壤污染贡献力量。

（5）完善退耕还林还草制度并推广

我国退耕还林还草工程始于 1999 年，目前全国已实施退耕还林还草 5 亿多亩，工程总投入超过 5000 亿元。退耕还林还草工程的实施，加快了国土绿化进程，对改善生态环境、改变不合理生产方式、促进农村产业结构调整和农村经济发展发挥了积极的作用。然而，当前的退耕还林还草工程还存在一系列的问题，如重造轻管现象。为完成并实现退耕还林还草任务和面积的达标，在宣传退耕还林还草政策时，大都是注重介绍退耕还林还草后的优惠政策，而忽视维持还林还草的重要性，导致部分群众在退耕还林还草过程中只关注能获得多少利益，而忽视了对群众的教育，老百姓并不知晓退耕还林还草的意义，后期不进行苗木培育管理，导致长期效果较差。因此，必须从国家层面，完善退耕还林还草制度，健全机制并强化监督，继续扩大退耕还林还草工程的实施范围，逐步推进全国范围的林地、草地生态建设和保护工程。

邱炜红

西北农林科技大学资源环境学院

附 赴美培训总结

2019 年 2 月 17 日至 3 月 9 日，"农业资源环境领域科研杰出人才培训团"一行 16 人赴美国伊萨卡和戴维斯参加了为期 3 周的培训，围绕土壤健康等内容，系统学习美国在农业资源与环境领域科研、管理及推广的经验。培训团成员主要来自中国农业科学院、中国科学院及相关省级农业科研院所，系农业农村部全国农业科研杰出人才或所在团队的成员。学员们先后在康奈尔大学和加州大学戴维斯分校听取了相关专家在土壤健康科研与管理、农业生态环境保护、耕地质量培育等方面的研究进展，在纽约州、加利福尼亚州农业与环境相关部门及推广机构听取了科研成果推广转化、管理等方面的经验介绍，对美国农业资源环境科研及管理、推广等有了较深入的认识。现将有关情况总结如下。

一、培训的总体情况

"农业资源环境领域科研杰出人才培训"是近年农业农村部组织的不同专业领域农业科研杰出人才赴发达国家培训班之一，旨在通过培训和交流，进一步学习借鉴发达国家在农业科学研究、技术示范与推广、科技管理等方面的经验，拓展杰出人才及其团队成员的科研视野。

（一）培训目的

近年来，我国农业农村经济快速发展，乡村振兴战略全面推进，"绿水青山就是金山银山"的理念不断深入人心，正成为农业农村发展的新的主旋律。但是，由于长期以来对环境问题的忽视，资源高消耗、污染物高排放、物质和能量低利用、生态环境恶化未得到有效控制等问题也相当突出，已成为制约农业可持续发展的重要瓶颈。加快学习和借鉴国外先进技术和经验，寻找一条适合中国国情的农业农村经济增长与可持续发展兼顾的道路，守住一方水土、造福一方百姓，对我国农业资源环境科技工作提出了新的要求。

美国是全球开展农业资源与环境保护工作最早的国家之一，并在土壤污染修复、农业面源污染防控、大气和水污染综合防控等方面积累了较丰富的经验。目前，美国农业环境治理机构设置完备、法律体系完善、技术模式成熟、项目运行管理规范，对我国农业环境研发与技术示范推广等具有较大参考意义。这次由农业农村部科技教育司组织的农业资源环境领域杰出人才培训班赴美国学习，旨在通过培训学习借鉴美国的先进技术和管理经验，提高我国相关领域科研和推广应用水平，促进科研与成果转化推广的有机结合，推动相关科研工作进一步发展。

承担本次培训任务的康奈尔大学、加州大学戴维斯分校，都是美国著名的大学，在农业等相关研究方面具有十分雄厚的实力，在国际相关领域享有很高的声誉。其中，康奈尔大学以农工学院为特色而起家，在农学、兽医学等方面具有传统优势；加州大学戴维斯分校是全美顶级公立研究型大学之一，也是加州大学 10 个校区中综合性最强、学科最完善、教学和科研力量最强的一流大学，在生物学、兽医学、生物工程等方面具有很强优势。

康奈尔大学和加州大学戴维斯分校一隅（图片由曾希柏提供）（彩图请扫封底二维码）

（二）基本情况

2019 年 2 月 16 日，培训班一行 16 人在北京中欧宾馆参加完出国前预培训会议，在全面了解出国后注意事项等相关情况后，于 2019 年 2 月 17 日启程前往美国纽约。并于当地时间 17 日下午到达纽约，一同乘车前往伊萨卡开始紧张且内容丰富的培训。

2 月 18 日至 3 月 7 日，培训团成员先后在康奈尔大学听取了 David Wolfe、Rebecca Schneider、Murray McBride 等教授关于土壤健康的概念、主要指标及测试、评价标准及管理，以及土壤污染防控等相关研究进展的报告；在纽约州农业服务局、纽约州水土保护区协会、汤普金斯县水土保护局及美国农业部自然资源保护局纽约分部等相关机构听取了土壤健康保育、自然资源保护、水土保持等相关方面的做法和主要经验；在加州大学戴维斯分校听取了 Sanjai Parikh、Daniel Karp、William Horwath、Isaya Kisekka 等教授关于生物炭在农业中的应用、农场生物多样性保护、农业温室气体减排、精准灌溉、土壤健康管理等研究进展报告；在加利福尼亚州资源保护局及保护协会、牧场信托基金会、中心河谷地区水质量管理委员会、加利福尼亚州植物健康和病虫害服务处、乳制品研究基金会、西部植物健康协会、加利福尼亚州农地信托基金会，以及加利福尼亚州水资源管理局等相关机构和团体听取了土地资源保护、水质量管理、农产品质量管控、植物健康生产等方面的主要经验，以及政府与科研单位、协会等机构间的合作方式与模式。

本次培训整体上内容丰富、完整，既有土壤健康、生物炭农业应用、农业生态系统多样性、农业温室气体减排等相关科研最新进展，也有政府管理、社会团体参与土壤质量监督管理、科技成果转化示范等的主要做法与经验。通过培训，能让培训团成员充分了解美国在农业资源环境科研、教学及技术示范推广、技术培训、政府管理等方面的主要做法和经验，对今后的科研等工作具有十分重要的意义。

（三）参加培训人员情况

本次培训团主要成员来自农业科研机构、农业高等院校，大多为农业部及相关部委从事农业资源环境研究与技术应用的科研杰出人才或者创新团队成员，在科研方面具有较强的能力。通过征求地方参团人员所在的省级外事工作委员会办公室书面同意，最终确定参加培训的成员为16名，分别来自中国农业科学院相关研究所、中国科学院沈阳应用生态研究所、西北农林科技大学及黑龙江、吉林、辽宁、四川、湖南、福建等省级农业科学院。

培训团成员与美国纽约州水土保持协会相关人员合影（图片由曾希柏提供）（彩图请扫封底二维码）

参加培训团的16名成员全部从事农业资源环境相关研究工作，具有土壤学、农业化学、作物栽培等相关专业背景。成员中包括正高职称人员7名、副高职称人员7名、中级职称人员2名，具有博士学位人员13名、硕士3名。此外，培训团成员中还有多人具有出国留学或访问的经历，能较好地与外国专家互动交流。

二、主要培训内容

本次培训活动得到农业农村部科技教育司、农业农村部人力资源开发中心的大力支持，以及农业农村部人力资源开发中心的精心组织和安排，相关工作得以顺利进行。培训形式包括课堂授课、交流互动、实地考察等，多样化的培训方式，使大家最大限度了解美国在农业资源环境领域的研究现状、管理经验、技术示范推广的主要做法、政产学研的互动等，增进了大家对美国在农业资源环境方面相关状况的了解，也为今后进一步做好科研工作提供了有益参考。

（一）农业资源环境领域科研方面

本次培训围绕农业资源高效利用、农林生态安全、农产品质量安全、农业减排等相关科研进展进行了学习。

1. 关于土壤健康的研究

土壤健康不仅关系到土壤生产力高低，而且也是决定农产品质量的关键因素，对农业可持续发展等亦具有十分重要的决定作用。同时，土壤健康也是近年来国家农业，特别是土壤学研究的重点和热点问题之一，因而也是本次培训中十分重要的内容。近年来，在美国农业部自然资源保护局的支持下，围绕土壤健康概念、指标体系、标准、评价、影响、监管与健康土壤培育等方面开展了系统研究，形成了十分完整的体系，并在 USDA 组织下编辑出版了专著 *Building Soils for Better Crops*: *Sustainable Soil Management*，发行了面向管理与评价等需求的 *Comprehensive Assessment of Soil Health* 等材料，使相关研究结果具有可操作性，具有了较强的推广应用价值。

土壤健康相关内容培训（图片由曾希柏提供）（彩图请扫封底二维码）

20 世纪 80 年代末期以来，康奈尔大学在美国农业部的资助下成立了土壤健康研究团队，深入开展土壤健康综合评价方面的研究。土壤健康评价系统主要通过分析土壤健康指标来评价农田土壤的健康状况，目的是给农民未来的农田管理方式提供指导和建议，并通过改进农田管理方式（耕作方式和种植结构等），恢复和提高农田土壤的功能和性状，以达到农业生产过程中的低投入高产出。

康奈尔大学的土壤健康综合评价指标同时具有敏感性（选取的指标对土壤利用方式、气候和管理的变化有比较敏感的反应）、主导性（应从影响土壤健康的因素中选取主要的、有代表性的物理、生物和化学性质，以正确反映土壤的基本功能，避免使指标体系复杂化，同时降低检测分析成本）、独立性（要求所选的指标间不能出现因果关系，避免重复评价）和实用性（选取的指标应该容易定量测定，不管是在田间还是实验室测定，都具有较高的再现性和适宜的精度水平）。如若不满足以上特征的指标首先被剔除出康奈尔土壤健康评价系统。此外，由于很多物理指标需要采集原状土测定（如容重、大孔隙率和饱和水力传导度等），而原状土的采集和寄送是相当费时和昂贵的，难以被农民所接受，因此也被剔除出土壤健康评价系统。而镁、铁、锰、锌、钾、磷和pH 7个化学指标，由于已被广泛用于土壤肥力评价，有成熟的测定方法，且测试分析费用合理，因此都被纳入土壤健康评价系统。最终，康奈尔大学的土壤健康综合评价体系主要包括：物理、化学、生物三个方面的指标，其中，4个物理指标，分别为有效含水量、土壤表层紧实度、土壤亚表层紧实度、团聚体稳定性；4个生物指标，分别为有机质、土壤蛋白质指数、土壤呼吸、活性碳；4个化学指标，分别为土壤酸碱度、可提取磷、可提取钾、微量元素。由于土壤质地对土壤所有的功能和性状都有显著的影响，并且同一指标值在不同质地土壤中指示的健康状况不同，因此所有的土壤样品都必须测定土壤质地。土壤健康指标包括土壤健康分类、土壤健康指标的名称、土壤健康指标分值、土壤受限功能。康奈尔土壤健康评价系统中的指标体系及各指标所描述的土壤功能和性状如下表所示：

康奈尔土壤健康评价系统

分组	指标	数值	分数	受限功能
物理	有效含水量	0.14	37	
物理	土壤表层紧实度	260	12	生根，水分运输
物理	土壤亚表层紧实度	340	35	
物理	团聚体稳定性	15.7	19	通气、透水、生根、结皮、密封、侵蚀、流失
生物	有机质	2.5	28	
生物	土壤蛋白质指数	5.1	23	
生物	土壤呼吸	0.5	40	
生物	活性碳	268	12	土壤生物的能量

续表

分组	指标	数值	分数	受限功能
化学	土壤酸碱度	6.5	100	
化学	可提取磷	20.0	100	
化学	可提取钾	150.6	100	
化学	微量元素		100	

注：土壤类型为粉砂壤土；砂粒：2%，粉粒：83%，黏粒：15%

　　土壤有机质是土壤健康的关键：土壤有机质是食物链中许多有益微生物的"食物"；真菌菌丝和土壤微生物释放的黏性物质对土壤团聚体的稳定性至关重要；土壤团聚体的稳定性可缓冲植物短期干旱、洪涝；有机质是植物营养元素的来源也是土壤碳源的供应者；高度稳定的腐殖质组分增加了土壤阳离子交换量和养分保持能力。目前推荐的构建健康土壤的 4 种方法有：秋 - 冬季秸秆覆盖、作物轮作、减少土壤扰动（免耕）、直接向土壤中添加有机质和其他土壤改良剂（有机肥、生物炭）。

2. 关于农业生态系统多样性研究

　　农业生态系统多样性是保持土壤健康和农产品质量安全的关键因素之一，也是农业可持续发展的重要指标。近年来的研究发现，无论在非洲还是美国，农场周边的自然栖息地对生物多样性、农作物病虫害控制、农产品安全生产等具有十分重要的作用，通过构建多样性的农业生态景观，在更大意义上保护了农田生态系统的稳定性，有效降低了农作物病虫害的发生，减少了农业化学品的投入，提高了作物产量和稳定性。

农业生态系统多样性相关内容培训（图片由曾希柏提供）（彩图请扫封底二维码）

　　单一的农业生态景观下，不仅严重减弱了生物种群的竞争力，也大幅度减少了生物种群，使生态系统的稳定性降低，最后导致农业化学品用量增加、作物产量和品质下降。来自 UC Davis 的特聘教授 Daniel Karp 认为，保护农场周围自然栖息地对生物多样性、害虫控制和食品安全有显著影响。他的研究表明：多样性的农业系统（具有农业和本地植被多样性）能够显著维持整体系统的稳定性与生物多样性。重视生物多样性可为农民提供众多利益，如减轻虫害、减少化学品投入、保护农业环境等。例如，通过保护鸟类的多样性，可以减少对咖啡最具破坏性的害虫咖啡浆果蛀虫（*Hypothenemus hampei*）的数量；在哥斯达黎加南部发现鸟类使蛀虫侵扰减少了一半，避免了 70 ～ 310 美元 /hm^2 的损失，或一个小型咖啡种植园约 10 000 美元 /hm^2 的损失；因此，小面积、无保护的森林斑块为农民提供了最大的价值，将农田森林纳入保护规划非常必要。此外，2006 年美国袋装菠菜中暴发了致命大肠杆菌 O157：H7 疫情。农场主在菠菜种植区，建立了围栏，部署了毒气陷阱，并清除了植被，同时在农田周围建立广泛的"无野生动物"缓冲区。Daniel Karp 教授及其团队收集了包括约 250 000 种肠道出血性大肠杆菌、普通大肠杆菌和沙门氏菌，并在农产品、灌溉水和啮齿动物中开展了相关试验，以研究栖息地移除在减轻病原体污染风险方面的效果。该团队发现移除栖息地并不能降低食品安全风险。在周围河岸或其他自然植被较多的农场中，却没有任何病原体被发现。沙门氏菌和肠出血性大肠杆菌在过去清理过河岸和其他自然植被的农场中表现出最强的增长。这些研究充分表明通过跨学科的合作，结合生态、经济、社会学和心理学的方法，通过自然资源的保护，提高生物多样性，可以带来更多的生态和经济的收益。

3. 农业污染控制与污染农业环境修复研究

农业污染控制及污染农业环境修复近年来受到了许多国家及研究者的广泛关注，也是本次培训中讲座次数较多的内容之一。这次培训的主要内容包括生物炭在农业和环境中的应用、水文和水域质量管理、土壤污染物测试与污染土壤修复等。其中，生物炭等环境修复材料对污染物的吸附与固定的研究涉及农业应用、污染修复、土壤健康和食品安全等方面；水文和水域质量管理涉及污染物的控制、水生生态系统功能、水土流失解决方案构建等方面；土壤污染物测试包括测试方

农业污染控制与污染农业环境修复相关内容培训（图片由曾希柏提供）（彩图请扫封底二维码）

法及测试结果的应用、指标体系建立、测试结果应用等诸多内容；污染土壤修复涉及土壤中重金属有效性的影响因素、风险评价与管控、污染物的原位降活及作物有效性调控等内容，这些研究选题大多来自农业生产实际，具有较大的现实意义和实用价值。

来自加州大学戴维斯分校的 Sanjai Parikh 教授主要从事生物炭方面的研究工作，特别是生物炭在土壤修复中的应用等。生物炭（biochar）是一种作为土壤改良剂的木炭，能帮助植物生长，可应用于农业用途及碳收集及储存使用，有别于一般用于燃料之传统木炭。生物炭与一般的木炭一样是生物质能原料经热裂解之后的产物，其主要的成分是碳分子。土壤中使用生物炭有以下几方面的作用：碳捕获、增强耐旱性、增强土壤肥力、减少营养元素流失、提高作物产量和质量、减少温室气体排放、修复土壤、增加土壤 pH、改善土壤微生物的组成、吸附与固定环境重金属及有机污染物等。然而，由于不同来源生物炭的吸附性质具有较大差异，其应用到的领域也各不相同。Sanjai Parikh 教授及其团队建立了生物炭数据库（http://biochar.ucdavis.edu），对 1500 种生物炭的性质进行了整理和分析，使用者可以根据不同的需求来选择合适的生物炭。

目前，美国国家环境保护局对化肥中重金属含量监管很少，仅在华盛顿州和加利福尼亚州有相关的法律，对淤泥中常见的 8 种重金属元素则有相关的法律限值。在农产品方面，水稻、小麦和玉米等作物中重金属含量亦基本无限值规定。美国康奈尔大学教授 Murray McBride 主要从事农田土壤重金属防控、溯源及其有效性检测方法方面的研究，认为土壤重金属全量指标不能准确反映其在土壤中的毒性与作物累积的风险，更应该关注其生物有效性（bioavailability）及生物可给性（bioaccessability）方面；通过室内对多种重金属元素及其有效性提取方法的比较，建立了可同时提取并表征多种重金属元素的方法。Murray McBride 教授正在从州政府和联邦层面呼吁对农产品和农田土壤中重金属进行更多的立法保护，建议更多地从污染物有效性方面考虑其毒性效应，并将其在相关立法中体现。

4. 水肥资源高效利用与管理研究

由于加利福尼亚州夏季降雨稀少，农作物生产主要依靠灌溉，水资源高效利用与管理在美国，特别是加利福尼亚州农业中占有十分重要的位置。近年来，围绕水资源高效利用与管理，主要开展了水资源宏观决策管理、精准灌溉技术及装备、灌溉模型研究与应用、水肥一体化等研究，并取得了较重要的进展，灌溉水利用率达到 0.6 以上。在肥料资源高效利用方面，主要围绕水肥一体化中养分利用率提升与淋失等开展研究，形成了相应的整体解决方案，并在相关地区广泛推广应用，取得了十分显著的效益。

水肥资源高效利用与管理研究相关内容培训（图片由曾希柏提供）（彩图请扫封底二维码）

培训期间，令人印象最为深刻的是美国在精准灌溉系统方面的相关成就。来自美国加州大学戴维斯分校的 Isaya Kisekka 教授长期从事农田精准灌溉研究，特别是 iCrop 系统的应用等方面的工作。iCrop 是一个作物水分综合管理模型与决策支持系统（DSS），有助于优化战略（季前水分配）和战术（季内）管理决策。通过这一系统可以告诉我们：应该给不同的作物分配多少水？评价农田含水层补给对作物生长的影响；制订灌溉计划（频率、数量、位置）；何时开始灌溉；何时终止灌溉；某些作物施氮的时机和其他一些功能等。iCrop 包括模型、数据库和测量值三个模块。模型里有 DSSAT CSM（一年生作物）、灌溉调度程序（树、葡萄树等）和 RZWQM（水质、盐度）；数据库的输入部分有土壤条件、气候数据、管理种植者和遗传学实验，输出部分有管理及运行报告、增长和发展及产量；测量值主要来自于传感器数据、遥感图像（哨兵、陆地卫星）和其他测定了水势的数据。在 iCrop 的网页上有可以选择该软件支持的作物，通过 iCrop 模拟计算会给出仿真优化的输出结果，并且计算出最优灌溉的利润。iCrop 还可以模拟利用灌溉调度优化来确定亏灌玉米的最佳灌溉阈值。

5. 农业源温室气体减排研究

围绕有效降低农业源温室气体排放量，近年来开展了不同类型氮肥及施用量、

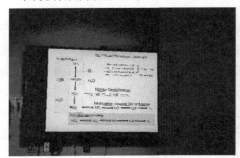

农业源温室气体减排研究相关内容培训（图片由曾希柏提供）（彩图请扫封底二维码）

灌溉方式等对氮氧化物排放的影响研究，以及农业废弃物资源化利用等研究，并形成了针对不同作物和农地管理方式的减排模式。通过改进灌溉方式，应用滴灌或微灌可使葡萄园温室气体排放量减少 34%，再在此基础上套种苜蓿可减少温室气体排放量 23%，取得了十分显著的减排效果。

来自美国加州大学戴维斯分校的 William Horwath 教授系统性地介绍了美国在减少温室气体排放方面的实践。在 2006 年通过并授权加利福尼亚州空气资源委员会（CARB）监测和管理排放温室气体的排放源。最初的目标是到 2020 年将排放量减少到 1990 年的水平。加利福尼亚州州长的一项行政命令要求到 2050 年从 1990 年的水平减少 80%。在 2017 年 7 月，美国加利福尼亚的州议会通过了大会法案（AB）398，重新授权并延长到 2030 年，重申了该州的全球温室气体（GHG）减排计划。该法案设定了一个新的温室气体排放目标，目标是到 2030 年至少比 1990 年的排放量低 40%。截至 2015 年，约 86% 的加利福尼亚州温室气体排放与能源消耗有关。

农业作为重要的温室气体排放源，一般占人类活动温室气体排放量的 10%～12%，其中农业甲烷（CH_4）、氧化亚氮（N_2O）排放分别占到人类活动甲烷、氧化亚氮总排放量的 60%、50%。2011 年美国国家环境保护局提交的温室气体排放清单显示：2009 年美国农业温室气体排放 4.193 亿 t 碳当量，占当年温室气体总排放的 6.3%，其中农业 CH_4、N_2O 排放占农业温室气体排放比重分别为 47%、53%。自 1990 年以来美国农业温室气体排放量整体呈现增加趋势，2009 年农业 CH_4、N_2O 排放在 1990 年基础上分别增加了 14.9%、4.8%。在温室气体排放方面，美国加利福尼亚州政府出台了《土壤健康法案 AB 341》，法案涉及土地管理及土壤保护。AB 341 规定 75% 的有机废物不得在填埋场填埋，必须转移出去以减少温室气体排放。其中，鼓励部分有机废物做堆肥处理，通过添加到农田土壤中，一是保护土壤健康，提升土壤质量，二是减少温室气体排放。

此外，本次培训班还围绕保障农产品质量安全的土壤健康管理、污染物综合防控、水质量管控、农产品安全生产等方面的研究进行了较系统的介绍，使培训团成员对相关领域研究有了较全面、系统的了解。

（二）农业资源环境领域管理方面

近年来，围绕土壤健康、水资源高效利用、水土流失、农业污染防控、农产品质量安全等农业资源环境管理问题，美国相关部门建立了相当高效的管理体制，并与科研教学单位、相关协会或基金会等建立了良性互动，强化了执法监督，有效保障了水土资源高效利用与保护、保护了农业生态环境，大幅度提高了农业资源利用效率。

　　培训期间，培训团成员先后赴纽约州农业服务局、美国农业部自然资源保护局纽约分部及加利福尼亚州办公室、纽约州汤普金斯县水土保护局、加利福尼亚州资源保护局、加利福尼亚州中心河谷地区水质量管理委员会、加利福尼亚州食品和农业局植物健康与预防病虫害服务处、加利福尼亚州空气资源管理局等机构，听取相关人员在农业资源管理、农业环境保护等方面的主要做法和经验等，对相应的管理模式与体制机制等有了较系统了解。

访问美国农业部自然资源保护局纽约分部及加利福尼亚州办公室（图片由曾希柏提供）

（彩图请扫封底二维码）

　　以美国农业部自然资源保护局纽约分部为例，该机构主要负责区域内资源保育的相关工作，主要是提供财政援助和地役权相关的项目等，通过这些项目的开展进行自然资源的保育。自然资源保护专家 Karl Strause 介绍了 NRCS 中的项目，主要包括：①财政援助计划（Financial Assistance），即该机构批准提供财政援助的合同，以帮助规划和实施保护措施，解决自然资源问题或提供有助于节约能源、改善农业用地和非工业私人林地上的土壤、水、植物、空气、动物和相关资源整合的机会。该财政援助计划具体包含农业管理援助（Agricultural Management Assistance Program，AMA）、保护管理计划（Conservation Stewardship Program，CSP）、环境质量激励计划（Environmental Quality Incentives Program，EQIP）及水岸计划（WBP）；②地役权计划（Easement Programs），即 NRCS 向土地所有者提供地役权计划，这些土地所有者希望以有益于农业和／或环境的方式维护或增强其土地非城市用地功能。该计划具体分为农业保育地役权计划（Agricultural Conservation Easement Program，ACEP）、健康森林保护计划（Healthy Forests Reserve Program，HFRP）等；③保育技术援助计划（Conservation Technical Assistance Program，CTA），即为土地使用者提供了成熟的保护技术和交付系统，以实现健康和生产环境的效益。CTA 计划的主要目的是减少水土流失，解决水土保持、空气质量、农业废弃物管理等问题；减少过量水或干旱造成的潜在损害；提高鱼类和野生动物栖息地的质量；改善所有土地的长期可持续性，包括农田、林地、放牧地、沿海土地和已开发和／或正在开发（待开发）的土地；适应他人促进自然资源保护和土地可持续性发展的变化需求。

（三）农业资源环境领域技术转化推广方面

技术转化推广被认为是科研的"最后一公里"，实际上也是"最难走的一公里"，这也是影响农业科技成果转化率的关键因子，是检验政产学研用相互间协同的重要试金石。长期以来，美国在相关方面的做法不断完善，逐步形成了政府主导下的协会、基金会等中介组织运作模式，将技术示范推广、政府补贴、示范效果评价、检查督促等职能完全交由中介组织，获得了十分理想的效果。

本次培训中，先后组织培训团成员到加利福尼亚州牧场信托基金会、加利福尼亚州乳制品研究基金会、西部植物健康协会、加利福尼亚州农地信托基金会等中介机构调研，听取了这些机构在技术示范推广方面的主要做法、成功经验、典型案例，以及相关机构的作用等，对美国在相关方面的做法有了较系统和深入了解，同时也为培训团成员今后在科研工作中如何做好研发成果的示范转化提供了有效借鉴。

农业资源环境领域技术转化推广培训（图片由曾希柏提供）（彩图请扫封底二维码）

美国相关农业科技成果的转化推广工作基本上是由协会、基金会等中介组织完成的，这些中介组织接受政府部门委托，利用政府部门及相关企业用于技术转化推广的经费，通过组织培训、对技术应用予以必要补贴、现场技术示范、技术服务等方式，并配合政府进行执法检查等，提高广大农场主应用现代科技成果的积极性，使其主动接受并自觉应用相关技术。通过采取多种措施，促进农场主自觉参与相关技术培训，自觉接受农业技术新成果，自觉应用农业新技术，以提高农业生产的整体效益，获取更多的超额利润。

实际上，也正是因为有了协会、基金会等中介组织的作用，加上政府的补助，以及农场主们具有较强的科技意识，带动了相关技术的转化推广。而机械化的普及，在大幅度提高劳动生产力的同时，也使相关技术的应用成为现实，使得与土壤健康管理相关技术得以不断应用和发展，并在生产实际中发挥出较大的作用。研学期间，我们赴实地参观了美国加利福尼亚州的杏园、葡萄园，尽管未通过剖面查看土壤的实际健康状况，但从其果园的情况看，其管理水平、果树的生长状况等无疑都是令人惊讶的，因为其种植结构及果树的修剪等管理水平，都是国内大多数果园很难达到的。

美国加利福尼亚州的杏园和葡萄园（图片由曾希柏提供）（彩图请扫封底二维码）

实地参观美国加利福尼亚州某核桃园（图片由曾希柏提供）（彩图请扫封底二维码）

从参观美国加利福尼亚州果园的情况看，至少可以发现：①美国果园的管理水平很高，果树栽培整齐、生长也非常整齐，无疑这是耕作、施肥、管理规范化和一致化的结果；②果园中均栽培有多种牧草且大多为禾本科、豆科及其他种类牧草混种，待牧草生长到一定时期后直接刈割覆盖或直接翻耕入土作为果园的有机肥；③部分果园在果树周边有秸秆（或刈割后的牧草）覆盖；④所有果园均采用滴灌方式，这与加利福尼亚州水资源较紧张等状况有关；⑤所有果园的化肥用量均较低，这与果园种植牧草特别是豆科牧草还田等有关，也与国内形成鲜明对比。同时，美国果园的这种管理方式，在大幅度降低化肥施用量的前提下，通过种植牧草和秸秆覆盖减少了水土流失和养分的淋溶、大幅度降低了水土流失，牧草刈割还田或直接翻耕还田也大幅度增加了土壤中有机物料的投入量，培肥了土壤，从而保证土壤能获得必要的有机质补充，土壤健康状况得以维持或提升。

三、主要收获体会

通过在美国三周的培训交流，团队成员对美国近年来在农业资源环境领域科研和管理、技术推广等方面的主要做法和经验有了较系统全面的了解，对在相关方面的成效亦有了相应的感性认识，大大提高了大家今后进一步做好本职科研工作、服务国家农业生态环境建设与保护的信心和决心。

（一）系统了解了美国在相关方面的主要做法及经验

实际上，美国农业资源环境相关研究多年以来一直处于国际领先的地位，除得益于其发达的国际期刊网、良好的科研条件及庞大且高素质的科研队伍外，更大程度上是依靠体制机制创新带动科研创新能力的提升。在科研立项与选题上，一是强调来源于农业生产实际且解决实际问题，二是强调与国家或地方政府需求有机衔接，三是与中介组织、企业及农户（农场主）的需求有效对接，四是保持研究内容的延续性与整体性。同时，在科研活动，特别是研发技术和成果的示范推广中，注重强调中介组织、农户（农场主）的互动。通过多种组织模式和形式，有效强化了政产学研用的互动，大幅度减少了科研成果转化示范的中间环节，提高了科研效率。

（二）科研与产业及农户需求紧密结合是提高创新能力的关键之举

科研立项、研发过程必须与产业发展及农户需求紧密结合，才能使研发成果符合农户、农业生产实际的需求，才能被广大农户接受并得到推广应用，美国在这方面的做法和经验值得学习和推广。在相关研究得到立项后，美国大学或科研单位在科研工作中还十分注重与中介组织、农户及企业的合作，强化与中介组织、农户间的互动，并通过一系列活动及时宣传、推广研发的技术和成果，使其尽快产生效益。例如，关于土壤健康的相关研究得到了美国农业部的长期资助，在研究中不仅有农业部相关科技人员全程参与，而且还有相关中介组织人员参与，研发的相关技术在推广应用时也得到了农户的参与和支持，并针对农户需求编辑出版了一系列相应的资料，在实际应用中不断根据用户需求进行补充和完善，使最终形成的成果具有很强的实用性、可操作性，得到了各方面的高度认可和广泛应用。

（三）土壤健康管理需要多措并举

美国在土壤健康管理方面研究和技术示范推广应用较早，已积累了较丰富的经验，从目前采取的措施看也较完善，其效果也十分显著。实际上，与我们经常所强调的高新技术应用并不一致的是，除在耕作管理等农事活动中普遍使用机械化、灌溉采用滴灌外，所采用的技术大多是常规技术，特别是与土壤健康管理相关的技术更是如此，但有一点值得我们学习的是：美国土壤健康管理所采用的技术并非单一技术，而是多种技术的组合，如间种牧草、牧草还田、滴灌、少免耕、秸秆覆盖、少施化肥等，这些措施实际上都是我们目前所提倡的，但很少组合在一起来用。以果园种植牧草来说，我国目前一是种植牧草的果园不多，二是牧草种植品种单一且管理粗放，三是化肥施用量大，四是采用节水灌溉特别是滴灌的果园较少等。如何将相关技术集成并在实际中应用，仍是我国土壤健康管理的重要问题，也是值得向美国等发达国家学习借鉴的。

（四）美国在技术推广与示范方面的经验和做法值得借鉴

与我国农业技术示范推广主要依靠农业农村部门不同，美国农业技术示范推广的主体是中介组织，这些中介组织不仅承担联结政府与农户的桥梁，同时也是科研教学单位与农户、企业与农户联结的桥梁。目前，尽管科研教学单位也直接与农户联系开展技术研发与示范，但政府对农业的补贴、需要推广的技术、环境保护等相关目标的实现及农机服务、农资服务等，都是依靠中介组织来完成，这也是美国中介组织非常多的重要原因。这种方式的最大优势，一是最大限度上减少了政府与农户的正面冲突，二是降低了企业与农户间直接交易的风险，三是减轻了科研单位和大学研发技术示范推广的压力，因而受到了各方面的欢迎。如何培植中介组织、促进中介组织的发展并使其有效发挥作用，使其成为我国农业技术推广的强有力补充，进一步丰富我国农业技术推广体系和模式，这是非常值得借鉴的。

当然，从我国国情和当前中介组织发展现状、农业农村实际情况等诸多方面综合考量，尽管在许多方面还有需要完善的地方，但当前我国在农业资源环境领域科研、管理及技术示范应用等方面所具有的特点和优势，也是值得大力推广和坚持的。特别是我国在科研项目立项、项目组织实施等方面从国家到省、市的自上而下体制机制，科研成果示范推广方面的政府唱主角、中介组织和社会积极参与方式，科研单位和大学深入农村一线建基地、示范推广技术等模式，有利于调动全社会力量参与，大大提高相关工作的社会影响力，并产生良好的社会效益。

（五）对今后进一步做好科研工作的几点考虑

通过这次学习培训，无疑在很大程度上扩大了知识面，增强了对发达国家科研及成果转化示范推广等的认识，拓展了视野，同时也进一步增强了做好科研工作的信心和决心。结合这次培训学习，在今后科研工作中将努力做好以下工作：

1）强化科研与国家需求的有机衔接。尽管科学没有国界，但科学家都有自己的国家。当前，我国全面建成小康社会，发挥"三农"压舱石的作用，必须在稳定粮食生产的前提下，调整优化农业产业结构，推进农业农村绿色发展和生态环境建设，确保农产品质量安全，这同时也对农业资源环境科技工作提出了新的要求。因此，在科研工作实际中，必须紧密围绕上述国家需求、紧密结合当前农业农村发展的实际开展研究，努力形成与上述需求相适应的技术和成果，为国家农业生态环境建设与绿色可持续发展、为农业农村现代化贡献自己应有的力量。

2）集中科研重点，凝聚目标。科研工作千头万绪，特别是在当前国家科技计划项目较多，每个人可申报、承担的项目很多，但每类项目的支持重点和方向各有不同，承担的项目和课题多势必会分散自己的精力和注意力，使自己穷于应付，是很难真正有时间去创新、去思考的。因此，在今后工作中将结合自己的专业特点和已有研究基础等，进一步集中目标和重点，瞄准制约农产品生产的耕地质量提升和中低产田改良等问题开展研究，更多深入基地、深入实验室，更好地与农业生产实际相结合，力争形成有效技术、模式和产品，更好地服务于现代农业生产实际。

3）强化政产学研用有效合作，形成"大合唱"。科研工作涉及多个不同的环节，在立项上需要得到政府、企业的经费支持并符合其相应需求，在科研活动中需要得到课题组乃至相关单位同行的支持和配合，研发出的成果需要得到地方政府和部门、农民的认同并在示范推广方面大力合作，因此，要把自己置于上述环节之中，强化与不同活动主体的合作，形成"大合唱"。同时，要在合作中找准并明确自己的定位，最大限度发挥出自己应有的作用，做出自己应有的贡献。

4）强化科研产出及研发成果宣传。对研发成果缺乏有效的总结和宣传，这是许多科研人员的软肋，也是科研成果很难被同行和社会关注的重要原因。在当前信息化非常发达的年代，作为一名科研人员，在进一步强化创新、认真完成好科研任务的基础上，一是要进一步强化科研产出，把自己的研究结果尽快发表并得到同行的认可、关注，这也是完成科研项目的最低要求。二是要进一步加强对已有研究结果的提炼和总结，通过不断凝练和总结发现研究中的不足，使其不断完善和提升。三是积极配合相关单位和部门，做好研发成果的宣传，让社会各界了解研发成果的主要内容、应用效果等，这也是研发成果尽快实现转化推广的重要途径。

5）加强与国际国内同行的合作交流，借鉴他人经验。他山之石、可以攻玉。近年来，农业资源环境领域国际科技合作越来越受到关注和重视，申请国家合作的渠道也越来越多，我国也有多种申请国际合作项目的渠道和途径，如科学技术部国际合作计划、国家自然科学基金委员会国际合作项目等，为增强与世界各国优秀科学家的合作、交流提供了多种选择,实际上也是为提高自己的科研能力提供了更多的途径。因此,在今后工作中,将更加积极申报相关计划国际合作项目、相关国际和团体的国际合作项目,拓展科研合作伙伴,不仅可以开拓科研思路、提升创新能力,同时通过合作将使双方取长补短,从而使研发成果更加完善。

　　总之,经过 3 周 21 天的美国之行,全体成员对美国在农业资源环境领域科研、管理和成果示范推广等方面的主要做法和经验有了更深入的认识,也进一步认清了自己的特色和优势,明确了自己的定位和责任,增强了进一步做好科研工作的信心和决心。在今后科研工作中,我们将积极学习和借鉴国外先进技术和经验,大力提升创新能力和水平,争取做出更大成绩。

（曾希柏　苏世鸣　王亚男）